W. Krause

Charales (Charophyceae)

Süßwasserflora
von Mitteleuropa

Begründet von A. Pascher

Herausgegeben von
H. Ettl · G. Gärtner · H. Heynig
D. Mollenhauer

Band 18:
Werner Krause,
Charales (Charophyceae)

Süßwasserflora von Mitteleuropa

Bd./Vol. 1/1 Chrysophyte and Haptophyte Algae, 2nd ed., Part 1 (Chrysophyceae s. str., Dictyochophyceae, Phaeothamniophyceae and Haptophyceae)

Bd./Vol. 1/2 Chrysophyte and Haptophyte Algae, 2nd ed., Part 2 (Synurophyceae) (2007)

Bd./Vol. 2/1 Bacillariophyceae (Naviculaceae) (1999)

Bd./Vol. 2/2 Bacillariophyceae (Bacillariaceae, Epithemiaceae, Surirellaceae) (1997)

Bd./Vol. 2/3 Bacillariophyceae (Centrales; Fragilariaceae, Eunotiaceae) (2004)

Bd./Vol. 2/4 Bacillariophyceae (Achnanthaceae, Literaturverzeichnis) (2004)

Bd./Vol. 2/5 Bacillariophyceae (English and French translation of the keys) (2000)

Bd./Vol. 3 Xanthophyceae 1. Teil (1978)

Bd./Vol. 4 Xanthophyceae 2. Teil (1980)

Bd./Vol. 5 Cryptophyceae und Raphidophyeae

Bd./Vol. 6 Dinophyceae (Dinoflagellida) (1990)

Bd./Vol. 7 Phaeophyceae und Rhodophyceae

Bd./Vol. 8 Euglenophyceae

Bd./Vol. 9 Chlorophyta I (Phytomonadina) (1983)

Bd./Vol. 10 Chlorophyta II (Tetrasporales, Chlorococcales, Gloeodendrales) (1988)

Bd./Vol. 11 Chlorophyta III (Chlorophyceae p. p.: Chlorellales, Protosiphonales)

Bd./Vol. 12 Chlorophyta IV (Chlorophyceae p. p.: Stichococcales, Microsporales; Codiolophyceae: Ulotrichales, Monostromatales)

Bd./Vol. 13 Chlorophyta V (Chlorophyceae p. p.: Chaetophorales, Trentepohliales, Chlorosphaerales)

Bd./Vol. 14 Chlorophyta VI (Oedogoniophyceae: Oedogoniales) (1985)

Bd./Vol. 15 Chlorophyta VII (Bryopsidophyceae: Cladophorales, Sphaeropleales)

Bd./Vol. 16 Chlorophyta VIII (Conjugatophyceae I: Zygnemales) (1984)

Bd./Vol. 17 Chlorophyta IX (Conjugatophyceae II: Zygnematales: Mesotaeniaceae; Desmidiales)

Bd./Vol. 18 Charales (Charophyceae) (1997)

Bd./Vol. 19/1 Cyanoprokaryota I (Chroococcales) (1998)

Bd./Vol. 19/2 Cyanoprokaryota II (Oscillatoriales) (2005)

Bd./Vol. 19/3 Cyanoprokaryota III (Nostocales, Stigonematales)

Bd./Vol. 20 Schizomycetes (1982 vergriffen/out of print)

Bd./Vol. 21/1 Fungi (Lichens)

Bd./Vol. 21/2 Fungi

Bd./Vol. 22 Bryophyta

Bd./Vol. 23 Pterido- und Anthophyta 1. Teil: Lycopodiaceae bis Orchidaceae (1980)

Bd./Vol. 24 Pterido- und Anthophyta 2. Teil: Saururaceae bis Asteraceae (1981)

Charales (Charophyseae)

Werner Krause

77 Abbildungen

Adresse der Autoren:
Dr. rer. nat. Werner Krause
Amselweg 5
88326 Aulendorf

Wichtiger Hinweis für den Benutzer
Der Verlag, die Herausgeber und die Autoren haben alle Sorgfalt walten lassen, um vollständige und akkurate Informationen in diesem Buch zu publizieren. Der Verlag übernimmt weder Garantie noch die juristische Verantwortung oder irgendeine Haftung für die Nutzung dieser Informationen, für deren Wirtschaftlichkeit oder fehlerfreie Funktion für einen bestimmten Zweck. Der Verlag übernimmt keine Gewähr dafür, dass die beschriebenen Verfahren, Programme usw. frei von Schutzrechten Dritter sind. Der Verlag hat sich bemüht, sämtliche Rechteinhaber von Abbildungen zu ermitteln. Sollte dem Verlag gegenüber dennoch der Nachweis der Rechtsinhaberschaft geführt werden, wird das branchenübliche Honorar gezahlt.

Bibliografische Information der Deutschen Nationalbibliothek
Die Deutsche Nationalbibliothek verzeichnet diese Publikation in der Deutschen Nationalbibliografie; detaillierte bibliografische Daten sind im Internet über http://dnb.d-nb.de abrufbar.

Springer ist ein Unternehmen von Springer Science+Business Media
springer.de

08 09 10 11   5 4 3 2

Planung und Lektorat: Dr. Ulrich G. Moltmann, Dr. Christoph Iven
Herstellung: Detlef Mädje
Umschlaggestaltung: SpieszDesign, Neu-Ulm
Satz: Druckhaus Köthen GmbH, Köthen
Druck: Books on Demand GmbH, Norderstedt

Printed in Germany

ISBN 978-3-8274-1913-2

Vorwort der Herausgeber zur gesamten Reihe

Die von A. Pascher herausgegebene «Süßwasserflora Deutschlands, Österreichs und der Schweiz», deren 2. Auflage bereits den Titel «Süßwasserflora Mitteleuropas» erhielt, galt und gilt noch immer als Standardwerk für die Bestimmung der Süßwasserpflanzen. Die Süßwasserflora hat sich seit dem Erscheinen ihrer ersten Bände auf der ganzen Welt einen berechtigten Ruf erworben. Nicht nur Anfänger, sondern auch Spezialisten, die sich mit Süßwasserpflanzen und besonders mit Algen befassen, greifen immer wieder zu dieser Bücherreihe. Dies darf als Beweis für die Richtigkeit der Pascherschen Grundkonzeption dienen, die zu verändern auch heute noch keine Veranlassung besteht. Dies bedeutet jedoch nicht, daß die Neubearbeitung der Süßwasserflora nicht wesentliche Erweiterungen und Veränderungen erfahren mußte, liegen doch die Erstbearbeitungen z.T. mehr als 70 Jahre zurück. Die heutigen Anschauungen über die Verwandtschaftsverhältnisse haben sich gegenüber früheren Vorstellungen ebensosehr gewandelt, wie die Zahl der Arten, die Kenntnis ihrer Entwicklungsgeschichte oder ihrer ökologischen Ansprüche zugenommen haben. All dies war in einer Neuauflage zu berücksichtigen. Es ist daher verständlich, daß sowohl Zahl und Umfang der Bände als auch die Anzahl der Abbildungen vermehrt werden mußten. Trotzdem soll die Flora die monographischen Bearbeitungen der einzelnen taxonomischen Gruppen nicht ersetzen. In diesem Sinne mußte auch manches kompilatorisch zusammengetragen werden, obwohl eine kritische Durcharbeitung stets angestrebt wurde. Dennoch werden immer gewisse Unsicherheiten bleiben – wie stets in der Taxonomie –, die sich schließlich in der Bewertung mancher Sippen widerspiegeln. Wenn auch der Titel des Werkes beibehalten wurde, so sind doch wegen der weiten Verbreitung mancher Gruppen (besonders unter den Algen), wie z.T. auch schon in den ersten beiden Auflagen, ganz Europa und vielfach auch die übrigen Kontinente berücksichtigt worden.

Das verstärkte Interesse der Gesellschaft an Fragen des Umweltschutzes drückt sich auch in einer Zunahme hydrobiologischer Forschungen aus, für die eine zuverlässige Bestimmungsflora die Voraussetzung ist. Wir glauben, daß hier die Neuauflage der Süßwasserflora eine Lücke schließen kann, die sowohl dem theoretisch als auch praktisch arbeitenden Hydrobiologen meist schmerzlich bewußt wird.

Diese Lücke haben bisher auch ähnliche Werke nicht beseitigen können. Auch aus diesem Grund wurde die Gliederung des Werkes auf 24 Bände erhöht. Sie geht zwar von der grundlegenden Einteilung Paschers aus, berücksichtigt jedoch auch die neuesten Klassifikationen. Die Einteilung der Bände soll zwar auch den vermutlichen Verwandtschaftsbeziehungen Rechnung tragen, vor allem jedoch der praktischen Orientierung dienen und solche taxonomischen Gruppen zusammenfassen, die durch bestimmte eindeutig charakterisierende Merkmale zu unterscheiden sind (Bandübersicht siehe Vorsatzblatt!).

Bei einem Sammelwerk, dessen Erscheinen sich zwangsläufig über einen längeren Zeitraum erstreckt, werden sich jedoch Verschiebungen in der Umgrenzung von Sippen ebensowenig vermeiden lassen wie Änderungen der wissenschaftlichen Namen – sei es aus taxonomischen, sei es aus nomenklatorischen Gründen. In den Jahren seit der Veröffentlichung des 1. Bandes dieser Neuauflage (1978) haben vor allem zahlreiche Untersuchungen zur Ultrastruktur und Entwicklungsgeschichte sowie die Analysen assimilatorischer und akzessorischer Pigmente zu gewandelten Vorstellungen über die verwandtschaftlichen

Beziehungen sowohl der verschiedenen Algengruppen untereinander als auch innerhalb dieser selbst geführt, denen Rechnung zu tragen war. Hierdurch, aber auch infolge der unterschiedlichen Bewertung derartiger Ergebnisse durch die Bearbeiter der einzelnen Bände, wird es zu Veränderungen des ursprünglichen Konzeptes und damit zu einer gewissen Uneinheitlichkeit in der Einteilung des Gesamtwerkes kommen. In Abhängigkeit vom jeweiligen Stand der biologischen Kenntnisse war die Systematik von jeher einem Wandel unterworfen und wird es auch in Zukunft sein. Trotzdem wird die Süßwasserflora konservativeren Vorstellungen über die systematische Gliederung verhaftet bleiben. So wurde beispielsweise von der Ausgliederung der Cyanophyceae aus den Algen abgesehen, obwohl sich die Herausgeber der tiefgreifenden Unterschiede dieser Gruppe gegenüber den Eukaryoten bewußt sind. Am besten scheinen heute von den höheren taxonomischen Rangstufen die Klassen definiert zu sein. Aber auch hier sind Änderungen in deren Umgrenzung zu erwarten oder haben, wie bei den früher als mehr oder weniger einheitlich angesehenen Chlorophyceae, bereits Eingang bei der Bearbeitung dieser Gruppe gefunden (vgl. Allgemeiner Teil und Systematische Übersicht in Band 9).

Wegen der spektakulären Änderungen der Definition von Algenklassen in den letzten Jahren verzichten die Herausgeber von diesem Band ab darauf, dem Text einen Bestimmungsschlüssel der Algenklassen voranzustellen.

Da fast alle früheren Mitarbeiter der Süßwasserflora verstorben sind, mußten für die entsprechenden Gruppen neue Bearbeiter gewonnen werden. Allen, die bereit waren, an der Neuauflage mitzuwirken, haben die Herausgeber sehr herzlich zu danken – vor allem, da sie wissen, wie undankbar eine derartige Aufgabe ist und wieviel Zeit sie beansprucht. Im Laufe des bisherigen Erscheinens dieser Bücherreihe hat sich naturgemäß auch die Zusammensetzung des Herausgebergremiums geändert. Herrn Prof. Dr. B. Schussnig, der sich für diese Neuauflage voll eingesetzt hatte, war es leider nicht mehr vergönnt, den Neubeginn der Süßwasserflora zu erleben. An seine Stelle trat Herr Dr. B. Heynig 1976 in die Redaktion ein. Erhöhter Arbeitsaufwand zur Bewältigung dieses so umfangreichen Werkes hat die Mitarbeit weiterer Herausgeber erforderlich gemacht. Mit Band 9 ist Herr Dr. D. Mollenhauer 1983 der Redaktion beigetreten. 1989 ist sie durch Herrn Univ.-Doz. Dr. G. Gärtner noch einmal erweitert worden. Zugleich erklärte Herr Prof. Dr. J. Gerloff seinen Rücktritt aus dem Herausgeberkollegium. Er hat sich zusammen mit Prof. Dr. B. Schussnig von den «Nachkriegsjahren» an für die Fortführung der Süßwasserflora engagiert und alle bis 1988 erschienenen Bände als Herausgeber mit betreut sowie die Bände 6, 2/3 und 2/4 mit vorbereitet.

Inzwischen unterstützt auch ein internationaler Wissenschaftlicher Beirat, der 1993 erstmals eine gemeinsame Sitzung mit Herausgebern und Verlagsvertretern abgehalten hat, die Suche nach Autoren und die editorische Arbeit. Ihm gehören folgende Herren an: Prof. Dr. S. J. Casper, Jena; Dr. sc. nat. L. Krienitz, Neuglobsow; Prof. Dr. H. Lange-Bertalot, Frankfurt am Main; Univ.-Doz. Dr. H. R. Preisig, Zürich, und Prof. Dr. U.-G. Schlösser, Göttingen.

Bis 1990 ist die Süßwasserflora nicht immer problemlos als Gemeinschaftswerk der zwei gleichnamigen Verlage in den beiden getrennten deutschen Staaten erschienen. Nach dem Beitritt der Länder der vormaligen DDR zur Bundesrepublik Deutschland und nachdem sich bald darauf das Jenaer und Stuttgarter Verlagshaus wieder zusammengeschlossen haben, wird die Süßwasserflora vom Jenaer Haus des Gustav Fischer Verlages betreut. Beiden Verlagen, die bereit waren, mancherlei Wünsche zu akzeptieren, auch wenn sie zusätzliche finanzielle Belastungen bedeutete, und die stets bemüht waren, auftretende Schwierigkeiten zu überbrücken, gilt der Dank für eine jahrelange harmonische Zusammenarbeit und eine sehr gute Ausstattung der Bände.

Die Herausgeber haben den Wunsch, daß sich die neue Edition der Süßwasserflora ebenso bewähren möge wie die beiden früheren Auflagen. Sie hoffen darüber hinaus, damit dem Andenken von A. Pascher zu dienen. Mit seinen Worten möchten wir uns zum Schluß an die Benutzer des Werkes wenden: «Irrtümer lassen sich beim besten Willen nicht vermeiden, weder für den speziellen Bearbeiter noch für den Herausgeber, der ein schwer überschaubares großes Gebiet unmöglich gleichmäßig übersehen kann. Für jede sachliche und wohlgemeinte Anregung und Berichtigung werden Herausgeber und Bearbeiter immer dankbar sein».

Vorwort der Herausgeber zu Band 18

Wie schon im allgemeinen Vorwort hervorgehoben wurde, haben sich bei den grünen Algen die Vorstellungen über die Verwandtschaftsbeziehungen bzw. Abstammungsverhältnisse besonders tiefgreifend geändert. Dessenungeachtet muß eine Flora, wie ebenfalls schon betont, zwangsläufig konservativer sein, als dies Originalabhandlungen und Lehrbuchtexte sein können. Ihre einmal ausgearbeitete Disposition kann nur wenig verändert werden, denn die Bearbeitungen erstrecken sich über viele Jahre, und während dieser Zeit muß den Autoren ein verbindliches Gliederungsschema zur Verfügung stehen, in das sich ihre Daten einordnen lassen. Eine Flora ist weitgehend eine Inventur der Biodiversität. Solche Bestandsaufnahmen setzen systematische Übersichten des gesamten zu erfassenden Formenbestandes voraus. Neue Erkenntnisse über Abstammung und Verwandtschaft werden dagegen in Form exemplarischer Beiträge, nicht mit enzyklopädischer Vollständigkeit, vorgetragen.
Detaillierte Ultrastrukturstudien sind über den Bau der Chloroplasten und der begeißelten Zellen und über die Zusammenhänge zwischen dem Geißelapparat, dem Zytoskelett und den Vorgängen bei der Zellteilung der grünen Algen durchgeführt worden. Sie weisen auf enge Verwandtschaftsbeziehungen zwischen den Characeae, d. h. der Familie der Armleuchteralgen sensu stricto, einerseits und ihnen recht unähnlichen einfacher gebauten Algen anderseits hin, die früher an ganz anderen Stellen im System der Grünalgen eingeordnet waren. Parallel dazu oder auch später durchgeführte vergleichende Studien über die Enzymgarnituren und die Synthesewege und daran mitwirkenden Enzyme des Sekundärstoffwechsels stützen die Befunde der Ultrastrukturstudien. Gleichsinnige Resultate erbrachte schließlich der Vergleich von homologen Nukleinsäuresequenzen (vgl. hierzu die folgenden Zusammenfassungen und Übersichten: Melkonian 1982, Irvine & John 1984, Mattox & Stewart 1984, Grant 1989, Margulis et al. 1989, Graham 1993, Van den Hoek et al. 1993, Christensen 1994).
Aufgrund dieser Erkenntnisse wurde die bisherige Klasse der Charophyceae Rabenhorst (vgl. Silva 1980: 26–27) erweitert. Sie umfaßt außer den Charales jetzt mehrere weitere Ordnungen, und zwar die Chlorokybales, Klebsormidiales, Coleochaetales (mit den wichtigsten Gattungen: *Chaetosphaeridium* Klebahn, *Chlorokybus* Geitler, *Coleochaete* De Brébisson, *Klebsormidium* Silva et al. und *Stichococcus* Nägeli (die in der «Süßwasserflora» in Band 13 behandelt werden). Den Characeae stehen darüber hinaus nach Ansicht vieler Autoren auch die Zygnematales oder Conjugatophyceae (Süßwasserflora: Bände 16 und 17) nahe, die, abgesehen von ihrer Geißellosigkeit, viele Merkmale der Vertreter des sog. «Landpflanzenastes» am Stammbaum haben. Die grünen Algen haben sich als inhomogen erwiesen. Die frühere Klasse «Chlorophyceae» mit ihrer Untergliederung in die Organisationsstufen nach Pascher und einigen parallelen Reihen von fädigen unverzweigten und verzweigten Vertretern verschiedenen Typs läßt sich nicht mehr beibehalten. Andererseits sind für die Charales, die immer als Sondergruppe anerkannt worden sind, sehr unähnliche «nächststehende Verwandte» entdeckt worden. Die divergente Entwicklung läßt vermuten, daß Ahnenformen dieser so verschiedenen Nachkommen vor sehr langer Zeit gelebt haben. Die Sammel- und Untersuchungstechnik der Chlorokybales, Klebsormidiales, Coleochaetales und Conjugatophyceae sind dieselben wie bei den übrigen Algen und somit ganz anders als bei den Charales, so daß sie in den oben aufgeführten anderen Bänden der Reihe zusammen

mit nicht verwandten Arten mit ähnlichem Habitus und ähnlicher Lebensweise behandelt werden.

Die Unterzeichneten hatten sehr verschiedene Ansichten zu verknüpfen. Die Vorstellungen des auf die Familie der Characeae spezialisierten Bearbeiters, der sich vornehmlich der Tradition der Vegetationskunde verpflichtet sieht, waren zu respektieren. Da man die Bände der Süßwasserflora mangels geeigneter Monographien und Revisionen inzwischen mehr und mehr auch zur allgemeinen Information verwendet, sollte ein instruktiver Allgemeiner Teil vorangestellt werden. Die Herausgeber, einige Beiratsmitglieder und weitere auswärtige Kollegen haben sich beim vorliegenden Band an dessen Abfassung weit über das sonst übliche Ausmaß hinaus beteiligt. Andererseits war zu berücksichtigen, daß Absolventen der Hochschulcurricula der letzten Jahre die Begriffe «Charophyceae», der ursprünglich für den Band 18 vorgesehen war, und «Charophyta» mit viel weiter gefaßter und nur allgemein gehaltener Begriffsbestimmung kennengelernt haben (vgl. Margulis et al. 1989, Graham 1993, Christensen 1994). Der Kompromiß aus den verschiedenen Zielsetzungen für den vorliegenden Band hat allen Beteiligten viel Geduld und Diskussionsbereitschaft abverlangt. Die Arbeit erstreckte sich über mehrere Jahre, die ersten Manuskriptentwürfe sind schon in der zweiten Jahreshälfte 1986 vorgelegt worden.

Im Sommer 1996   H. Ettl · G. Gärtner · H. Heynig · D. Mollenhauer

«Wie Himmelskräfte auf und nieder steigen
Und sich die goldnen Eimer reichen!»

(Gedankenverbindung angesichts der Plasmaströmung in den Characeenzellen;
Goethe: Faust, 1. Teil – Verse 449 und 450)

Vorwort des Autors

Mir sind in drei Jahrzehnten unzählige Characeae mit der Bitte um Bestimmung zugeschickt worden. Viele kamen von Geobotanikern, die bezüglich der Blütenpflanzen keine Nachhilfe nötig haben, die aber ratlos vor einer *Chara* stehen. Manche wurden von Instituten geschickt, die mit hochentwickelter Ausrüstung an der Front der Forschung stehen, aber fragen mußten, wo sie eine bestimmte *Nitella* finden könnten oder wie eine ihnen vorliegende *Chara* hieße. Die Fremdheit gegenüber den großen, charakteristisch gestalteten Pflanzen ist schon oft beklagt worden. Der Wunsch nach Änderung des allgemeinen Zustandes der Ratlosigkeit veranlaßte mich, den Characeenband der Süßwasserflora zu verfassen.

Zugleich fordert die Einfügung des Bandes in das Gesamtwerk der Flora Rücksicht auf die Ergebnisse der modernen Ultrastrukturstudien an Characeenzellen. Die Fortschritte dieser Laborstudien wurden in angemessener Ausführlichkeit in die Darstellung aufgenommen. An den außergewöhnlich großen Zellen dieser Pflanzen lassen sich Experimente durchführen, die an anderen Pflanzen nicht möglich sind. Die Ergebnisse reichen über den engen Bezirk einer Pflanzenfamilie hinaus. Beispielsweise warfen Arbeiten über *Nitella*-Zellen ein Licht auf die Reizleitung im Wirbeltiernerv. Im Text dieses Bandes wird auf derartige Beziehungen hingewiesen und Literatur genannt.

Den Überblick über die Characeae in Europa habe ich durch langjährige landschaftsökologische Arbeit in Süddeutschland und auf Reisen in Europa zwischen Irland, Portugal, Polen und Jugoslawien gewonnen. Unter den Kennern, die mich im persönlichen Gespräch gefördert haben, muß ich Abbé R. Corillion und Madame M. Guerlesquin in Angers hervorheben, denen ich besonders viel verdanke. Als Ergebnis bisheriger Arbeit liegt die Sammlung Exsikkate Europäischer Characeen vor (Krause & Krause 1979–1986).

Die Characeae nehmen innerhalb der Süßwasserpflanzen eine Sonderstellung ein. Ihr makrophytischer Wuchs trennt sie von der Mehrzahl der übrigen gefäßlosen Pflanzen, den «niederen Kryptogamen» der alten Terminologie, die mit dem Mikroskop untersucht werden müssen. Von den Pteridophyten und Phanerogamen, mit denen sie äußerlich eine gewisse Ähnlichkeit haben und in den meisten Details der Kohlenstoffassimilation übereinstimmen, weichen sie durch ihre geringere anatomische Differenzierung und ihre Besonderheiten, vor allem im Bereich der weiblichen Gametangien, entscheidend ab. Ihre Einheitlichkeit kennzeichnet sie unverwechselbar, macht aber die taxonomische Unterteilung recht schwierig.

Da sie ziemlich groß und leicht aufzufinden sind, sind ihr Bau und ihre Lebensäußerungen gut bekannt. Sie gehören zu den am besten erforschten Kryptogamen. Die Ergebnisse dieser Studien sind aber kaum über den Kreis der Spezialisten hinausgelangt. So blieben die Characeae auf eine Außenseiterrolle innerhalb der Gewässerkunde beschränkt. Eine so ausführliche Behandlung, wie sie ihnen im 3. Band des handbuchartig angelegten Werkes «A Treatise on Limnology» (Hutchinson 1975) zuteil wird, ist sonst selten. Erst in der jüngeren Vergangenheit haben die Limnologen sich eingehender mit ihnen befaßt.

Der Autor des vorliegenden Bandes 18 der Süßwasserflora fühlt sich besonders verpflichtet, zur Verbesserung dieses Zustandes beizutragen. Dem Erkennen der Pflanzen dienen naturnahe Abbildungen. In der morphologischen Darstellung sind ausdrücklich die Schwierigkeiten berücksichtigt, die sich aus der geringen Zahl und der Unschärfe der Merkmale ergeben. Probleme der Taxonomie werden diskutiert. Angesichts der Aussichtslosigkeit schneller Klärung der Taxonomie der Arten und Gattungen stützt sich die Flora auf ein System, das alt, aber bewährt ist und den Zugang zu neuen Lösungen offenhält. Ökologie und Verhalten im Gewässer, für die bisher keine konsequente Zusammenfassung vorliegt, werden bevorzugt behandelt. Die Flora baut auf ihren Vorgängern und Vorbildern Migula (1897), Prósper (1910), Groves & Bullock-Webster (1920/24), Olsen (1944), Corillion (1957), Dąmbska (1966 a) und Moore (1986) auf und orientiert sich an der Monographie von Wood (1965) in der «Revision of the Characeae» von Wood & Imahori (1965).

Werner Krause   Aulendorf, im Sommer 1992

Besonderen Dank schulde ich Herrn Prof. Dr. A. Melzer und Frau Susanne Schneider, München, ohne deren unermüdlich tatkräftiges Eingreifen das Erscheinen des Bandes nicht möglich gewesen wäre.

Werner Krause   8. März 1997

Inhalt

Allgemeiner Teil 17
1 Einführung und allgemeine Charakteristik der Charales 17
2 Cytologie 19
3 Morphologie 22
  3.1 Sproß und Äste 22
  3.2 Rinde, Stacheln, Stipularen 26
  3.3 Rhizoide 29
  3.4 Adventivsprosse, adventive Zweige, Anomalien 31
4 Fortpflanzung 33
  4.1 Sexuelle Fortpflanzung 33
    4.1.1 Antheridium 33
    4.1.2 Oogon 35
    4.1.3 Befruchtung und Differenzierung der Oosporen 36
    4.1.4 Keimung 38
  4.2 Vegetative Fortpflanzung 39
5 Verbreitung und Ökologie 40
  5.1 Ökologisch wirksame Faktoren 41
    5.1.1 Kalk, pH, Leitfähigkeit 41
    5.1.2 Phosphor 41
    5.1.3 Stickstoff 41
    5.1.4 Schwefel 42
    5.1.5 Chlorid- und Karbonat-Brackwasser 42
    5.1.6 Versauerung 43
    5.1.7 Schwermetalle 43
    5.1.8 Substrat 43
    5.1.9 Turbulenz, Strömung 44
    5.1.10 Wassertiefe, Licht 44
    5.1.11 Temperatur 44
    5.1.12 Trophie, Saprobie 45
    5.1.13 Bindung an Landschaften und Naturräume 45
    5.1.14 Eingliederung der Standorte in den hydrologischen Wasserkreislauf 48
  5.2 Konstitutionelle Eigenschaften und ihre Auswirkungen auf die Besiedlung der Gewässer 49
    5.2.1 Pioniervermögen 49
    5.2.2 Jahresrhythmus (Phänologie) 49
    5.2.3 Allelopathie 51
    5.2.4 Gesellschaftsbildung 51
  5.3 Zusammenfassung 51
6 Bedeutung für Wirtschaft und Wissenschaft 52
7 Untersuchungsmethoden 53
  7.1 Sammeln, Präparieren 53
  7.2 Roh- und Reinkulturen 54
  7.3 Winke für die Bestimmung 55
8 Verwandtschaft und Gliederung 58
  8.1 Phylogenie 58
  8.2 Verwandtschaftliche Beziehungen 59

Spezieller Teil 61

  Ordnung Charales Dumortier 61

    1. Chara Linné 62
      1. Chara canescens Desvaux et Loiseleur in Loiseleur-Des-longchamps 64
      2. Chara tomentosa Linné 68
      3. Chara hispida Linné 71
      4. Chara horrida Wahlstedt 73
      5. Chara baltica Bruzelius 75
      6. Chara polyacantha A. Braun in Braun, Rabenhorst und Stizenberger. 77
      7. Chara intermedia A. Braun 79
      8. Chara vulgaris Linné 81
      9. Chara contraria A. Braun ex Kützing 83
     10. Chara filiformis Hertzsch. 86
     11. Chara globularis Thuillier 87
     12. Chara delicatula Agardh 89
     13. Chara connivens Salzmann ex A. Braun 91
     14. Chara fragifera Durieu de Maisonneuve 93
     15. Chara aspera Detharding ex Willdenow 95
     16. Chara galioides De Candolle. 98
     17. Chara desmacantha (H. et J. Groves) J. Groves et Bullock-Webster 100
     18. Chara strigosa A. Braun. 102
     19. Chara tenuispina A. Braun 104
     20. Chara gymnophylla A. Braun 106
     21. Chara kokeilii A. Braun. 111
     22. Chara denudata A. Braun. 113
     23. Chara imperfecta A. Braun in Durieu de Maisonneuve. . . 115
     24. Chara braunii Gmelin. 117
     25. Chara baueri A. Braun 119
     26. Chara crassicaulis Schleicher 121
     27. Chara muscosa J. Groves et Bullock-Webster 123
     28. Chara ohridana Kostić 123
     29. Chara rudis A. Braun in Leonhardi 126

    2. Nitellopsis Hy 128
      1. Nitellopsis obtusa (Desvaux in Loiseleur-Deslongchamps) J. Groves 128

    3. Lychnothamnus (Ruprecht) Leonhardi em. A. Braun 131
      1. Lychnothamnus barbatus (Meyen) Leonhardi 132

    4. Lamprothamnium J. Groves 134
      1. Lamprothamnium papulosum (Wallroth) J. Groves. 134
      2. Lamprothamnium hansenii Sonder 136

    5. Nitella Agardh. 136
      1. Nitella translucens (Persoon) Agardh. 138
      2. Nitella hyalina (De Candolle) Agardh 140
      3. Nitella capillaris (Krocker) J. Groves et Bullock-Webster . 142
      4. Nitella syncarpa (Thuillier) Chevallier 144
      5. Nitella flexilis (Linné) Agardh 146
      6. Nitella opaca (Bruzelius) Agardh 148
      7. Nitella tenuissima (Desvaux) Kützing 150
      8. Nitella ornithopoda Braun in Leonhardi 152
      9. Nitella mucronata (A. Braun) Miquel. 154

10. Nitella dixonii H. et J. Groves 156
11. Nitella batrachosperma (Reichenbach) A. Braun 158
12. Nitella gracilis (Smith) Agardh. 160
6. Tolypella (A. Braun) A. Braun 162
1. Tolypella hispanica Nordstedt 163
2. Tolypella salina Corillion 165
3. Tolypella glomerata (Desvaux in Loiseleur-Deslongchamps) Leonhardi 165
4. Tolypella nidifica (O. Müller) A. Braun 168
5. Tolypella intricata (Trentepohl ex Roth) Leonhardi. 171
6. Tolypella prolifera (Ziz ex A. Braun) Leonhardi. 174
7. Tolypella canadensis Sawa 176
8. Tolypella normaniana Nordstedt 179

Anhang. 180
Erkennen subfossiler Oosporen. 180

Nachtrag zur Gattung Chara 185

Literaturverzeichnis 186

Register 199

Allgemeiner Teil

1 Einführung und allgemeine Charakteristik der Charales

Die Ordnung Charales Dumortier 1829 (vgl. Silva 1980: 26) umfaßt submers lebende makrophytische grüne Algen, die sich im Bau und in der Fortpflanzungsweise von allen anderen Algen unterscheiden, die aber in ihrem Erscheinungsbild den Höheren Pflanzen ähnlich sehen. In der Characeenkunde hatte sich deshalb eine besondere terminologische Tradition entwickelt. Ihre Spezies können in der einzigen Familie Characeae S. F. Gray 1821 (vgl. Silva 1980: 27) zusammengefaßt werden. Eingebürgert sind auch die Namen Charophyta Pascher 1914 und Charophyceae Rabenhorst 1863.

Ihr Vegetationskörper besteht aus einer mit Rhizoiden verankerten Achse, die sich in Seitensprosse verästelt. Characeae erreichen 10–50 cm, seltener bis 200 cm Länge. Die Achse ist in strengem Wechsel in kurze Knoten (Nodien) und lange Stengelglieder (Internodien) unterteilt. Aus den Knoten entspringen die quirlförmig gestellten Äste (Quirläste), deren Anordnung an einen Kronleuchter denken läßt. Von ihr leitet sich der Name «Armleuchteralgen» ab. Die Achse wächst durch zentripetale Abgliederung von Nodien und Internodien, zugleich durch Streckung der Internodien so weit unbeschränkt in die Länge, wie es der Bauplan der Pflanze zuläßt. Die Quirläste setzen sich ebenfalls aus Nodien und Internodien zusammen, sind aber im Längenwachstum begrenzt. Bei manchen Gattungen bleiben sie unverzweigt, bei anderen verzweigen sie sich an einem oder mehreren Knoten. Sie tragen als Seitenorgane die «Blättchen» (Brakteen – außerdem gelegentlich auch zusätzliche Brakteolen) und die Gametangien. (Im folgenden Text werden, soweit die Trennung nicht unbedingt nötig ist, «Brakteen» und «Brakteolen» zusammenfassend als «Blättchen» bezeichnet.) Aus der Achsel einzelner Äste entspringen Seitensprosse, die im Bau der Hauptachse gleichen. Die Rhizoide stellen Zellfäden dar. Die Wände zwischen den langgestreckten Fadenzellen stehen schräg und sind S-förmig gebogen. Diese Zellform kennt man nur bei den Characeae.

Das weibliche Gametangium – hier Oogon genannt – besteht aus der großen ellipsoidischen Eizelle und fünf um diese Eizelle schraubenförmig gewundenen Röhrenzellen. Nach der Befruchtung bildet sich die aus der Eizelle entstandene Zygote zur Oospore um, indem sie sich mit einer festen, aus den Schraubenzellen abgesonderten Interzellularsubstanz umgibt. Das männliche Gametangium – Antheridium – wird wegen seiner Gestalt gelegentlich «Globulus» genannt. Es besteht aus einer kugelähnlichen Hülle, die mehrere «spermatogene Fäden» umschließt. Jede Zelle dieser Fäden bildet ein Spermatozoid. Aus der Oospore entsteht über ein Vorstadium (Protonema, Proembryo) ohne Generationswechsel die neue Pflanze. Die Characeae sind oogame Haplonten. Asexuelle Sporen werden nicht gebildet. Verbreitet ist vegetative Fortpflanzung durch Sproßbulbillen.

Ihre eindrucksvolle und charakteristische Erscheinung (Fig. 1) läßt erwarten, daß die Sippen der Characeae leicht auseinanderzuhalten sein sollten. Doch bieten sie, besonders im weiblichen Organ, wenige Anhaltspunkte für die taxonomische Einteilung. Die Abgrenzung der Spezies ist noch immer umstritten. Die vorliegende Flora leitet dazu an, die Charakterzüge der markanten Gestalten dieser Gewächse sehen zu lernen. Sie verwendet dazu Abbildungen, die das «Gesicht» einer Spezies zum Ausdruck bringen. Mit diesen Darstellungen ist

Fig. 1. Grundformen der Gattungen der Characeae. A *Chara* ×0,5, B *Nitella*, Äste einmal geteilt ×0,5, C *Nitella*, Äste mehrmals geteilt ×2, D *Nitellopsis* ×1,4, E *Tolypella* ×0,5, F *Lamprothamnium* ×0,7, G *Lychnothamnus* ×1.

es nicht selten möglich, einen Pflanzenfund auf den ersten Blick anzusprechen oder zu entscheiden, welchen Sippen er nicht angehört. Die unerläßliche Bestätigung durch exakte Identifikationsmerkmale wird durch diese Vorprüfung entscheidend vereinfacht.

Die Flora steht einer besonderen historisch gewachsenen Situation gegenüber. Im vergangenen Jahrhundert waren Characeae ähnlich allgemein bekannt wie Blütenpflanzen. Danach wurden sie zeitweise nur noch von wenigen Kennern beachtet. Moore (1987) nennt sie zutreffend Cinderella-(Aschenputtel-)Pflanzen. Unter diesen Umständen ist es notwendig, auch altbekannte, aber nicht mehr im allgemeinen Bewußtsein gegenwärtige Eigentümlichkeiten ausführlich darzustellen.

Characeae bewohnen vom Quellbach bis zum Süßwassersee und der Brackwasserlagune sehr verschiedenartige Gewässer. Auch in Baggerseen, Gräben, wassergefüllte Wagenspuren dringen sie ein. Strömendes Wasser und freies Meer werden gemieden. Dominant können sie in Klarwasserseen sein, deren Grund sie in Reinbeständen überziehen. Meistens halten sie sich abgesondert von Blütenpflanzen, seltener wachsen sie mit ihnen vermischt. Charakteristisch ist der unverkennbare Geruch der frisch aus dem Wasser gezogenen Pflanzen. Er ist seit Jahrhunderten bekannt und war Anlaß zu volkstümlichen Namen ebenso wie zum wissenschaftlichen Epitheton *Chara foetida*. Wahrscheinlich geht er auf schwefelhaltige Verbindungen zurück, die dem Senf- und Knoblauchöl nahestehen.

Aus Europa sind annähernd 45 Characeen-Arten bekannt. Weltweit liegt ihre Zahl in der Größenordnung 450. Diese Pflanzen, die früher am Aufbau der Gewässervegetation ebenso großen Anteil hatten wie die Blütenpflanzen, sind in den letzten Jahrzehnten zurückgedrängt worden. Weit häufiger wird berichtet, daß bekannte Vorkommen erloschen sind, als daß seit langem beobachtete Bestände weiterbestehen. Doch die Characeae reagieren auf die Umweltveränderungen anders als die Mehrzahl der vom Menschen bedrohten Blütenpflanzen. Während diese bei Vernichtung spontan besiedelter Wuchsorte oft unwiederbringlich verdrängt werden, finden Characeae besonders günstige Lebensbedingungen in «künstlichen», technisch veränderten Gewässern. Diese nehmen als Fundplätze neuerdings den gleichen Rang ein wie die dezimierten naturnahen Wuchsorte. Die Spannung zwischen dem Überfluß der Vergangenheit, der Bedrohung in der Gegenwart und der Überlebensstrategie der Pflanzen bildet ein Hauptthema der Characeenkunde.

2 Cytologie

Das komplizierte Gebilde eines Characeensprosses wird durch eine einzige «Scheitelzelle» aufgebaut, die an der Spitze des Sprosses steht. Sie teilt in schneller Folge Segmente ab, die sich im Wechsel zu Nodien (Knoten) und Internodien differenzieren (Fig. 2). Die einzelligen Internodien können mehrere Zentimeter, gelegentlich Dezimeter Länge erreichen. Sie sind entweder unbedeckt oder tragen eine Rinde aus längs verlaufenden Zellreihen, die aus den Knoten hervorgehen. Einer rindenlosen Internodialzelle wird allein durch den Turgor Festigkeit verliehen. Geht er durch Verletzung der Zellwand verloren, sinkt die pralle Zelle zu einem schlaffen Häutchen zusammen. – Aus den Knoten entstehen die Äste und die Rindenzellen der Internodien als hoch differenzierte Bildungen. Einige ihrer Zellen verbleiben zunächst als «Organreserve» im embryonalen Zustand. Aus ihnen gehen später Zweigvorkeime, Proembryonen und Rhizoide als Adventivbildungen hervor (Sachs 1874, Schussnig 1954, Van den Hoek 1978, Bold & Wynne 1985). Alle Zellen sind durch ihre

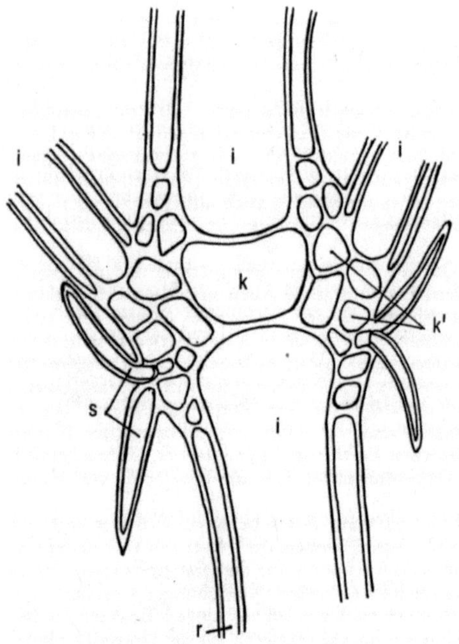

Fig. 2. Sproßknoten einer *Chara* × 30. i Internodialzellen der Achse und der Äste, k zentrale Knotenzelle der Achse, k′ periphere Knotenzellen, r Sproßrinde, s Stipularen (nach Migula).

Wände hindurch mit Plasmodesmen mit den Nachbarzellen verbunden (Pikkett-Heaps 1975).
Das Cytoplasma in der einkernigen Scheitelzelle ist dicht und nicht vakuolisiert. Der große Zellkern enthält einen besonders deutlichen Nukleolus und fein verteiltes Chromatin. Bei der Teilung der Scheitelzelle, aus der immer abwechselnd eine Knoten- und eine Internodienzelle hervorgeht, erhält die erste mehr Kernsubstanz als die zweite. Sie ist zum großen Teil mit Cytoplasma gefüllt, in dem sich kleine Vakuolen bilden. Ihr Kern verbleibt im Zentrum der Zelle. In den zukünftigen Internodienzellen nimmt die Vakuole weitaus mehr Raum ein als das Cytoplasma, das sich auf einen dünnen Wandbelag zurückzieht, der auch den Kern umschließt. Dieser ist groß und vielgestaltig. Die Scheitel- und Knotenzellen teilen sich mitotisch wie die Zellen der Höheren Pflanzen (Karling 1926, Pikkett-Heaps 1967 a, b, Moutschen 1977). Die Internodialzellen bilden keine Tochterzellen, teilen aber ihre Kernsubstanz amitotisch in Teilkerne, deren Zahl die Größenordnung 2 000 je Zelle erreichen kann (polyenergide Zellen, vgl. Shen 1967). Die Amitose der Characeae wird nicht als vereinfachte Abwandlung der Mitose, sondern als ein den Characeae eigentümliches Phänomen aufgefaßt. Im Cytoplasma ist eine äußere gelartige und eine innere flüssige Schicht zu erkennen. In der peripheren Schicht liegen zahlreiche ellipsoidisch-scheibenförmige Chloroplasten, die keine Pyrenoide besitzen. Sie sind in schraubig verlaufen-

den Längsreihen angeordnet und nahe an die Zellwand gerückt. Unter den sonstigen in großer Zahl auftretenden Organellen und Zellbestandteilen – z. B. Mitochondrien, «microbodies», «Sphärosomen», «lipoid bodies» – sind die Charasomen eingehend behandelt worden (Franceschi & Lucas 1980). Sie sind komplexe Bildungen aus dem Plasmalemma und der Zellwand und von einem dreidimensional orientierten Röhrchensystem durchzogen, das eine enorme Vergrößerung der inneren Oberfläche bedeutet. Ihnen dürfte eine wichtige Rolle beim Stofftransport zukommen, der eine Voraussetzung für das schnelle Wachstum der Characeae bildet. In den Scheitelzellen der Rhizoide liegen jeweils 30–60 Statolithen aus Bariumsulfat (Schröter et al. 1975). Sie sind wie bei den Wurzeln der Höheren Pflanzen am positiv geotropischen Wachstum der Rhizoide beteiligt (Sievers & Schnepf 1981).

Die Zellwand besteht aus zwei Schichten. Die äußere ist ± gallertig und gilt als Ort der Ablagerung von Kalziumkarbonat. Im Innern der Hüllzellen des Oogons vermitteln bei deren Umwandlung in die sog. «Calcine» organische Zwischenlamellen die Ablagerung von Kalziumkarbonat (Soulié-Märsche 1989). Bei manchen Arten ist die Zellwand lückenlos dicht inkrustiert. Sie gehören zu den wichtigsten Kalktuffbildnern. Die innere fibrilläre Fraktion der Zellwand besteht wie bei Höheren Pflanzen aus Zellulose (Goebel 1918, Dębski 1897, Karling 1926).

Eine Besonderheit, die oft schon im Gewässer auffällt, ist die «ringförmige Verkalkung» rindenloser Arten. Sie wird mit der Bildung alkalischer Zonen erklärt, die von der Zelle durch Absonderung von OH^--Ionen hervorgebracht werden. Auf ihnen lagert sich Kalk ab. Der Vorgang ist mit komplizierten Ultrastrukturen und mit der Photosynthese verknüpft (Borowitzka et al. 1974, Franceschi & Lucas 1980, Okazaki & Tokita 1988).

Charakteristisch für die Characeae ist die auffällige Plasmaströmung, besonders in den Internodialzellen, in denen die innere, flüssige Cytoplasmaschicht die Vakuole in Längsrichtung umkreist (Strasburger 1908). Die Bewegung, die sich an *Nitella flexilis* besonders gut beobachten läßt, wird durch mitgeführte glänzende «microbodies» sichtbar gemacht, die «kopfüber dahinstolpern», weil sie an der Grenze der ruhenden Vakuole zum bewegten Cytoplasma einseitig gebremst werden. Die Ultrastruktur dieser Einschlüsse ist hochkompliziert (Foissner 1988). Unter anderem werden sternförmige «echinate bodies» und polysaccharidreiche «Glucosomen» unterschieden. Näher bekannt ist ihre Rolle beim Schließen kleiner Verwundungen der Zellwand. Die Strömung wird unter Mitwirkung einer Myosinkomponente durch Aktin-Fadenbündel hervorgerufen (Kamitsubo 1980, Kamiya 1981). Sie tritt, von wenigen Ausnahmen abgesehen, noch in den Rhizoiden und in hochdifferenzierten Zellen der Gametangien auf. Ihr Weg folgt in jeder Zelle einem festen Lauf, der von den Strömungsrichtungen in den benachbarten Zellen mitbestimmt ist. In der Gesamtheit der Strömungen spiegelt sich die Architektur der Pflanze (Braun 1852/53). In den großen Zellen sind die auf- und abwärts laufenden Strömungen durch den «Interferenzstreifen» getrennt, in dem die Aktinfibrillen fehlen und das Cytoplasma stillsteht. Da dort auch keine Chloroplasten vorhanden sind, erscheint der Interferenzstreifen als farblose Linie. – Eine Vorausahnung des Urphänomens endlos gegenläufiger Strömung, die lebenswichtige Partikel in Bewegung hält, vermittelt der Satz, der diesem Band als Motto voransteht.

Die Chromosomenzahlen innerhalb der artenreichen Gattungen und innerhalb vieler Arten sind sehr unterschiedlich. Bereits in einem einzigen spermatogenen Faden können sie voneinander abweichen. Für *Chara globularis* wurde n = 14, 28, 42, 70, 16, 24, 32, 18 und 20 festgestellt. Demnach bestehen zwei polyploide Reihen mit den Grundzahlen 7 und 8 sowie 2 aneuploide Einzelwerte. Ähnlich differenziert sind die Zahlen bei *Ch. vulgaris*, *Ch. contraria* und

Ch. braunii. Nitella besitzt die einzige Grundzahl 3 mit 11 Einzelwerten zwischen 6 und 42. Eine Beziehung zwischen Chromosomenzahl und Standortsansprüchen läßt sich an *Nitella opaca* erkennen. Diese tritt in einer azidophilen Rasse zu 12 und einer basiphilen zu 6 Chromosomen auf. Im Gelände findet sich *N. opaca* sowohl in kalkreichen als auch in kalkarmen Gewässern. Vielfalt der Chromosomenzahlen ist meist mit starkem Expansionsvermögen verbunden. Doch ergaben acht Bestimmungen aus drei Erdteilen für *Nitella flexilis* einheitlich n = 12. Diejenigen Arten aus der Verwandtschaft der *Chara vulgaris*, die ihre Astrinde unvollständig ausbilden, besitzen nicht mehr als 14 Chromosomen. Die zweifelhafte Stellung der *Ch. strigosa* zwischen diplostichen und triplostichen Arten wurde durch die Chromosomenzahl zugunsten der ersten Auffassung geklärt.

Derzeit trägt das Studium der Chromosomenzahlen weniger zur Klärung von Problemen bei, als daß neue Fragen aufgeworfen werden. Jegliche Zytotaxonomie basiert zudem auf traditionellem Wissen, denn sie hängt davon ab, daß das Material eindeutig identifiziert und die Autökologie der Arten bekannt ist. In einer weltweit gewonnenen Übersicht haben sich morphologisch einheitliche Spezies, z. B. *Chara vulgaris* und *Ch. contraria*, als Komplexe räumlich getrennter, untereinander unfruchtbarer Kleinsippen erwiesen und damit den morphologisch begründeten Speziesbegriff in Frage gestellt. Areale sind zu einem Hauptgegenstand der genetischen Forschung geworden (Proctor 1976, Khan & Sarma 1984). Das Arbeitsfeld ist unabsehbar. Vorläufig werden diese Studien nicht mehr als die experimentelle Lösung von einzelnen Problemen Sippe für Sippe zulassen. Einen aktuellen Anlaß gibt *Nitellopsis obtusa*, deren Oosporen ehemals (Migula 1897) äußerst selten gefunden wurden, die aber neuerdings häufig und weitverbreitet auftreten. Ihr früheres Verhalten wurde mit ihrer Aneuploidie in Beziehung gebracht. Jetzt erhebt sich die Frage, ob die neuerdings gewonnene Fertilität auf eine Veränderung des Chromosomenbestandes zurückzuführen ist (Karling 1926, Guerlesquin 1964, 1984, Grant & Proctor 1972, Proctor 1975, 1976).

Neben ihren Besonderheiten haben die Characeae auch wichtige Eigenschaften mit den Höheren Pflanzen gemeinsam:

- Bei der Zellteilung wird mittels eines Phragmoplasten eine neue Querwand gebildet.
- Die Garnitur der photosynthetischen Pigmente ist dieselbe wie bei Höheren Pflanzen, dementsprechend entsteht interplastidial als Reservestoff wie bei diesen Stärke und besteht die fibrilläre Fraktion der Zellwände auch aus Zellulose (Schussnig 1954, Ettl 1980, Bold & Wynne 1985, Grant 1989).
- Junge, sich teilende Zellen sind einkernig, während ältere, besonders die Internodialzellen, meist viele Kerne bilden.
- Im wandständigen Protoplasma liegen zahlreiche runde, scheibenförmige Chloroplasten ohne Pyrenoide. Die Chloroplasten teilen sich in den weiter wachsenden Zellen pausenlos.
- Bei jeder in Streckung befindlichen Zelle entsteht im Zentrum eine große Vakuole. Das Cytoplasma in der Nähe dieser Vakuole zeigt eine stetige, in der Längsrichtung verlaufende Strömung.

3 Morphologie

3.1 Sproß und Äste

An der Sproßachse der Characeae verharren die Internodien auf einem früh erreichten Zustand; sie haben hauptsächlich Skelettfunktion. Dagegen sind die

Sproßknoten Zentralpunkte einer bedeutenden Weiterentwicklung. Aus ihnen
entspringen die Kurztriebe sowie die zu Reihen geordneten Rindenzellen. Aus
den Achseln einzelner Quirläste treten die Seitensprosse der Hauptachse hervor. In der Gattung *Chara* bleibt es bei einem einzigen Seitensproß je Quirl,
bei *Nitella* sind es zwei, von denen oft einer unscheinbar klein bleibt. *Tolypella*
bildet mehr als zwei Seitensprosse. Sie ist bereits an ihrer Verzweigung erkennbar. An den Seitensprossen der Characeae wird ersichtlich, daß deren Achsen
nicht, wie es den Anschein hat, vollkommen radiärsymmetrisch gebaut sind. In
der Gattung *Chara* eilt in jedem Quirl ein Ast den übrigen im Wachstum voraus. In seiner Achse entspringt der einzige Seitensproß des Quirls (Fig. 3 A).
Die geförderten Äste der einzelnen Quirle stehen nicht übereinander. Jeder
von ihnen ist gegen den darunter stehenden um eine Astbreite seitlich verscho-
ben. Damit entsteht eine steil am Internodium aufsteigende Schraubenlinie, die
durch gleichsinnige Drehung der Sproßrinde noch hervorgehoben wird
(Fig. 3 B). Sie verläuft gegen den Uhrzeigersinn. Die Schraubendrehung ist
auch an der unberindeten Gattung *Nitella* vorgezeichnet. Eine andere Abweichung in der Symmetrie wird an rindenlosen Astgliedern sichtbar, die oft wenig formbeständig sind. Die Ebenen, in die sie beim Trocknen zusammenfallen,
sind zwischen zwei Zellen um 90° verdreht, so daß die eine von der Breit-, die
angrenzende von der Schmalseite erscheint (Fig. 3 C, D). Schließlich wird bila-
teraler Bau auch an den Ästen und Proembryonen sichtbar. An ihnen bestehen
einseitig längslaufende Zonen geförderter Zellteilung, wo die Gametangien
(Fig. 15) und der erste Quirl der Jungpflanze am Proembryo (Fig. 14 C, D) entstehen (Chadefaud 1960, 1979). Neben den streng an den Bauplan gebundenen

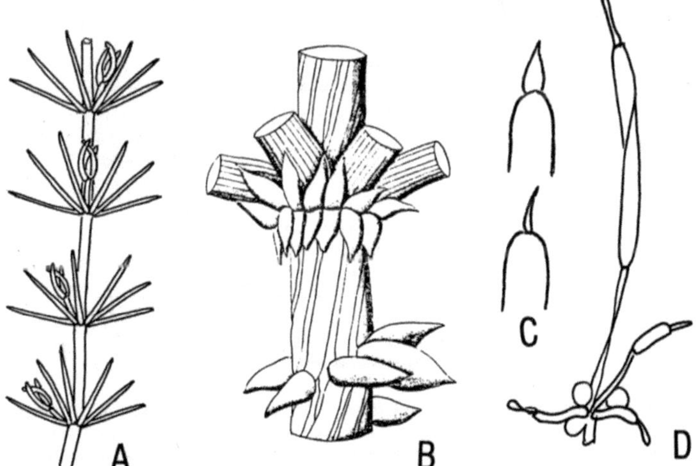

Fig. 3. Symmetrie der Characeae. A Schraubenstellung der Seitensprosse an
der Achse, B Schraubendrehung der Rinde × 15 (nach Imahori), C radiäre Endzellen eines Astes, oben turgeszent, unten getrocknet, in eine Ebene senkrecht
zur verletzten Zelle zusammengefallen: *Nitella gracilis* (Smith) Agardh,
D rechtwinklig übereinander stehende Längsebenen getrockneter Zellen: *Tolypella glomerata* (Desvaux in Loiseleur-Deslongchamps) Leonhardi.

Zellen, aus denen die Quirläste hervorgehen, finden sich in den Sproßknoten Zellansammlungen, die als embryonale Organreserve in Aktion treten, wenn die Pflanze beschädigt wird. – Der geometrisch regelmäßige Bau der Characeae wurde von Pickett-Heaps (1967 a, b, 1968, 1975), Sawa & Frame (1974) und Frame & Sawa (1975) durch vergleichend-anatomische und elektronenmikroskopische Studien aufgeklärt.

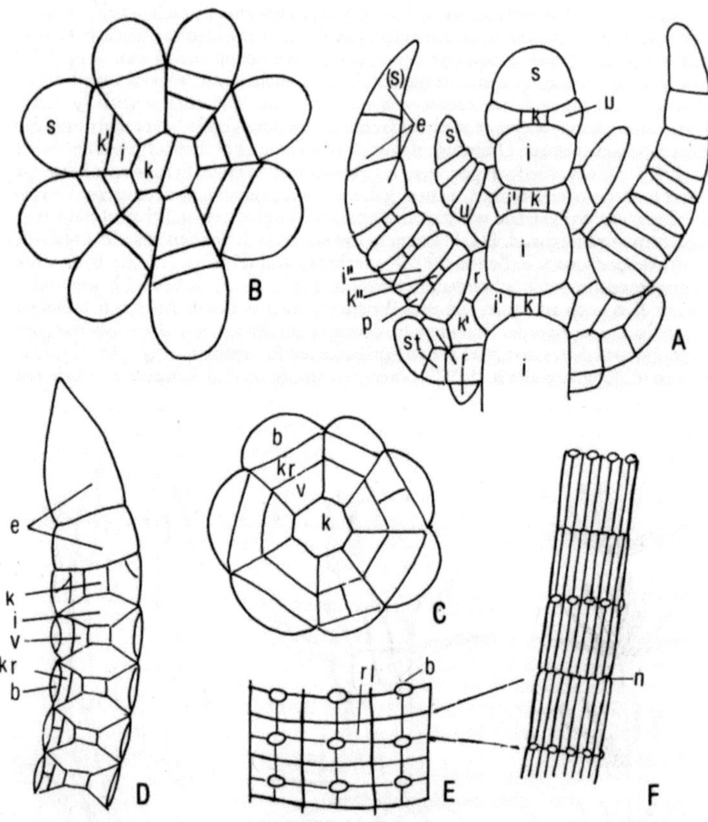

Fig. 4. Zellaufbau der Gattung *Chara*. A Sproßgipfel längs×43; B junger Sproßknoten quer×100, C junger Astknoten quer×100, D weiter differenzierter Ast×65, E Rinde vor der Streckung, Aufsicht auf 9 Rindenbasalknoten×32, F wie E nach der Streckung×7. – b Blättchen, an *Ch. globularis* Thuillier uhrglasförmig, e mehrzelliges Endglied, i i' i" Internodialzellen, k k' k" Knotenzellen, kr Rindenbasalknoten, n Naht zwischen auf- und absteigenden Rindenzellen, r Initialzelle der Rinde, rl Rindenlappen, s Scheitelzelle, (s) nicht mehr tätige Scheitelzelle, st Initialzelle der Stipularen, u ungegliedertes frühes Astsegment, v «Verbindungszelle» (Internodium). – A, C–F *Ch. globularis*, B *Ch. tomentosa* Linné (nach Kuczewski, Sachs, Witt).

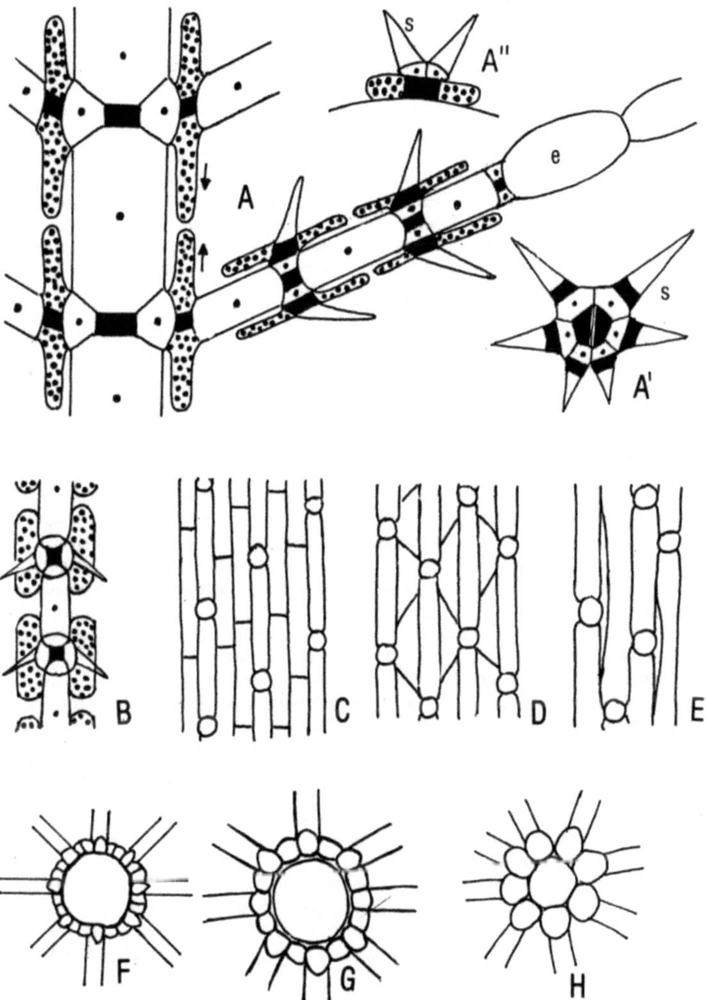

Fig. 5. Rindenentwicklung schematisch. Schwarz – Knoten, Punkt – Internodium, punktiert – Rinde. A Sproß und Ast, A′ Astknoten quer, A″ Rinden-
basalzelle mit Rinde und Stacheln seitlich, B Rinden-Hauptreihe mit
2 Nebenreihen, C D E Ordnung der Reihen bei triplo-, diplo- und haplosti-
cher Rinde, F G H dasselbe quer, e rinden- und knotenloses Ast-Endglied, s
Stachel (nach Chadefaud).

Die Seitenorgane der Achse sind mit vielerlei Namen belegt worden. Braun (1882/83) und Migula (1897) nannten sie «Blätter», Groves & Bullock-Webster (1920/1924) «laterals», Wood (1965) und Moore (1986) «branchlets», Corillion (1957) «rayons» oder «phylloides», Chadefaud (1960) «pleuridies». In diesem Band werden sie als «Quirläste», abgekürzt «Äste», bezeichnet. Sie bestehen ebenso wie die Sproßachse aus Knoten und Internodien, sind aber im Längenwachstum begrenzt. Ihre Scheitelzelle stellt nach einer für jede Spezies typischen Anzahl von Teilungen ihre Tätigkeit ein. Jede von zwei Knoten begrenzte Astzelle wird als «Glied» bezeichnet. Daneben bestehen am Ende jedes Astes mehrere, stets unberindete Zellen ohne Knoten, die in ihrer Gesamtheit das «Endglied» des Astes bilden. Die Äste sind bei manchen Gattungen ungeteilt, bei anderen in Seitenäste zweiter Ordnung verzweigt. Die Struktur der Äste bietet Bestimmungsmerkmale (Fig. 15).

Der Aufbau der Characeenpflanze wird aus ihrem Entwicklungsgang verständlich. Die Scheitelzelle der Sproßachse teilt sich inäqual in immer wiederholter Folge durch zwei parallel gerichtete, konvex gebogene Querwände in drei hintereinander gereihte Segmentzellen (Fig. 4 A). Die apikale bleibt, solange das Längenwachstum des Sprosses andauert, als Scheitelzelle tätig. Die zweite ist die Anlage des Knotens, die dritte wächst zum zönoblastischen Schlauch des Internodiums heran. Das Knotensegment teilt sich durch eine axiale Zellwand in zwei primäre Nodialzellen, von denen sich periaxial weiter Zellreihen abgliedern, die strahlenförmig um die zwei zentralen Knotenzellen angeordnet sind (Fig. 4 B). Aus den Randzellen des Knotens entspringen die Äste, die ihrer Anlage entsprechend quirlartig stehen. Die primäre, axiale Wand im Knotensegment ist in den aufeinanderfolgenden Etagen jeweils um 30° versetzt, woraus sich die schraubenförmige Anordnung der Seitenachsen ergibt.

Die Ausbildung der Äste beginnt mit der Teilung der Randzellen des Knotens in je eine Basalzelle und eine Scheitelzelle. In einem Folgestadium hat die Scheitelzelle die Astglieder abgeteilt, deren Anzahl arttypisch ist. Danach stellt sie ihre Tätigkeit ein. In Fig. 4 A, linker Ast, beginnen die Astglieder, sich in Knoten und Internodien zu differenzieren. Die Scheitelzelle ist zum mehrzelligen knotenlosen Endglied geworden. Aus den Astknoten gehen als Seitenorgane die Blättchen, die Rinde (Fig. 4 D) und die Gametangien (S. 33) hervor. Die Astknoten sind ähnlich strukturiert wie die Sproßknoten (Fig. 5 A, A'), doch sind ihre Scheitelzellen zu Blättchen geworden, die bei der abgebildeten *Chara globularis* Uhrglasform haben, was zum Verständnis der Fig. 4 angemerkt sei.

Seitensprosse der Hauptachse entstehen aus einer Zelle an der Basis eines Astes. Sie teilt sich weiter zu einem latenten Vegetationspunkt mit Scheitelzelle, welche die Seitenachse hervorbringt (Sachs 1874, Giesenhagen 1896, 1898, Kuczewski 1906, Witt 1906, Goebel 1918, Groves & Bullock-Webster 1920/24, Schussnig 1954, Chadefaud 1960, 1979, Fritsch 1965).

3.2 · Rinde, Stacheln, Stipularen

Zwischen Astknoten und Blättchen liegen die Rindenbasalknoten (Fig. 5 A″, B). Jeder von ihnen teilt vier einzellige Rindenlappen ab, von denen zwei gegen die Basis, zwei gegen die Spitze des Astes gerichtet sind (Fig. 5 A). In der Aufsicht erscheinen sie als flächendeckende Quadrate, auf denen je ein Blättchen steht (Fig. 4 E). Gleichlaufend mit der Streckung des Astgliedes verlängern sich zwei Rindenlappen nach oben, zwei nach unten (Fig. 4 F). Die Stelle des Zusammentreffens ist durch eine Naht gekennzeichnet. Alle Zellreihen der Astrinde sind einander gleich. Der oberste Astknoten bildet keine Rinde, ebensowenig der

Basalknoten des Astes (Fig. 5 A). Eine Ausnahme macht *Chara tomentosa*, von deren Astbasalknoten ein Rindenlappen ausgeht. Sie bildet als einzige am untersten Astglied eine Naht zwischen auf- und absteigender Rinde.
Die Sproßachsenrinde der Characeae entsteht auf analoge Weise wie die Astrinde, ist aber komplizierter gebaut. Sie nimmt ihren Ausgang an der Peripherie der Sproßknoten, wo die Initialzellen der Rinde je eine Reihe von Zellen abgliedern, die an der Internodienzelle teils nach oben und teils nach unten wachsen und sich zwischen den Knoten treffen (Abb. 5 A). Unter jedem Ast entspringt eine derartige Haupt- oder Mittelreihe nach oben und unten. Nach dem Bauprinzip der Characeae bestehen sie aus einer Abfolge teilungsfähiger Knoten- und nur noch streckungsfähiger Internodialzellen (Fig. 5 B). Jeder Knoten teilt beiderseits eine Nebenzelle ab, die sich parallel zur Hauptreihe streckt bis sie die entgegenkommende Zelle berührt, mit der sie sich zu einer Nebenreihe zusammenschließt (Fig. 5 C) und gemeinsam mit den übrigen Reihen eine Hülle um die Zentralzelle bildet. Die Gesamtzahl der Reihen beträgt das Dreifache der Zahl der Hauptreihen und der Zahl der Äste (Fig. 5 F). Von dieser dreizeiligen oder «triplostichen» Rinde leiten sich weitere Ausbildungsformen ab. Bei der ersten Abweichung schieben sich die gegenüberliegenden Nebenzellen zweier Hauptreihen hintereinander zu einer einzigen Nebenreihe zusammen (Fig. 5 D). Die Gesamtzahl verdoppelt sich zur «diplostichen» (zweizeiligen) Rinde (Fig. 5 D, G). Schließlich existiert die «haplostiche» (einzeilige) Rinde (Fig. 5 E, H), bei der die Nebenreihen spärlich und schwer sichtbar angedeutet sind. Sie ist als die aufs äußerste reduzierte Ausbildungsform der triplostichen Rinde anzusehen. Fig. 6 A–G zeigt konkrete Beispiele der Rindenbildung in verschiedenen Altersstadien. An älteren Pflanzen machen die Zellen einer Rindenreihe den Eindruck eines glatten Rinden-«Röhrchens».
An diplosticher Rinde können sich einzelne Nebenzellen so weit strecken, daß sie aneinander vorbei wachsen und Triplostichie vortäuschen (Fig. 6 G). Diese Unregelmäßigkeit hat Zweifel an der Brauchbarkeit der Rinde in der Taxonomie aufkommen lassen. Dabei ist die Funktion der Rinde zu bedenken. Sie besteht offensichtlich darin, das Internodium lückenlos zu bedecken. Diese Bedeckung wird nicht durch die anatomischen Gegebenheiten zwingend herbeiführt, sie kann auch durch freizügige Anordnung entstehen. Freies Zusammentreten der Rindenzellen ist nicht ungewöhnlich. Wenn die auf- und absteigenden Rindenzellreihen eines Internodiums in unterschiedlicher Zahl auftreten, wenn also strenge Anordnung unmöglich ist, bleibt trotzdem keine Lücke. Fig. 7 zeigt an Beispielen von Rindenquerschnitten, wie nötig die sorgfältige Prüfung der Rindenverhältnisse im Einzelfall ist, zumal wenn sich die Pflanzen nicht im besten Erhaltungszustand befinden. Mit zunehmendem Alter gehen Stacheln verloren, und ursprünglich scharf differenzierte Zellreihen gleichen sich einander an. Klärung kann ein Blick auf das Gesamtbild bringen. Triplostiche Rinde erscheint immer eng und glatt gestreift. Diplostiche Rinde besteht aus breiten, unregelmäßig gestalteten Wülsten (Fig. 6 D, E; Fig. 20 E, F). Die Vermischung triplosticher und diplosticher Rinde bleibt in Europa auf zwei Spezies beschränkt: *Chara tomentosa* und *Ch. strigosa*. Beide sind aber an anderen als den Rinden-Merkmalen sicher zu erkennen.
Characeenrinde heißt isostich, wenn die Zellreihen gleichen Durchmesser haben, heterostich, wenn stärkere und schwächere Zellreihen einander abwechseln, tylacanth, wenn die primären, mit Stacheln besetzten Reihen stärker sind als die sekundären (tylacanth = Stacheln auf einem Wulst), aulacanth, wenn die stachellosen sekundären Reihen hervortreten (aulacanth = Stacheln in einer Furche), imperfekt, wenn die sekundären Reihen fehlen und zwischen den primären Reihen die unbedeckte Internodiumzelle sichtbar wird. Solche Rinde ist als rudimentär diplostich aufzufassen. Nicht selten sind die unteren Interno-

dien einer heterostichen Spezies isostich (Übersicht Fig. 7). In Zweifelsfällen
verhilft die Durchsicht größeren Materials zur Klarheit.

Von den Knotenzellen der primären Reihen teilen sich außer den Nebenreihen
auch die einzelligen Stacheln ab (Fig. 7B, I, J). Sie können spitz oder abgerundet enden, den Sproßdurchmesser an Länge übertreffen oder nahezu unsichtbar kurz bleiben. Je nach der Spezies stehen sie einzeln oder zu 2–4 gebündelt.
Ihre Anzahl am Knoten und ihre tylacanthe oder aulacanthe Anordnung lie-
fern Bestimmungsmerkmale. Stacheln auf triplosticher Rinde sind nadelspitz
schmal, auf diplosticher abgerundet, plump. Gebündelt stehende Stacheln werden nicht selten bis auf einen reduziert. Die Abgrenzung mancher Arten nach
einfachen oder gebündelten Stacheln ist nicht immer eindeutig. In dieser Beziehung ist das Artenpaar *Chara aspera – Ch. desmacantha* problematisch. Dichter Stachelbesatz kann den Blick auf die Rinde versperren. Isolierte Rindenröhrchen, die sich durch Spalten eines Internodiums gewinnen lassen, schaffen
Klarheit (Fig. 23 F).

In der Gattung *Chara* werden an der Basis eines jeden Quirlastes vier stachelähnliche Zellen – Stipularen – gebildet, die in zwei Kränzen rings um die
Sproßachse stehen (Fig. 6 C–F). Sie sind bei einigen Arten lang und spitz, bei
anderen abgestumpft oder höckerartig. *Charopsis*, *Lychnothamnus*, *Lamprothamnium* tragen ihre langen auffälligen Stipularen in einem einzigen Kranz

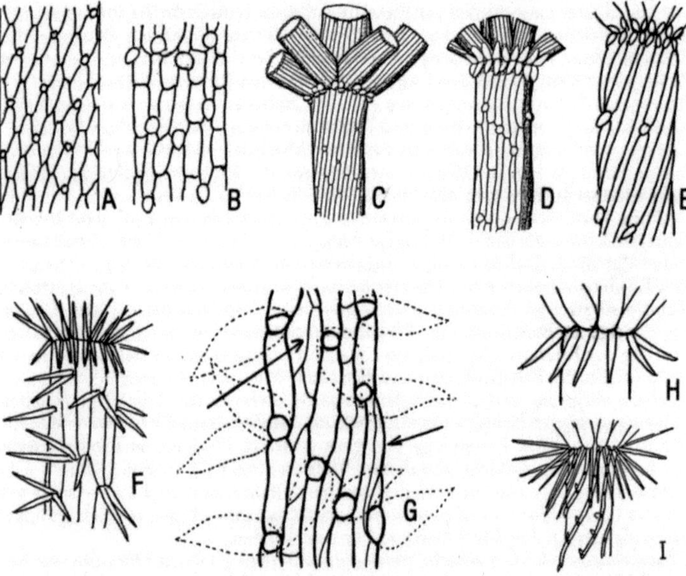

Fig. 6. Rinde und Stipularen×10. A Anfangsstadium der Rinde, triplostich,
B dasselbe diplostich, C gestreckt aus A, D gestreckt aus B, E unvollständig
diplostich, Nebenreihen nicht entwickelt, F haplostich, G diplostich mit Abweichung zu triplostich (Pfeile), C D E F Stipularen mit 2 Kränzen, H Stipularen mit 1 Kranz, mit den Ästen alternierend. Achse ohne Rinde, I Stipularen
in doppelter Zahl der Äste. Achse mit rudimentärer Rinde.

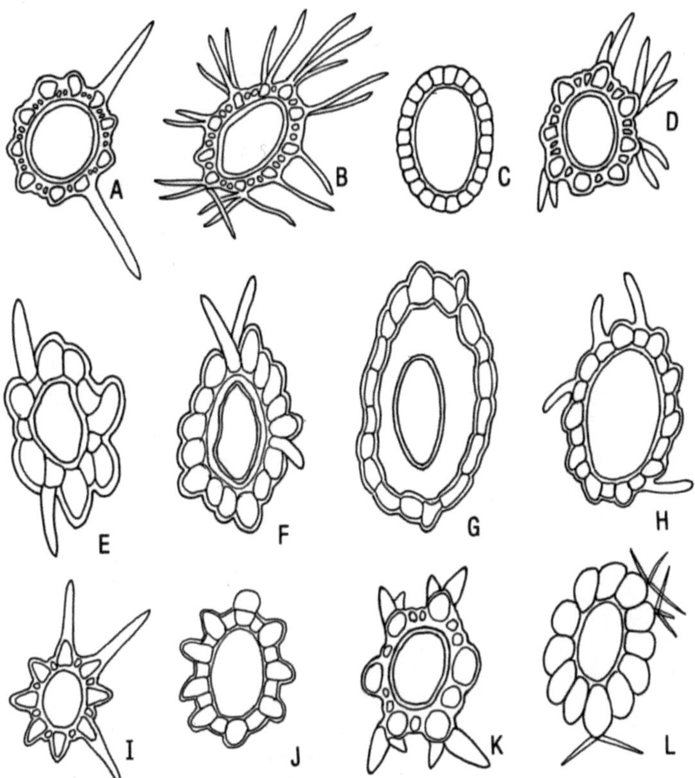

Fig. 7. Rinde und Stacheln quer × 20. – A–C triplostich, D triplostich mit Übergang zu diplostich, E–H diplostich aulacanth, I J diplostich tylacanth, K diplostich mit Übergang zu triplostich, L haplostich.

(Fig. 6 H, I). An *Charopsis* und *Lamprothamnium* treten sie in der gleichen, an *Lychnothamnus* in der doppelten Zahl der Äste auf. An *Lamprothamnium* können sie unregelmäßig vermehrt sein. *Nitella*, *Nitellopsis* und *Tolypella* haben keine Stipularen.

3.3 Rhizoide

Characeae verankern sich im Substrat mit farblosen Rhizoiden aus dünnen Zellfäden. Diese wachsen mit einer Scheitelzelle in die Länge. Sie sind positiv geotrop und negativ phototrop. Ihre Zellen können 2 cm Länge erreichen und sind nicht in Knoten und Internodien differenziert. Die Wände zwischen zwei Zellen sind S-förmig gebogen und schräg gestellt (Fig. 8 A). Die Trennstellen erscheinen äußerlich als Verdickungen der Zellen. Aus der oberen der aneinandergrenzenden Zellen entspringen seitlich Rhizoide in Büscheln (Fig. 8 E). Ihre

Basalzellen können als Knoten aufgefaßt werden. Rhizoide können sich an allen Knoten der Achse entwickeln. Sie werden an den oberen Sproßteilen unterdrückt, solange die Scheitelzelle tätig ist. Sie bilden sich aber an isolierten Sproßabschnitten, weshalb Vermehrung durch Stecklinge möglich ist. Rhizoide können sich gelegentlich in Vorkeime (Fig. 14) umbilden. Nicht selten entstehen an ihnen Bulbillen, die im Abschnitt 4.2 «Vegetative Fortpflanzung» behandelt werden. Vermutlich dienen die Rhizoide außer der Verankerung auch der Nährstoffaufnahme. Sie bilden bei den meisten Arten ein schwach entwik-

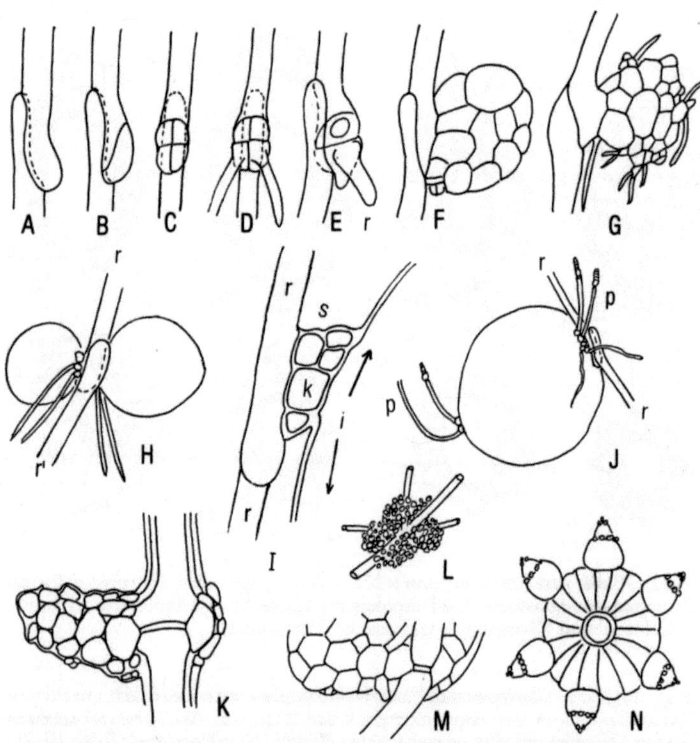

Fig. 8. Rhizoide und Bulbillen. A–E Querwand zwischen 2 Rhizoidzellen und Abgliederung seitlicher Rhizoide × 20, F G Rhizoidbulbillen: *Chara fragifera* Durieu de Maisonneuve, *Ch. delicatula* var. *bulbillifera* A. Braun × 20, H–J einzellige Rhizoidbulbillen: *Ch. aspera* Detharding ex Willdenow – H Habitus × 20, I Ansatzstelle am Rhizoid, stark vergrößert, J mit austreibenden Proembryonen × 30, K Sproßbulbille: *Ch. baltica* Bruzelius ca. × 20, L «Erdbeer»-Sproßbulbille: *Ch. fragifera* Durieu de Maisonneuve × 5, M *Ch. delicatula* Agardh, Querschnitt × 20, N sternförmige Sproßbulbille: *Nitellopsis obtusa* (Desvaux in Loiseleur-Deslongchamps) J. Groves × 10. – i Innenraum der Bulbille, k Knotenzelle, p Proembryo (Vorkeim), r Rhizoid, s Seitenzellen des Knotens (nach Giesenhagen, Goebel, Kuczewski).

keltes «Wurzel»-System ähnlich dem der therophytischen Blütenpflanzen. Feste Verankerung findet sich bei Arten, die mit Bulbillen ausdauern, z. B. *Chara fragifera, Ch. horrida* (Giesenhagen 1896–1898, Goebel 1918, Vouk 1929, Buljan 1949, Littlefield & Forsberg 1965).

3.4 Adventivsprosse, adventive Zweige, Anomalien

Aus den embryonalen Knotenzellen gehen an der fertigen Pflanze adventive («nachgeborene») Sprosse hervor, die im Prinzip normal, im einzelnen oft abnorm gestaltet sind. Ihr erstes Internodium trägt in der Gattung *Chara* keine Rinde, daher «nacktfüßige Zweige» (Fig. 9 A–C). Oft entstehen sie in übergroßer Anzahl, wirrer Anordnung und schwächlicher Ausbildung. An *Nitella*-Arten können sie hexenbesenartige Formen hervorbringen (Fig. 9 E, F). Da der

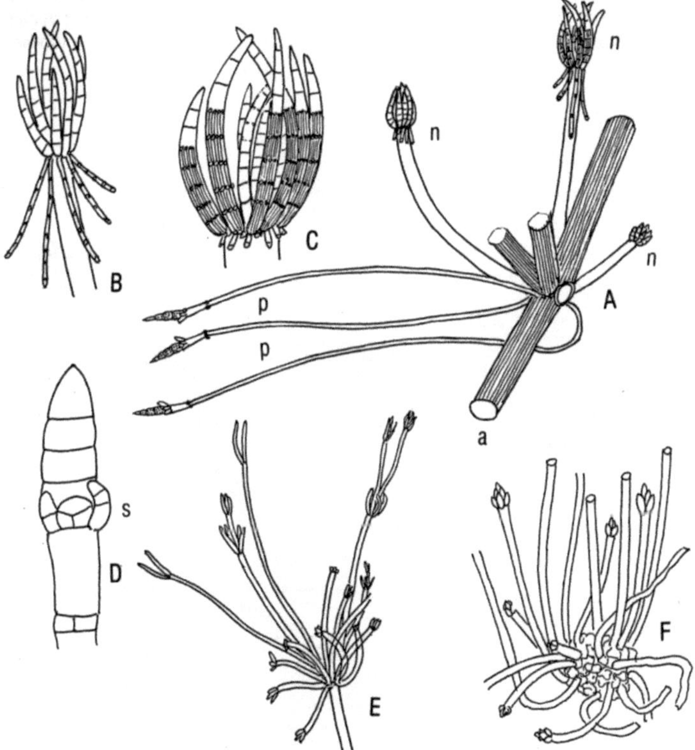

Fig. 9. Adventivbildungen. a Achse. A Quirl mit nacktfüßigen Zweigen (n) und Zweigvorkeimen (p): *Ch. globularis* Thuillier ×5, B C Sproßspitzen zu A, D Spitze eines Zweigvorkeimes mit Primärquirl (s), E Sproßknoten mit Adventivsprossen: *Nitella gracilis* (Smith) Agardh ×2, F Sproßknoten mit Adventivsprossen: *N. opaca* (Bruzelius) Agardh ×2.

Name «nacktfüßig» für eine ohnehin nackte *Nitella* sinnlos ist, wird er treffender durch «adventive Zweige» ersetzt. Mit ihnen gemeinsam treten «Zweigvorkeime» auf, die sich von den normalen Proembryonen der Keimpflanze (Fig. 14 F, G) ebenfalls durch Überzahl, regellose Anordnung und Kümmerwuchs unterscheiden. Die Neubildungen bleiben aus, solange die Scheitelzelle der Sproßachse tätig ist. An geköpften Pflanzen sind sie leicht zu gewinnen. Da alle Bauelemente in ihnen angelegt sind, können sie sich zu neuen Pflanzen entwickeln. Eine weitere, für *Chara* typische Abnormität besteht im Ersatz der Gametangien durch Blättchen und Kurzsprosse (Fig. 10 A–C). Sie läßt sich experimentell hervorbringen, wobei Lichtmangel zu den auslösenden Faktoren gehört. An *Chara hispida* wachsen die Rindenreihen nicht selten stärker in die Länge als die Internodialzelle. Sie heben sich dann in regellosen Windungen von dieser ab und umgeben sie wie ein weit abstehender Mantel. Manche Modifikationen ähneln anderen Arten. Goebel (1918) konnte *Chara vulgaris* nacktästig machen, indem er sie mit der Spitze nach unten einpflanzte. Die «nitellisierten» Exemplare kamen der circummediterran verbreiteten Spezies *Ch. gymnophylla* nahe. Die zweifelhafte, aber vielfach als eigene Sippe bewer-

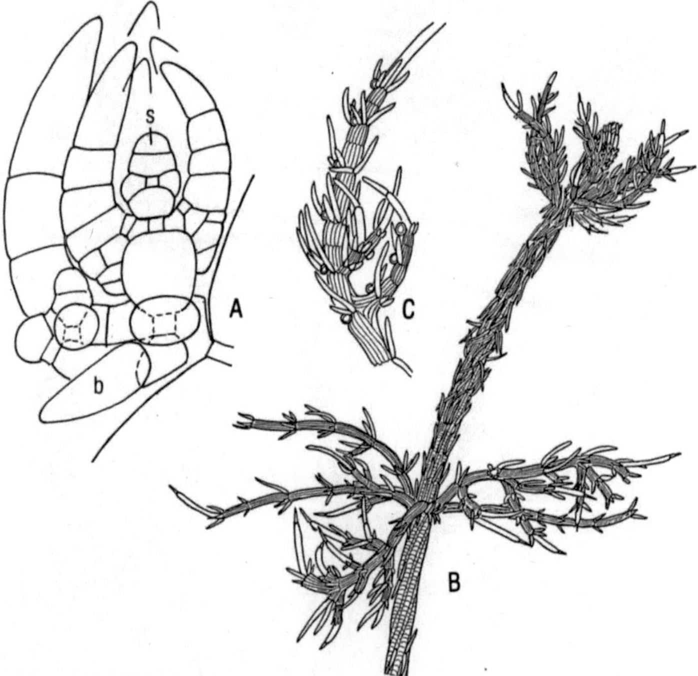

Fig. 10. Anomalien. A vergrüntes Gametangienpaar × 40: *Chara vulgaris* Linné, dabei das Antheridium durch ein Blättchen (b), das Oogon durch einen Kurzsproß (s) ersetzt. B C zu Ästen umgebildete Gametangien: *Chara hispida* Linné (A nach Goebel).

tete *Nitella spanioclema* ist mit hoher Wahrscheinlichkeit das Produkt von Knotenauswüchsen an *Nitella flexilis* (Goebel 1918, Drew 1926, Corillion 1967, Krause 1992).

4   Fortpflanzung

Den Characeae fehlt die bei Algen sonst verbreitete asexuelle Fortpflanzung durch Zoosporen oder Autosporen. Vielfach verjüngen sie sich durch ausdauernde, mit Reservestoffen gefüllte Sproßteile. Vorherrschend ist sexuelle Fortpflanzung mit kompliziert gebauten Gametangien. Obwohl diese als Antheridium und Oogon bezeichnet werden, fehlt ihnen jede Homologie mit den gleichnamigen Organen anderer Pflanzengruppen. Ihre Fortpflanzung läßt die Characeae als absolut eigenständigen und zugleich hochentwickelten Zweig im System der Pflanzen erkennen. Ihr Antheridium erreicht die höchste Organisationsstufe männlicher Gametangien im Pflanzenreich (Schussnig 1954, Van den Hoek 1978).

4.1   Sexuelle Fortpflanzung

4.1.1   Antheridium

Das abgerundet polyedrische männliche Organ – Antheridium («Samenknospe» älterer Autoren) – ist durch Ansammlung von Carotinoiden in den Plastiden der Schildzellen lebhaft orange bis rot gefärbt und mit bloßem Auge erkennbar. Bei manchen Arten erreicht es 1 500 µm Durchmesser. Es ist im Grunde ein umhüllter Gametangienstand, also eigentlich kein einzelnes männliches Gametangium. Seine Hülle setzt sich bei europäischen Arten aus acht gewölbten Schildzellen (Oktanten, Scuta – Einzahl: Scutum) zusammen, denen die Markierung ihres Mittelpunktes und die zum Rand laufende Ziselierung ein unverkennbares Äußeres verleihen (Fig. 11). Vom Mittelpunkt einer jeden Schildzelle reicht eine längliche Zelle (Manubrium) als Fortsatz in das Innere. Unter dem Manubrium befinden sich rundliche Köpfchenzellen (Capitulumzellen), denen Büschel spermatogener Fäden aufsitzen (Fig. 11 E). Aus jeder Köpfchenzelle entspringen 2–4 spermatogene Fäden. Jeder setzt sich aus 100–200 Scheibenzellen zusammen. Zusammen mit den Rhizoiden bilden sie diejenigen Zellverbände der Characeenpflanze, die nicht in Knoten und Internodien unterteilt sind. Nur die unterste, «sekundäres Köpfchen» genannte Zelle weicht von den übrigen ab. Das Antheridium nimmt bei *Chara* die Stelle eines Blättchens auf der Konkavseite eines Astes ein. Bei *Nitella* ersetzt es den Mittelstrahl eines Astes, von dessen Seitenstrahlen (Radien) es übergipfelt wird. Sein Aufbau ist bei allen Gattungen derselbe.

Das Antheridium entsteht aus einer Zelle, die als ein reduzierter Seitensproß peripher vom Astknoten abgeschnürt wird. Sie teilt sich in die Basiszelle (Fußzelle) und die Scheitelzelle. Diese erzeugt mit zwei rechtwinklig aufeinandergestellten Längswänden vier, als Quadranten geordnete Tochterzellen, die ihrerseits durch je eine Querwand in acht Oktanten zerlegt werden (Fig. 11 A). Danach teilt sich jeder Oktant erst durch eine und dann durch eine zweite periklinale Wand in drei konzentrisch angeordnete Zellen-Segmente (Fig. 11 C). Deren Weiterentwicklung verläuft in unterschiedlicher Richtung. Das äußere Segment wird zur Schildzelle, das mittlere zum Manubrium, das innere zur Köpfchenzelle (Capitulum). Die Schildzellen wachsen in die Breite und die Manubrien zugleich in die Länge. So entsteht ein freier Innenraum, in den hinein die Capitulumzellen die spermatogenen Fäden aussenden. Letztere be-

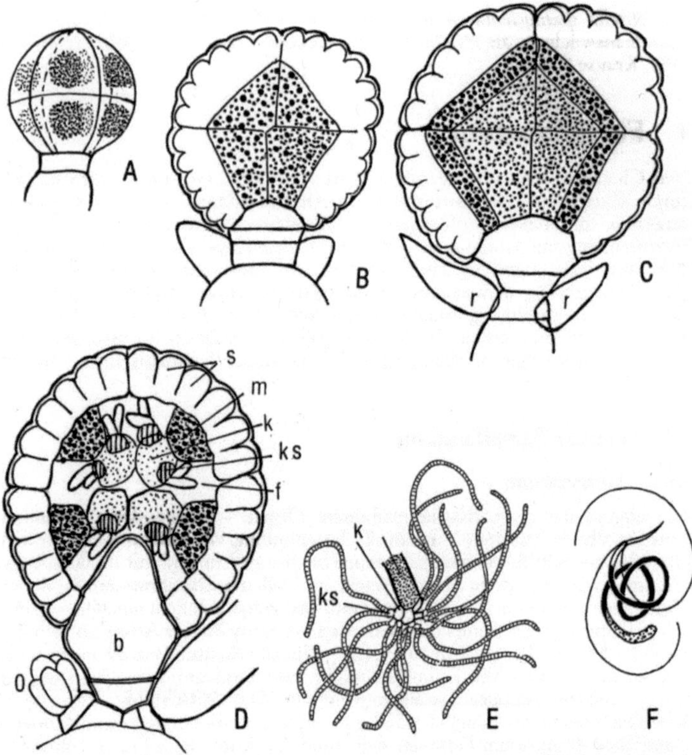

Fig. 11. Entwicklung des Antheridiums von *Nitella flexilis* (Linné) Agardh.
A–C Differenzierungsschritte, D nahezu reifes Antheridium×60, E Manubrium ×100, F Spermatozoid ×550). b Basiszelle (Fußzelle) des Antheridiums, f Anlage der spermatogenen Fäden, k Köpfchen (Capitulum), ks sekundäre Köpfchenzelle, m Anlage des Manubriums, O Anlage des Oogoniums, r Radien des Tragastes, s Schildzelle (nach Belajeff, Sachs).

stehen aus einer großen Zahl flacher Zellen, deren jede ein Spermatozoid hervorbringt. Diese entweichen zur Reifezeit durch eine Pore in der Wand der Mutterzelle. Zugleich haben sich die Schildzellen voneinander getrennt, so daß die Spermatozoiden nach außen gelangen können (Delay 1949, Pickett-Heaps 1968, 1975).

Die Spermatozoiden tragen zwei Geißeln seitlich nahe der Zellspitze (Fig. 11 F) und ähneln den männlichen Gameten der Bryophyten. Ihr Zellkörper besteht zum größten Teil aus dem schraubenartig gedrehten Zellkern und Cytoplasma, in dem hinter dem Kern einige mit Stärke gefüllte Plastiden liegen. Zellkörper und Geißeln sind mit winzigen submikroskopischen Schuppen bedeckt. Während des Reifungsvorganges entsteht die charakteristische Skulptur des Antheridiums (Fig. 11 B). Von der Außenwand der Schildzellen wachsen auffällige leistenartige Zellwandvorsprünge in das Lumen der Zelle hinein

(Sachs 1874, Belajeff 1884, Delay 1949, Chadefaud 1960, Fritsch 1965, Pickett-Heaps 1968, 1975, Moestrup 1970, Van den Hoek 1978, Guerlesquin 1987).

4.1.2   Oogon

Das weibliche Gametangium (Fig. 12) – Oogonium («Eiknospe» oder «Sporophydium» der älteren Autoren) – enthält im Zentrum die ellipsoidische Eizelle, die 350–1100 µm Höhe und 300–900 µm Breite erreicht. Sie ist von einer Hülle – Sporostegium – aus langgestreckten Zellen umgeben, die im Uhrzeigersinn schraubenförmig um die Eizelle herumlaufen. Sie treten immer zu fünfen auf. Die Zahl ihrer Umgänge wechselt zwischen 5 und 8 bei *Nitella*, *Nitellopsis*, *Lychnothamnus* und 10–16 bei *Chara* und *Lamprothamnium*. Auf ihren Spitzen teilen die Hüllzellen das «Krönchen» (Coronula) des Oogons ab, das bei *Chara*, *Nitellopsis*, *Lychnothamnus*, *Lamprothamnium* aus fünf Zellen in einem einfachen, bei *Nitella* und *Tolypella* aus zehn Zellen in einem doppelten Kranz besteht. Es geht bei manchen Arten früh verloren. Das Oogon sitzt mit einer Stielzelle (Tragzelle) der Knotenzelle unterhalb des Antheridiums auf.

Das Krönchen umschließt einen halsförmigen Kanal, durch den die Spermato-

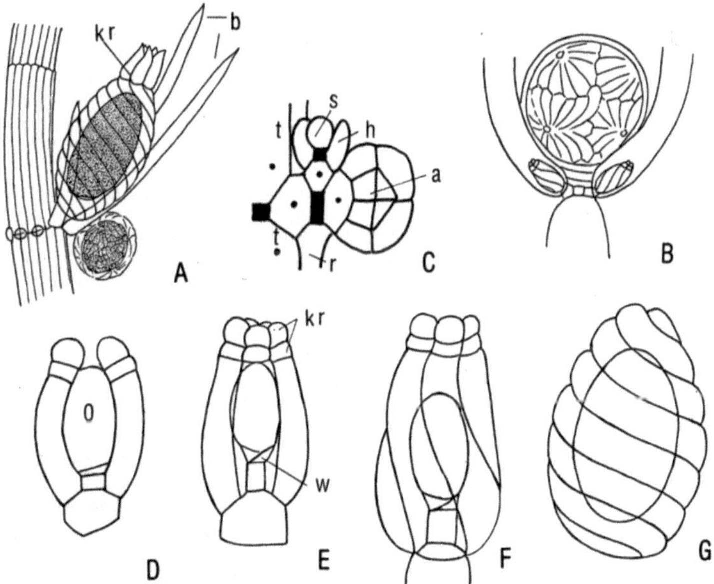

Fig. 12. Oogonium. A *Chara*: Oogonium oberhalb des Antheridiums, B *Nitella* (meist protandrisch): Oogonium unterhalb des Antheridiums, C junges Stadium zu A: Knotenzellen schwarz, Internodialzellen Punkt, D–F *Nitella*, Entwicklung des Oogoniums, G reifes Oogonium, Krönchen abgefallen. a Antheridium, b Brakteolen, h Anlage der Spiralzellen des Oogoniums, kr Krönchen, o Eizelle, r Rindenzellen des Tragastes, s Scheitelzelle, t Internodialzelle des Tragastes, w Schwesterzelle der Eizelle (nach Sachs).

zoiden zum hyalinen Empfängnisfleck gelangen, der als kleines Receptaculum der großen, mit Reservestärke und Öl gefüllten Eizelle (Oosphäre) apikal aufgelagert ist. Der Kern liegt an deren Basis. Das Oogon – bei *Nitella* sind es zwei oder drei – entwickelt sich aus dem Basalknoten unter einem Antheridium. Diese Initiale teilt sich in drei Zellen. Die oberste, eine modifizierte Scheitelzelle, wird zur Eizelle. Aus der mittleren, einer Knotenzelle, entwickelt sich die Schraubenhülle des Oogons. Die untere, eine Internodiumzelle, wird zur Stielzelle. Die mittlere, welche die Hülle bildet, teilt sich in eine zentrale und in fünf periphere Zellen, die zu den Schraubenzellen des Oogons heranwachsen. Zugleich teilen sie an ihrem oberen Ende je eine oder zwei Krönchenzellen ab. Eine Quadrantenteilung wie bei der Entwicklung des Antheridiums findet nicht statt. Doch wurde wahrscheinlich gemacht, daß die sterilen Zellen am Grunde des Oogons drei Quadrantenzellen homolog sind. Die vierte hat sich zur Eizelle entwickelt. Die drei anderen sind ihre «Schwesterzellen» (Sachs 1874, Goetz 1899, Groves & Bullock-Webster 1920/24, Chadefaud 1960, Iwasaki 1961/62, Guerlesquin 1987, Soulié-Märsche 1989).

4.1.3 Befruchtung und Differenzierung der Oosporen

Vor der Befruchtung bildet sich über dem Scheitel der Eizelle ein schmaler, senkrecht laufender Interzellularraum (Scheitelraum) zwischen dem Krönchen und der Eizelle. Zugleich wachsen die Hüllzellen in die Länge, so daß am Oogon ein Hals entsteht. In seinem Bereich lassen die Hüllzellen zwischen sich Spalten als Verbindungen zwischen Scheitelraum und Außenwelt offen. Sie sind ebenso wie der Scheitelraum mit farblosem Schleim ausgefüllt. Durch diese Spalten gelangen die Spermatozoiden zur Eizelle, deren Kern zunächst in der Nähe der Basis verbleibt. Die Spermatozoiden bewegen sich unter Beibehaltung ihrer Gestalt in der Eizelle zum Kern.
Dasjenige, das mit dem weiblichen Kern verschmilzt, vergrößert vorher seinen Kern. Die übrigen verbleiben nahe der Peripherie der Oosphäre, wo sie von einer Hüllsubstanz umgeben werden. Der befruchtete Kern der Eizelle wandert zu deren Gipfel, von dem aus die Keimung stattfindet (Delay 1952).
Nach der Befruchtung bildet und verfestigt sich die Wand der Zygote. Die Oospore entsteht. In ihrer Hülle liegen mehrere Schichten übereinander (Soulié-Märsche 1989):
1. Die Wand der Zygote («Sporine»), differenziert in Endo- und Ektosporine.
2. Eine aus den Schraubenzellen hervorgegangene Interzellularsubstanz, «Sporostine», die eine Hülle um die Eizelle bildet und auch in die Spalten zwischen den Schraubenzellen eindringt.
3. Die Wand der Schraubenzellen.
4. Die Calcitfüllung in den Schraubenzellen, differenziert in Endo- und Ektocalcine, beide durch die Kristallstruktur gesondert.
5. Das Tegument, eine organische Hülle, die das Oogon außerhalb der Schraubenzellen überzieht, sich aber zwischen ihnen zu Pseudonähten einsenkt.

Die Sporostine ist gefärbt und bildet die dauerhafte braune oder schwarze Hülle sowie die Rippen oder Flügelsäume der reifen Oospore. Von den Schraubenzellen bleibt die Calcitfüllung erhalten. Das Tegument verschwindet. Das reife, von den verkalkten Resten der Hüllzellen umgebene Oogon gleicht den Fossilresten der Characeae und wird wie diese als «Gyrogonit» bezeichnet.
Im Längsprofil nähert sich die Oospore der Kreisel-, Zylinder- oder Spindelform. Sie ist nach Größe wie Umriß innerhalb der Spezies in weiten Grenzen variabel. In Scheitelansicht ist sie überwiegend kreisförmig, nur in der Gattung

Nitella elliptisch und an den Seiten oft schwach konkav. Die Oospore ist mit Rippen besetzt, die sie als Negativabdrücke der Hüllzellen schraubenförmig umwinden. Auf dem Scheitel laufen sie in einem Punkt oder längs einer Linie zusammen (Abb. 13 D–F). Diese Anordnung wechselt innerhalb der Spezies. Dem Scheitel ist oft ein Spitzchen aufgesetzt. An der Basis stehen drei kurze «Klauen». An der Basis enden die Rippen an den Ecken der kleinen fünfeckigen Basalplatte. Scheitel- und Basalende lassen sich am besten aus der Aufsicht

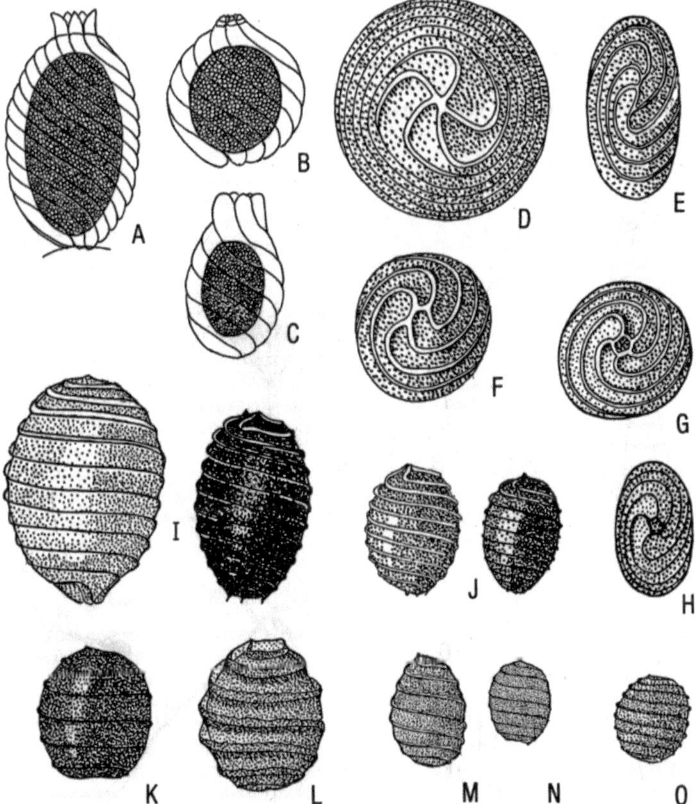

Fig. 13. Oogonien in Seitenansicht. A *Chara*, B *Nitella*, Krönchen bleibend, C *Nitella*, Krönchen abgefallen. Oosporen Scheitelansicht: D *Chara*, E *Nitella*, F *Tolypella*. Das Zusammenlaufen der Rippen nicht konstant. Oosporen Basis: G *Chara*, H *Nitella*. Oosporen Größe und Habitus: I *Chara hispida* Linné mit und ohne Kalkhülle, J dasselbe bei *Ch. vulgaris* Linné. Unverkalkte Oosporen: K *Nitella syncarpa* (Thuillier) Chevallier, L *N. capillaris* (Krocker) J. Groves et Bullock-Webster, Rippen breit geflügelt, M *N. mucronata* (A. Braun) Miquel, N *N. tenuissima* (Desvaux) Kützing, O *Tolypella glomerata* (Desvaux in Loiseleur-Deslongchamps) Leonhardi. A–C, I–O ×30, D–H ×40.

erkennen. Die Außenwand der Oospore ist in der Gattung *Chara* glatt, glänzend und hat keine unter dem Lichtmikroskop erkennbare Feinstruktur. Oosporen von *Nitella* sind deutlich größer, haben einen anderen Umriß und breitere Rippen, dazu eine Skulptur der Wand, die unter dem Lichtmikroskop punktiert, gefeldert oder mit Erhebungen bedeckt erscheint. Eine detaillierte Darstellung geben Groves & Bullock-Webster (1920). Neuerdings bietet das REM Einsichten in die Oberflächenstruktur, deren Konsequenzen für die Taxonomie nicht abzusehen sind (John & Moore 1987).

4.1.4 Keimung

Die Oosporen sind gegen Temperaturschwankungen und Austrocknung wenig empfindlich. Dank ihrer Überlebensfähigkeit können Characeae scheinbar verlorene Wuchsorte nach Jahrzehnten wiederbesiedeln. Die reifen Oosporen sinken auf den Grund der Gewässer und keimen nach einer kürzeren oder länge-

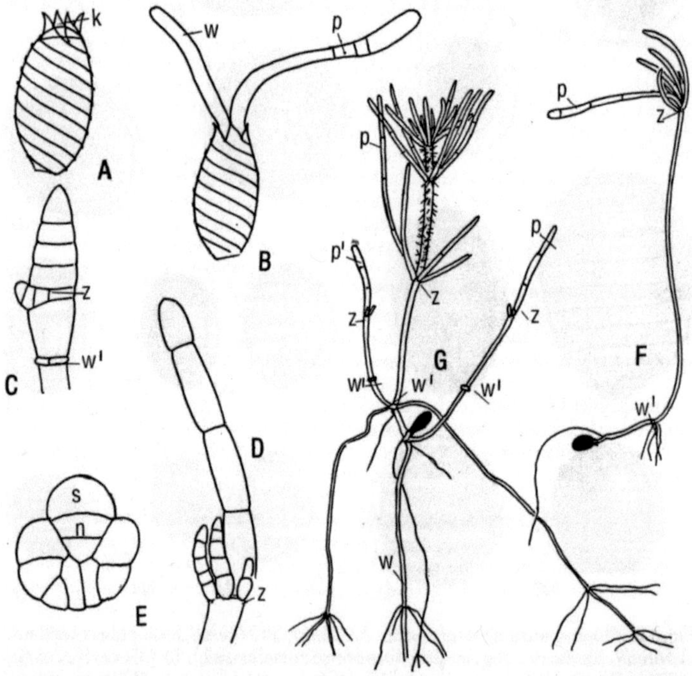

Fig. 14. Jugendentwicklung. A B erste Keimstadien ×25, C D Spitze des Proembryos mit einseitig angelegtem Primärquirl ×40, E Sproßknoten quer, einseitig angelegter Primärquirl ×70, F G Keimpflanzen ×2, k Primärknoten, n Basisknoten des Primärquirls, p Proembryo, p′ sekundärer Proembryo, s Scheitelzelle des Primärquirls, w Primär-«Wurzel», w′ Wurzelknoten des Proembryo, z Sproßknoten des Proembryo (nach De Bary, Giesenhagen, Sachs).

ren Ruheperiode. Zur Keimung ist ausreichende Beleuchtung nötig. Sie wird durch Licht aus dem hellroten Wellenbereich (660 nm) ausgelöst. Schon eine kurzfristige Bestrahlung reicht aus. Oosporen einiger *Chara*-Arten keimen am besten unter anaeroben Bedingungen, besonders in einem Boden, der genügend organisches Material enthält (Van den Hoek 1978). Das Verhalten bei der Keimung ist nicht bei allen Arten gleich. *Chara contraria* keimt im Aquarium kurz nach der Oosporenreife mit hohen Anteilen, während die *Tolypella*-Arten trotz überreicher Oosporenproduktion jahrelang ausbleiben.

Die Characeae haben keinen Generationswechsel. Die diploide Phase bleibt auf die Zygote beschränkt. Vor der Keimung erfolgt die Meiose. Die vierkernige Zygote (Oospore) teilt sich in eine kleine, einkernige, äußere Zelle und eine große, dreikernige, innere Zelle, deren Kerne im weiteren Entwicklungsverlauf degenerieren. Die äußere, einkernige Zelle ist die Initiale der jungen Pflanze. Sie sprengt den Gipfel der Oospore mit einer von fünf Spitzen umstellten Öffnung (Fig. 14 A). Danach teilt sich die Initialzelle in zwei nebeneinander liegende schlauchförmige Zellen. Die eine wird zum Vorkeim (Keimpflanzeninitiale), die zweite zur Primärwurzel (Rhizoidinitiale) (Fig. 14 B). Der Vorkeim teilt an seinem Ende mehrere Zellen zur «Vorkeimspitze» ab (Fig. 14 C). Sie ergrünen, strecken sich und können bei Arten, an denen sie längere Zeit erhalten bleiben, zu einem langen Pseudo-Ast auswachsen. Mit Ausnahme zweier Zellen entwickeln sie sich nicht weiter. Von ihnen teilt sich die obere zum ersten Sproßknoten, die untere zum Wurzelknoten der Jungpflanze (Fig. 14 C). Der Sproßknoten ist schon früh auf seiner «Vorderseite» im Wachstum gefördert. Aus der Vorwölbung entsteht der Vorkeimquirl (Fig. 14 D–F), der in der Gattung *Chara* unberindet bleibt und eine geringere Zahl Äste treibt als die Quirle der fertigen Pflanze, ihnen aber sonst gleicht. Aus dem Vorkeimquirl geht der Characeensproß als asymmetrisch angelegte Seitenbildung des Vorkeims hervor. Eine junge Keimpflanze stellt Fig. 14 G dar. Da aus der ersten Knotenzelle und dem Wurzelknoten des primären Vorkeims weitere Vorkeime und Wurzeln entspringen, kommen komplizierte Verzweigungssysteme zustande. Überdies wachsen oft mehrere Keimpflanzen durcheinander. Übersicht über das Fadengewirr läßt sich am ehesten gewinnen, wenn die am Scheitel geöffneten Oosporen im Blickfeld unter dem Mikroskop auftauchen.

4.2   Vegetative Fortpflanzung

Asexuell entstehende Sporen werden von Characeae nicht gebildet. Häufig ist vegetative Ausbreitung durch modifizierte Sproßknoten. Diese Fähigkeit beruht auf der Existenz embryonaler Zellen in normalen Knoten, die sich zunächst nicht weiterentwickeln. Sie unterliegen der korrelativen Hemmung durch die Scheitelzellen der vollständigen Pflanzen. Wenn diese ihre Sproßspitzen an Haupt- und Seitentrieben verlieren oder wenn ein Knoten durch Absterben der angrenzenden Internodien isoliert wird, bringen sie als «Organreserve» der Pflanze akzessorische Seitensprosse hervor, die sich auch experimentell erzeugen lassen (Goebel 1918, Bessenich 1923, Drew 1926, Gillet 1956, Ettl et al. 1967, Ettl 1980).

Formlose Anschwellungen, die ihre Herkunft aus Sproßknoten durch Reste von Quirlästen verraten, sind an spärlich fruchtenden Arten häufig. Sie tragen offenbar zur Existenzsicherung der *Chara tomentosa* bei. Weiter entwickelt sind die Sproßknollen der *Chara baltica* (Fig. 8 K), die «oft erbsengroße unregelmäßig gelappte Zellkomplexe zustande bringt, die eine große Menge an Stärke enthalten und bei der Keimung aus den zahlreichen Vegetationspunkten, welche über ihren Umfang verteilt sind, einem ganzen Bündel von normalen Achselsprossen, nacktfüßigen Zweigen und Zweigvorkeimen den Ursprung

geben» (Giesenhagen 1896: 412). Sie werden als umgebildete Äste gedeutet, von denen mehrere gelegentlich zu einem sternähnlichen Knöllchen zusammentreten. Weiter gesteigert ist das vegetative Fortpflanzungsvermögen an einigen Sproß- und Rhizoidbulbillen, die sich bereits äußerlich als eigenständige Organe zu erkennen geben. In ihnen sind embryonale Zellen zu hohen Anteilen angereichert. Ihre Vollendung erreichen sie an den unteren Sproßknöten der *Nitellopsis obtusa*, in denen der radiäre Quirl zu einem kompakten Stern zusammengedrückt ist (Fig. 8 N). Sie bestehen aus einem inneren Kranz schmaler Zellen, von dem sechs Strahlen ausgehen, die mit den zum Hauptsproß gehörenden inneren Zellen einen festen Komplex bilden. An den Strahlen sind mehrere kleine Zellen als Andeutung eines Astquirls sowie am Ende die Scheitelzelle zu erkennen. In den Winkeln zwischen den Strahlen liegen die embryonalen Zellen, aus denen bei der «Keimung» Rhizoide, Proembryonen und Zweigvorkeime hervorgehen. Die «Sterne» der *Nitellopsis* variieren in den Proportionen, ohne ihre Grundstruktur zu ändern. Rhizoidbulbillen treten im Herbst und Winter als weiße Kügelchen einzeln oder zu zwei bis vier gruppiert an den Verzweigungsknoten der Rhizoide bei *Chara aspera* auf (Fig. 8 H–J). Sie entstehen aus den vier Primärzellen des Knotens, die normalerweise zu weiteren Rhizoiden auswachsen. Sie sind einer auf 1 mm Durchmesser vergrößerten Internodiumzelle gleichzusetzen, die auf ihrem Scheitel einen auf wenige Zellen reduzierten Knoten trägt. Aus ihm gehen, ebenso wie aus ihrer Basis, Proembryonen hervor. Die Rhizoidknöllchen dienen der Überwinterung, tragen aber auch zur Verbreitung während der Vegetationsperiode bei (Oltmanns 1922, Tindall et al. 1965, Ettl et al. 1967, Ettl 1980).
Bulbillen finden sich nicht in allen Populationen von Spezies, für die sie nachgewiesen sind. An *Chara aspera* und *Ch. fragifera* fehlen sie den kräftig wachsenden Pionierpflanzen neu angelegter Gräben und Baggerseen, die reichlich Gametangien ansetzen. Gealterte Bestände sind steril, bilden aber reichlich Bulbillen. Bei *Nitellopsis*, die bis zum vorigen Jahrhundert nahezu steril war, hatten die «Sterne» die Funktion der Oosporen übernommen, bevor die Pflanze neuerdings fertil geworden ist. Zu vermerken bleibt, daß die aus Bulbillen auswachsenden «nachgeborenen» Organe häufig mißgebildet sind. Oft treten sie in untypischer Menge auf (Giesenhagen 1898, Kuczewski 1906, Goebel 1918).

5 Verbreitung und Ökologie

Das Hauptverbreitungsgebiet der Characeae ist das Tiefland. Von hier aus dringen sie bis in die untere alpine Stufe vor. Sie bewohnen sehr verschiedenartige Gewässer, von denen viele, z. B. Baggerseen und Baugruben, anthropogener Herkunft sind. Meist halten sie sich abgesondert von Blütenpflanzen. Vermischungen mit ihnen bilden die Ausnahme. Sie bevorzugen feinsandiges oder schlammiges Substrat, in das ihre Rhizoide eindringen können. Die Characeae sind in den letzten Jahrzehnten an vielen ihrer altbekannten Wuchsorte verschwunden. Braun (1849) berichtet von «ungeheuren Mengen», die in den Schweizer Seen den Grund bis in große Tiefen bedeckten. Nach Sonder (1890) füllten sie in Schleswig-Holstein ganze Teiche, wobei sie keine oder nur sehr wenige andere Pflanzen neben sich duldeten. Filarszky (1926) fand sie in Ungarn «in unaussprechlicher Menge ganze Becken überziehend». Vergleichbares existiert bis heute, doch überwiegen die Verlustmeldungen. Im Bodensee waren die reichen Bestände zwischen 1967 und 1978 auf kleine Reste dezimiert (Lang 1981). Corillion (1986) beklagt einen katastrophalen Rückgang in französischen Teichen. Geissler (1988) registriert im Stadtbereich Berlin (West) noch fünf Arten gegenüber 23 in der Mitte des vorigen Jahrhunderts. Als Ursache muß die Veränderung der Wasserqualität im Gefolge moderner Landnutzung angesehen werden. Da die Characeae ausgeprägte Pionierpflanzen sind, siedeln sie sich andererseits mit Leichtigkeit in neu entstandenen «künstlichen» oder technisch beeinflußten Gewässern an. In ihnen nach Characeae zu suchen, führt immer wieder zu überraschenden Funden.

5.1 Ökologisch wirksame Faktoren

5.1.1 Kalk, pH, Leitfähigkeit

Die meisten europäischen *Chara*-Arten, die in der pflanzensoziologischen Ordnung Charetalia hispidae zusammengefaßt werden, sind kalkbedürftig. In kalkarmen Gewässern ist dagegen die Ordnung Nitelletalia flexilis verbreitet. Parameter des Kalkzustandes sind außer dem Ca-Gehalt auch pH und Gesamt-Härte. Die Leitfähigkeit als ökologische Kenngröße kann nur bei Süßwasser herangezogen werden. Durch Chlorid wird sie so erhöht, daß der normale Ca-Gehalt von 80–170 mg/l unerkennbar verdeckt wird. Characeae sind auch in Brackwasser verbreitet. Sie bilden dort die Gesellschaftsordnung Charetalia canescentis. Die meisten einheimischen *Chara*-Arten lagern kohlensauren Kalk auf Sproß- und Astrinde ab. Abgestorbene Teile sedimentieren zu Seekreide, die mehrere Meter Mächtigkeit erreichen kann. *Nitella* verkalkt selten. Sie bildet höchstens Kalkringe um Sproß und Äste (Forsberg 1965 a, Okazaki & Tokita 1988).

5.1.2 Phosphor

Characeae sind auf Gewässer beschränkt, deren Gehalt an Gesamt-Phosphor unter 20 µg/l liegt. Gelöstes Orthophosphat ist oft in Mengen weniger als 1 µg/l vorhanden oder nicht nachweisbar. Solche geringen Konzentrationen führen nicht zu Wuchshemmung. Für *Chara globularis* ist jedoch nachgewiesen, daß sie durch Phosphatmengen über 20 µg/l geschädigt wird. Dazu paßt, daß sie aus Gewässern verschwindet, in die neuerdings verstärkt Phosphat eingeleitet wird. In ihnen wirken auch indirekte Einflüsse. Die vom Phosphat ausgehende Förderung des Planktons führt zu Wassertrübung und nimmt den Characeae an ihren Standorten in größerer Wassertiefe das Licht. Zugleich verschärft sich die Konkurrenz, da die Phanerogamen durch Phosphate kräftig gefördert werden. Wenn die steigende organische Produktion nicht mehr durch entsprechenden Abbau ausgeglichen werden kann, erhöht sich die Saprobie in einem für Characeae verhängnisvollen Ausmaß. Im Experiment mit Wasser von 5 und 1 000 µg/l Phosphat zeigten *Chara*-Arten allerdings annähernd gleichen Zuwachs. Dies deutet an, daß das Verhalten am Standort durch Messung der Faktoren nicht immer ausreichend geklärt werden kann (Blindow 1988, Forsberg 1964, 1965 c, Lang 1981, Melzer 1976).

5.1.3 Stickstoff

In Seen, in denen Characeae dominieren, hält sich die Ammoniumkonzentration in der niedrigen Größenordnung von 1–15 µg/l. Die Obergrenzen der Verträglichkeit schwanken stark. Mit hoher Wahrscheinlichkeit ist für die Standortsqualität der gesamte Komplex «Trophie-Saprobie» ausschlaggebend, der nicht von einem einzelnen Nährstoff bestimmt wird. Allgemein darf gelten, daß reichliche Versorgung mit Stickstoff die Phanerogamen fördert, die Characeae vertreibt. In Reinkulturen bewährten sich Nitrat, Ammonium, mehrere

Aminosäuren, z. B. Arginin und Cystein, sowie Gemische wie Casein oder Hefeextrakt als N-Quellen. Nitrit wirkt hemmend.
Auf Komplikationen der Stickstoffversorgung weist die unterschiedliche Wirkung von 14 Aminosäuren hin. Einige fördern, andere hemmen, einige verhalten sich indifferent (Forsberg 1965 a, Imahori & Iwasa 1965, Melzer 1976).

5.1.4 Schwefel

Der Schwefel spielt im Stoffwechsel der Characeae wahrscheinlich eine hervorgehobene Rolle. Darauf weisen die schwefelhaltigen Inhaltsstoffe mit ihrem Geruch nach Senföl hin und der Umstand, daß viele in schwefelwasserstoffhaltigem turbulenzfreiem Wasser gedeihen. Dieser Schwefelwasserstoff entsteht teilweise aus ihren Stoffwechselprodukten. Der Anteil des Schwefels in den Wohngewässern ist sehr unterschiedlich. In schwedischen *Chara*-Seen über Kalk aus der Silurformation wurden überwiegend 20–45 µg/l SO_4^{2-}, maximal 240 µg/l im Gefolge starker Wasserstandsschwankungen, gemessen. In Seen über Granit lagen die Werte zwischen 1 und 3 mg/l, in oberbayerischen Moränenseen zwischen 10 und 20 mg/l. In pannonischen Brackgewässern, in denen Characeae vorkommen, hält sich SO_4^{2-} in der Größenordnung 75–200 mg/l. Die Konzentrationen schwanken kurzfristig. Feste Beziehungen zu den Pflanzen sind nicht erkennbar, wohl aber Toleranz gegenüber hohen und großes Aufnahmevermögen bei niedrigen Konzentrationen (Stroede 1933, Anthoni et al. 1980, Forsberg 1965a, Krause 1971, Melzer 1976, Olsen 1944, Szépfalusi 1971).

5.1.5 Chlorid- und Karbonat-Brackwasser

Characeen-Arten der Nitelletalia meiden Salzwasser. Charetalia hispidae haben ihren Schwerpunkt im Süßwasser. Die Charetalia canescentis bleiben auf Salzwasser beschränkt. *Chara aspera* ist im süßen wie im salzigen Wasser verbreitet. *Chara tomentosa, Ch. hispida, Ch. intermedia, Tolypella glomerata* verhalten sich gebietsweise salztolerant. Im einzelnen bestehen Unterschiede in der Abhängigkeit vom Salzgehalt. In der Ostsee ist *Lamprothamnium papulosum* auf den Westen beschränkt und endet auf der Höhe von Mecklenburg vor der 8 ‰-August-Isohaline mit rd. 4 400 mg/l Cl^-. *Chara horrida* erreicht die Höhe des Finnischen Meerbusens bei 6‰ Cl^-. *Chara baltica* geht bis zum Ende des Bottnischen Meerbusens bei 2‰. *Chara canescens* endet in der Mitte zwischen beiden. In den étangs hinter der Mittelmeerküste, in denen *Lamprothamnium papulosum* verbreitet ist, steigt die Konzentration höher als im freien Meer. Einen Sonderfall bildet die Versalzung eines Baggersees im Stadtbereich von Bremen, der von einer Grundwasserfahne aus einem Salzstock gespeist und von *Chara canescens* besiedelt wird (Stroede 1933, Olsen 1944, Corillion 1957, Kornaś 1960, Lindner 1978, Winter et al. 1987).
Die physiologischen Mechanismen, durch welche die verschiedenen Arten der Characeae zum Leben im Brack- und Salzwasser befähigt sind, wurden besonders durch G. O. Kirst und dessen Mitarbeiter untersucht, die auch eine tabellarische Übersicht zusammengestellt haben (Winter & Kirst 1991).
Versalzung in Mitteleuropa geht auf den Zutritt von Meerwasser oder Auswaschungen aus unterirdischen Salzstöcken zurück und führt zu Kochsalzanreicherung. Im pannonischen Binnenland, beginnend am Neusiedler See, steigen aus dem Untergrund Soda- und Sulfatlösungen in die Oberflächengewässer auf. Der Unterschied im Chemismus fällt räumlich zusammen mit der genetischen Spaltung der halophilen *Chara canescens*, die in Mittel- und Westeuropa durch eine apomiktische Rasse mit ausschließlich weiblichen Individuen, in

Ungarn und weiter östlich durch eine bisexuelle Rasse vertreten ist, neben der die apomiktische ebenfalls vorkommt. Bisexuelle *Chara canescens* wurde auch im spanischen Binnenland in Wasser mit erhöhtem Sulfatgehalt gefunden (Ernst 1921, Treitz 1931, Szépfalusi 1971, Comelles 1986 a).

5.1.6 Versauerung

Der «saure Regen», die Belastung der Luft mit Schwefeldioxid und Stickoxiden, setzt in schwach gepuffertem Wasser die pH-Werte aus der Größenordnung 6,5 auf 5 herab. Betroffen sind oligotrophe Seen in kalkarmen Naturräumen Nordeuropas und der mitteleuropäischen Gebirge, zu deren charakteristischen Pflanzen *Nitella flexilis* und *Chara delicatula* gehören. In 40 norwegischen Seen des pH-Bereiches zwischen 6,4 und 5,3 fehlte sie, während Sphagnen zu erdrückender Übermacht gelangten. Ebenfalls gefördert sind *Juncus bulbosus* var. *fluitans* und Cyanophyceen, die bodendeckend auftreten. Die Veränderung wird darauf zurückgeführt, daß bei tiefem pH kein Bikarbonat, sondern nur freies CO_2 im Wasser vorkommt, das von wenigen Pflanzen verwertet werden kann. Zu Beginn der Versauerung verkümmern die Blätter der für solche Seen typischen Arten *Lobelia dortmanna* und *Isoetes lacustris*. Zuletzt verschwinden die Fische. Daß die ohnehin spärlich vertretenen Characeae überleben, ist nicht zu erwarten (Melzer & Rothmeyer 1983, Schoen & Kohler 1984, Lenhart & Steinberg 1984).

5.1.7 Schwermetalle

Untersucht wurde die Empfindlichkeit der *Chara vulgaris* gegen Cadmium und Blei. Bei 14tägiger Einwirkung betrug die letale Dosis 5×10^{-7} M Cadmium, 1×10^{-6} M Quecksilber, $7,5 \times 10^{-6}$ M Blei in organischer und 5×10^{-3} M Blei in anorganischer Bindung. Subletale Gaben führten zu Wuchshemmung an den jüngsten Internodien. Als Veränderung der Ultrastruktur zeigten sich bei Cadmiumeinwirkung Unregelmäßigkeiten der Zellwand, Quecksilber veränderte die Chloroplasten und die als «Charasomen» bezeichneten Einschlußkörper, Blei brachte keine sichtbare Mißbildung hervor. Anreicherung in bestimmten Pflanzenteilen wurde nicht beobachtet. Im Vergleich zu anderen Süßwasseralgen und zu *Elodea canadensis* ist die Empfindlichkeit der *Chara vulgaris* hoch. In ihr kann eine der Ursachen für das Verschwinden der Characeae in belasteten Gewässern vermutet werden (Heumann 1987).

5.1.8 Substrat

Jede Characeenpflanze ist mit Rhizoiden verankert. Besiedelt werden die verschiedensten Substrate vom Feinsand bis zur Ansammlung von Steinen und zum Torf. Bevorzugt wird mineralischer Boden mittlerer Korngröße mit hohem Anteil organischer Substanz (Gyttja). Ausgewaschenen Sand der luvseitigen Ufer besiedelt *Chara aspera* mit niedrigen Exemplaren über stark entwickeltem Rhizoidsystem. Boden unter Tiefwasser, in dem organische Reste das Angebot an Phosphat und Stickstoff vergrößern, fördert hochwüchsige Arten wie *Nitellopsis obtusa* oder *Ch. tomentosa*. Hartes kalkarmes Gestein bildet steinigen Boden mit eingeengtem Wurzelraum. In einem irischen See auf Granit wuchs auf hunderten von Quadratmetern ein einziges Exemplar von *Nitella translucens* neben einem Stein. Es wurzelte in der kleinen Bodenmenge, die sich unter ihm angesammelt hatte. Wasserlöcher und Gräben in elektrolytreichem Flachmoor sind günstig für Arten des Nitellion syncarpo-tenuissimae. In sauren Torfgewässern tritt höchstens *Chara delicatula* auf. Zur Bindung der

Characeae an die Bodenbeschaffenheit und deren Beeinflussung durch Relief und Strömung gibt Lindner (1978) ein Beispiel aus Küstengewässern der Ostsee. Wie komplex das Zusammenspiel zwischen Substrat und Pflanze ist, erweisen Kulturexperimente mit neun verschiedenen, zum Teil synthetischen Unterlagen (Shen 1971). Hervorzuheben ist die Förderung durch pulverisierte Holzkohle, die auf Adsorption von Hemmstoffen zurückgeführt wird. In Kulturen über Sand war das Rhizoidwachstum abhängig von der Korngröße. Das Optimum lag bei 500–700 µm Durchmesser. Die Ursache wird im Verhalten des Wassers in den unterschiedlich großen Zwischenräumen gesucht (Stroede 1933, Corillion 1957, Krause 1971, Lindner 1978, Andrews et al. 1984)

5.1.9 Turbulenz, Strömung

Characeae meiden unruhiges Wasser. In geschützten Buchten gedeihen sie besser als am luvseitigen Ufer, wo sie oft fehlen. An der Nordsee und am Atlantik sind sie auf Brackgewässer beschränkt, die keiner heftigen Strömung ausgesetzt sind. An der gezeitenlosen Ostsee sind sie verbreitet. Gelegentlich treten sie in ruhig fließenden Quellen und Bächen auf, wo sie meterlang werden und sich reich verzweigen. Wo sie gut gedeihen und trotzdem selten sind, verhindern offenbar ausbreitungsökologische Probleme die Entwicklung reicher Bestände. Die Pflanzen scheinen sich an die Strömung zu gewöhnen. An *Chara fragilis* konnte eine Erhöhung der Zugfestigkeit beobachtet werden, ohne daß Veränderungen der Zellen sichtbar wurden (Richter 1894).

5.1.10 Wassertiefe, Licht

Characeae wachsen im hochtransparenten Vättern in Schweden und im Vranasee in Jugoslawien noch in nahezu 40 m Tiefe. Außer wenigen Moosen folgen ihnen keine Makrophyten. Eine Voraussetzung für das Hinabsteigen ist das Fehlen luftgefüllter Interzellularen. Im getrübten Brackwasser und im humos gefärbten atlantischen «Braunwasser» werden sie durch Lichtmangel bereits bei 2,5 m behindert. Sonst bieten ihnen auch Regenwasserlachen und wassergefüllte Wagenspuren Lebensmöglichkeit. Im ephemeren Flachwasser haben sie als kräftig wachsende Pioniere einen Vorsprung vor den Konkurrenten. Im Bereich zwischen 2 und 5 m werden sie von Phanerogamen bedrängt.
Absolute Zahlenangaben bleiben ungewiß. *Tolypella*-Arten galten so lange als Flachwasserpflanzen, bis *T. glomerata* in 12 m Tiefe gefunden wurde. Daß *Nitellopsis obtusa* während der letzten Jahrzehnte aus dem Tiefwasser bis nahe an die Oberfläche hochgestiegen ist, wird auf die allgemeine Trübung der Gewässer zurückgeführt. Licht fördert die Gametangienbildung. Die Flachwasserbewohner *Chara vulgaris, Tolypella glomerata, Nitella hyalina* fruchten überreich, *Chara tomentosa* und *Nitellopsis obtusa* bleiben nahezu steril, solange sie im Tiefen stehen. Präzisierung der Zusammenhänge gelingt jeweils nur für einzelne Spezies unter Berücksichtigung der äußeren Umstände (Corillion 1957).

5.1.11 Temperatur

Die Toleranzspanne reicht je nach Spezies von Flachwasser unter dünner Eisdecke bis zu heißen Quellen von 40 °C. Letztere rufen Formveränderungen hervor, die sich der Mißbildung nähern. *Chara globularis* und *Ch. vulgaris* haben den gesamten Temperaturbereich besiedelt. An niedere Temperaturen angepaßt sind *Nitella capillaris, N. opaca, N. flexilis.* Die beiden ersten schließen ihre Entwicklung im Frühjahr ab, die dritte dringt weit ins Gebirge und in die

Arktis vor. *Lamprothamnium papulosum* und *Nitella hyalina* gelangen erst bei 25–30 °C zur Reife. Die klimatischen Gegebenheiten spiegeln sich in zwei Arealtypen. Die Nitelletalia konzentrieren sich auf den atlantischen Bereich. *Chara galioides*, *Ch. gymnophylla*, *Ch. connivens*, *Nitella hyalina* sind im Süden am häufigsten. Besonders in Nordeuropa bestimmt die Verteilung kalkarmer und kalkreicher Gesteine neben dem Klima die Areale. Indirekte Klimafolgen spielen in Skandinavien eine Rolle. Dort engt die Eisdecke, die am Flachufer bis zum Grunde reicht, die Lebensmöglichkeit ein, während an der irischen Westküste *Chara delicatula* var. *annulata* in 10 cm Wassertiefe mit grünen Sprossen überwintert. In Südeuropa bieten klimabedingte Berieselungsanlagen und Salinen sekundäre Siedlungsmöglichkeiten. Den Einfluß der Temperatur auf Längenwachstum und Gametangienbildung hat Kashimura (1960) im Experiment untersucht. Zum Verständnis des Verhaltens der Pflanzen im Gewässer tragen die Ergebnisse zunächst wenig bei.

5.1.12 Trophie, Saprobie

Der Verlust an Lebensraum, dem die Characeae ausgesetzt sind, wird auf den zunehmenden Eintrag an Phosphaten und die daraus resultierende Eutrophierung der Gewässer zurückgeführt. Sie steigert die pflanzliche Produktion, ohne zunächst entscheidend zu stören. Die Produktionssteigerung ist das Maß für den «Trophiegrad» eines Gewässers. Erst wenn der Abbau (Dekomposition) der organischen Substanz den Zuwachs nicht mehr ausgleicht, gerät das biologische Gleichgewicht ins Schwanken. Der Überschuß aus fäulnisfähiger Substanz – die «Saprobie» des Gewässers – ist zwar eine Folge der Eutrophierung und ist eng mit ihr verbunden, muß aber in ihrer Auswirkung gesondert betrachtet werden. Sie wird in einer sechsteiligen Skala zwischen β-oligosaprob und α-polysaprob ausgedrückt. Die Mehrzahl der Characeae ist auf die untersten β- und α-oligosaproben Stufen angewiesen. In der folgenden β-mesosaproben Stufe klingen sie aus. Von den organischen Abfallstoffen, die den Saprobiegrad steigern, beeinträchtigen Schwefelwasserstoff und Ammoniak die Characeae nicht entscheidend. Als ausschlaggebend kann ein Komplex aus unvollständig oxydierten hochmolekularen Substanzen angenommen werden, die sich der Einsicht noch entziehen. Aufschlußreich ist ein Beispiel, an dem die Saprobie trotz hohen Trophiegrades durch ständige Wassererneuerung niedrig gehalten wird. Die Druckwassertümpel der Rheinaue werden durch den Laubfall des Auwaldes und das Getreibsel der Hochwasser wirksam gedüngt. Trotzdem hält sich ihre Saprobie auf niedrigem Niveau, weil das winterliche Niedrigwasser des Rheins den Luftsauerstoff an den Boden der austrocknenden Tümpel gelangen läßt, während der Sommerhochstand sie wieder mit oligotrophem Grundwasser füllt. In diesem Milieu fäulnisarmer Hochproduktion entfaltet sich *Tolypella prolifera* innerhalb einer Vegetationsperiode zu Pflanzen, die 2 m Höhe und 45 cm Internodienlänge erreichen. Hierher passen auch Beobachtungen an den Pferde- und Rinderweiden des Languedoc nahe der Mittelmeerküste. Ihre Teiche trocknen im Sommer aus und füllen sich im Winter mit Regenwasser. Sie werden von den Tieren sichtbar gedüngt und sind trotzdem voll von *Tolypella hispanica*, *T. glomerata*, *Chara baltica* und *Ch. galioides* (Caspers & Karbe 1967, Kohler & Labus 1983).

5.1.13 Bindung an Landschaften und Naturräume

Weil der ökologische Zustand eines Gewässers zunächst durch Einflüsse bestimmt wird, die aus seinem ganzen Einzugsgebiet kommen, lassen sich aus der Kenntnis der Umgebung Schlüsse auf seine Qualität als Pflanzenstandort ziehen. Sie sind nicht vollständig, weil der Primärzustand eines Sees durch interne Reifungsvorgänge verändert wird, besitzen aber den Vorzug, auf unmittelbarer Wahrnehmung zu beruhen. Die inzwischen gewonnene Übersicht macht die Bindung der Characeae an die spezifische Landschaftsstruktur ihrer Siedlungsgebiete und die Vegetationseinheiten (Namen nach Oberdorfer 1970) zu einem aufschlußreichen ökologischen Kriterium. Beispiele sind:

1. Jungpleistozän. Unebene Landoberfläche hinter der jüngsten Endmoräne des Baltischen Landrückens und der Bayerischen Hochebene. Große Seen, zu Seenplatten vereinigt. Substrat Braunerde aus elektrolytreicher Moräne. Eutraphente Laubwälder (Fagetalia sylvaticae). Große Flächen landwirtschaftlich genutzt. Seen bereits vor dem Einsetzen intensiver Nutzung auf der relativ hohen α-oligosaproben Stufe. Artenreiche, nach der Wassertiefe abgestufte Charetalia-Dominanzbestände unterhalb des Laichkrautgürtels, eingefügt in einen Komplex aus Potamogetonetum perfoliati, P. lucentis, Myriophyllo-Nupharetum und ausgedehntem Scirpeto-Phragmitetum. Schleswig-Holstein bis nördliches Polen. Vorland des Iller-, Lech- und Isartalgletschers. Nicht vor dem Inntalgletscher. Scharf abgegrenzt gegen das schleswig-holsteinische Altpleistozän und die oberbayerische Tertiärlandschaft mit spärlicher Characeenvegetation (Sauer 1937, Krausch 1964, Dąmbska 1966 a, Succow & Reinhold 1978, Melzer et al. 1987).

2. Altpleistozän. In Nordwestdeutschland die eingeebnete Geest zwischen den Mittelgebirgen und dem Westen Schleswig-Holsteins, Seen spärlich, ohne spezifische Eigenart. Typisch für die Landschaft: flache Heideweiher über stauendem Untergrund. Substrat sandig und kalkarm. Podsol, oligotrophe Braunerde. Bodensaure Laubwälder (Querceto roboris-Betuletum), weitgehend durch Kiefernforste ersetzt. Große Flächen bis vor kurzem extensiv als Heide oder Feuchtweide genutzt. Gewässer kalkarm, Füllung von den Niederschlägen abhängig. Characeae spärlich durch Nitelletalia vertreten, in die niedrige Phanerogamenvegetation (z. B. Isoeto-Lobelietum) eingestreut. Röhricht spärlich, Caricetum rostratae stark vertreten. Characeae in Fischteichen, quellnahen Bächen, frisch ausgehobenen Gräben gefördert. Außerhalb Nordwestdeutschlands Exklaven in der Lausitz und auf dem Baltischen Höhenrücken westlich Gdánsk/Danzig (Dąmbska 1966 b, Tüxen 1968, Pietsch 1978, Vahle 1990 a).

3. Mittelgebirge aus basenarmen Gesteinen. Karseen, schnellfließende Bäche, Verwitterung des Substrats gehemmt, geringes Nährstoff-Nachlieferungsvermögen. Oligotrophe Braunerde. Azidophile Fichten- und Buchen-Tannenwälder (Luzulo-Abietetum). Landwirtschaft eingeschränkt. Nitelletalia in Seen im Isoetetum echinosporae und Myriophylletum alterniflori, *Nitella flexilis* auch in Bächen. Allgemein spärlich. Bayerischer Wald, Schwarzwald, Vogesen, Pfälzer Wald (Roweck 1986, Roweck et al. 1988).

4. Flußauen mit kräftiger Hochwasserdynamik. Auf den Schwemmfächern der Voralpenflüsse. Altwässer, Druck- und Hochwassertümpel in dauernder Veränderung. Wechsel zwischen Austrocknung und Neufüllung durch aufsteigendes Grundwasser. Grauer verbraunter Auenboden, kalkreich. Geringe Beeinflussung durch den Menschen. Eutrophierung durch den Laubfall des Auwaldes und das Getreibsel des Hochwassers. Auf Kiesbänken Ruderalvegetation (Polygono-Chenopodietum rubri). Kalk-oligotrophes Wasser unter antagonistischem Einfluß von Eutrophierung und Regeneration der Oligotrophie. Ständige Neubildung von Siedlungsraum. Optimale Bedingungen für kräftig wachsende Pionier-Arten der Charetalia: *Chara vulgaris, Tolypella prolifera.* Sonst Nitellion syncarpo-tenuissimae, *Chara hispida.* Nach Eindämmung des Hochwassers noch in Baggerseen. Dort nur bei dauerndem Grundwasserdurchfluß beständig. Repräsentativ die Rheinaue zwischen Breisach und Ludwigshafen, auch Iller- und Lechaue, Isar-Schotterplatten (Krause 1969, 1971).

5. Teichlandschaften mit Wasserversorgung aus den Niederschlägen (Himmelsteiche). Zu Gruppen vereinigte Fischteiche über stauendem Untergrund. Pseudogley. Bodensaure Wälder (Quercion roboris-petraeae). Zwergbinsen- und Zweizahngesellschaften (Nanocyperion, Bidention tripartiti). In den Teichen hohe organische Produktion, anschließend Abbau der Saprobie während der zwischengeschalteten Ackerphase. Verbreitungszentrum von *Chara braunii*. Nach Westeuropa Zunahme der *Nitella*-Arten in einer bodennahen Synusie unter Schwimmblattdecken. Schlesien, Bayern (Oberpfalz), Tschechische Republik. Optimal in Frankreich: Bresse, Dombes, Brenne, Sologne (Cornu 1870, Migula 1897, Corillion 1957, Schaefer 1984, Franke 1987).

6. Karstseen. Tiefbecken mit laufender Wassererneuerung aus Limnokrenen. Hochtransparent, kalk-oligotroph. Umgebung ± entblößter Kalkfels mit submediterranem Gebüsch (Orno-Ostryon). Einfluß des Menschen gering. Weit ausgedehnte Dominanzbestände der Charetalia. Phanerogamen spärlich. In den Abflüssen der Rheokrenen des Karstes mit Dominanz des Ranunculion fluitantis und des Glycerio-Sparganion kaum Characeae außer *Chara vulgaris*. Hauptverbreitung Südosteuropa. Ochridsee in Mazedonien, Bačina- und Plitwitzer Seen in Kroatien, Vrana-See auf der Insel Cres, Dolinenseen bei Lublin in Ostpolen. In Mitteleuropa aus dem Untergrund gespeiste Erdfälle, z. B. die als Fundort der *Chara equisetina* Kützing bekannte Totenlache in Thüringen. Hervorzuheben der ehemalige Salzige See bei Halle im verkarsteten salzführenden Zechstein. Einziger großer Characeensee im Trockengebiet des südöstlichen Harzvorlandes. Standort der *Chara canescens* (Stanković 1960, Golubić 1961, Krause 1975, Karczmarz 1980, Blaženžić & Blaženžić 1983 a, Weinert 1989).

7. Dünengürtel am Atlantik. Sandaufwehungen längs der westeuropäischen Küsten. Flache, vielfach temporäre Gewässer in Dünentälern oder Seenketten landseits des Dünengürtels. Oberirdischer Zufluß gering. Psammophytenrasen, im Süden *Pinus maritima*-Forsten mit Ulicetalia-Unterwuchs. Umgebung wenig zur landwirtschaftlichen Nutzung geeignet. Nitelletalia-Arten reichlich in einer bodennahen Vegetationsschicht zusammen mit den Rosettenpflanzen des Isoeto-Lobelietum unter vegetationslosem Oberwasser. Im Süden zunehmend *Chara fragifera*. Artenzahl von Nord nach Süd zunehmend. In den Landes die meisten, in Portugal sämtliche europäischen *Nitella*-Arten. Gewässer empfindlich für Umweltveränderungen. Eine der artenreichsten Lagunen in Portugal vom Wasserbedarf einer Zellulosefabrik ausgetrocknet. Ersatzstandort in Grundwasserbrunnen mit dem gesamten Artenbestand der Umgebung. Vergleichbare Dünenseen nahe der Donau in Rumänien (Allorge 1923, Gonçalves da Cunha 1934, 1942, Mendes 1948, 1951, Stefureac & Teculescu 1961, 1967, Krause 1983).

8. Alkaligewässer im Donau-Theiß-Zwischenland. Flacher Landrücken zwischen Hochwasserbetten. Keiner Salzauswaschung durch Flußwasser ausgesetzt. Altes Halophytenzentrum Südosteuropas im Gegensatz zur erst neuerdings versalzenden Theiß-Niederung. Halophile Rasengesellschaften, z. B. Festucetum pseudovinae, Lepidio-Puccinellietum limosae, Camphorosmetum annuae. Flache, teils transparente, teils milchig getrübte Soda- und Sulfatseen. In den klaren «Schwarzen Seen» bis vor kurzem die bisexuelle *Chara canescens* verbreitet. Jetzt noch im Kleinkumanischen Naturpark (Kiskunság Nemzeti Park) w Keczkemét, im Büdös to bei Soltvadkert und im Kunfeherto bei Kishunhalas. In frisch ausgehobenen Gräben am Neusiedler – und Velencer See (Filarszky 1926, Treitz 1931, Moesz 1940).

9. Trockenlandschaften. Europäische Lößgebiete bis zur Lybischen Wüste. Keine Seen, höchstens schmale eutrophierte Bäche, Quellaustritte, Brunnen. Im Süden die vom Klima veranlaßten Feld-Berieselungsanlagen. Funde auf die Gesamtfläche bezogen minimal. Innerhalb der vorhandenen Gewässer nahezu allgegenwärtig. Vorwiegend *Chara vulgaris*, in Südeuropa auch *Ch. gymnophylla* und *Ch. connivens*. Süddeutsche Gäulandschaften, Südspanien («desierto almeriense» bei Almeria), allgemein circummediterran, Oasen der Sahara.

10. Pleistozän der Mark Brandenburg. Grundmoräne mit Geschiebemergel, kuppige Endmoräne, Urstromtäler mit Sand und Anmoor, weitläufige Wasserfließbahnen, Seen, kalkreiches und kalkarmes Substrat nahe benachbart. Natürliche Diversität erst spät durch radikale Ödlandbeseitigung nivelliert. Angaben wie «Tümpel in Sumpf rechts im Feld» um 1900 noch selbstverständlich. Überdies der Artenreichtum schon früh durch Kenner dokumentiert. Beispiel: «*Lychnothamnus barbatus* 1829 bei Schöneberg in überflossenen Torfgruben». Landschaft mit besonders vielseitigem Beziehungsgefüge (Braun 1876 b, Holtz 1903).

11. Oligotrophe Moor- und Gebirgslandschaften. Verbreitet in Nord- spärlich in Mitteleuropa. Dystrophe Seen aus *Sphagnum*-Mooren gespeist. Wasser extrem kalk- und nährstoffarm, durch Humussubstanzen braungefärbt. Untergrund organogener Dy. Sphagnen, z. B. *Sph. cuspidatum* vorherrschend. Keine Characeae.

Die Kenntnis der Bindung an bestimmte Landschaften vermittelt eine Übersicht über die Trophieansprüche der Characeae, die am aktuellen, durch Hypertrophierung hervorgebrachten Zustand nicht zu gewinnen ist. Sie bedarf der weiträumigen Betrachtung und der Berücksichtigung des naturnahen Zustandes im vorigen Jahrhundert. Dann zeigt sich, daß die Characeae in der untersten Trophiestufe fehlen, unter kalkarm-oligotrophen Bedingungen relativ spärlich auftreten und ihr Optimum in Landschaften finden, die von Natur aus hoch produktiv sind. Erst bei Überdüngungen verschwinden sie. Außerhalb der Reihe, die vom dystrophen zum mesotrophen Gewässer führt, stehen die Karstseen. In ihnen wirken Grundwasseraustritt und Kalkgehalt einseitig begünstigend. Gleiches gilt für die Salzstandorte, für deren Besiedlung die genetisch gefestigte Toleranz der halophilen Arten den Ausschlag gibt.

5.1.14 Eingliederung der Standorte in den hydrologischen Wasserkreislauf

Characeae bevorzugen Wasser, das frisch aus dem Untergrund ausgetreten ist. Die dichtesten Bestände treten in Seen auf, deren Wasser aus Limnokrenen kommt. In Karstseen beherrschen sie den Bewuchs. Reich vertreten sind sie in den an «Toteiskarst» grenzenden bayerischen Osterseen. Dem Karst stehen die aus einem Geröllschwemmfächer gespeisten «Blaulöcher» der Oberrheinaue nahe, in denen *Chara hispida* Reinbestände bildet. Sobald ihr Wasser eine Ortschaft durchflossen hat, verschwinden die Characeae. In den tiefen Dolinenseen der Seenplatte von Leczna-Włodawa wächst der exklusive *Lychnothamnus barbatus*, während in den Bächen des umgebenden Kulturlandes die trivialsten Arten verschwunden sind. Einen Sonderfall des Quellbereichs bilden neu angelegte, aus dem Grundwasser gespeiste Badeseen, Baugruben, geräumte Gräben. Sie sind nicht selten wahre Fundgruben. In Quellnähe ist die Wahrscheinlichkeit am größten, Characeae zu finden. Frisch gefallenes Niederschlagswasser wirkt ähnlich fördernd. Die Beispiele sind wenig spektakulär, aber eindrucksvoll: ein Ausstich auf der Kuppe eines Hügels, der im Herbst austrocknet und sich im Winter wieder füllt; Viehtränken auf Karstbergen, in die ein Röhrensystem Regenwasser leitet, eine Regenpfütze auf verdichtetem Untergrund. Alle derartigen Standorte können reiche Characeenbestände haben. Als Ursache der Förderung muß angenommen werden, daß Grundwasser und Regenwasser vorübergehend vom organischen Kreislauf ausgeschlossen waren und zunächst wenig mit organischen Abfallstoffen belastet sind. Als bezeichnend wurde der Name «abiosphärisches Wasser» vorgeschlagen (Krause 1986 a, Vahle 1990 a).

5.2 Konstitutionelle Eigenschaften und ihre Auswirkungen auf die Besiedlung der Gewässer

5.2.1 Pioniervermögen

Characeae treten in Baggerseen und neu entstandenen Wasseransammlungen früher auf als Blütenpflanzen. Explosiv und gelegentlich als Sensation registriert füllen sie alte Teiche und Ziergewässer, wenn diese entschlammt und entkrautet werden. Der Oosporenvorrat im Boden ist größer, als der aktuelle Vegetationsbestand erwarten läßt. Der Nachweis kann durch Auswaschen erbracht werden. Das Auftauchen nach jahrzehntelangem Ausbleiben bezeugt langdauernde Keimfähigkeit. Begünstigend wirkt schließlich das oligosaprobe Wasser, das die meisten Becken technischer Herkunft aus dem Untergrund oder den Niederschlägen vorübergehend füllt. Eutrophierungsfolgen lassen die Siedlungen oft schon im Jahr nach dem Erscheinen verschwinden. Weiterhin beruht die Pionierleistung auf der Fähigkeit zu schneller Entwicklung aus der Oospore. Zuwachslängen von 10 cm je Woche sind nachgewiesen. Daß sie auch zählebig ausdauern können, zeigen sie im Tiefwasser oligosaprober Seen, in die sie im frühen Postglazial als Pioniere eingedrungen sind. Der Abstieg vom Pionier- zum Altersstadium eines Characeenbestandes dauert in kurzlebigen Kleingewässern ein Jahr, in Seen Jahrhunderte. Er spiegelt sich im Habitus der Pflanzen. Pionierexemplare haben Rinde, Stacheln, Stipulare und Blättchen voll entwickelt. Sie tragen reichlich Gametangien. In alten Siedlungen ist das meiste abgebrochen und die Pflanzen sind durch Kalkkrusten verunstaltet (Corillion 1957).

5.2.2 Jahresrhythmus (Phänologie)

In der Gattung *Chara* ist mehrjähriges Ausdauern ebenso verbreitet wie jährliche Erneuerung durch auskeimende Oosporen. Im Tiefwasser überdauern *Chara tomentosa* und *Ch. intermedia* mit grünen Sprossen. Oogonien entstehen selten. Die Flachwasserbewohner *Chara vulgaris* und *Ch. braunii* verjüngen sich mit reichlich gebildeten Oosporen. Gametangien bilden die *Chara*-Arten von Mai bis Oktober. An *Tolypella, Lamprothamnium, Nitella capillaris, N. opaca* reifen sie im Frühjahr, worauf die Pflanzen absterben oder überständig weitervegetieren. *Nitella gracilis, N. hyalina, N. batrachosperma* folgen im Sommer. *Nitella flexilis, N. translucens, N. mucronata, N. tenuissima* bewahren das ganze Jahr über grüne Sprosse, sind also weitgehend ausdauernd. Der Zeitablauf ist äußeren Einflüssen unterworfen. In Westfrankreich, wo die Gewässer ihren Hochstand im Winter haben, entwickeln sich die *Tolypella*-Arten im Frühjahr. Am Oberrhein, wo im Winter Niedrigwasser und im Sommer Hochstand herrscht, reifen sie im Herbst. In stenothermen Quellabflüssen zeigen *Chara hispida* und *Ch. intermedia* keine erkennbare Periodizität. Unter dem gleichbleibenden Wasserstand der Ostsee ist *Tolypella nidifica* als einzige ihrer Gattung zur Spätjahrespflanze geworden, während ihre mediterrane Varietät *Tolypella nidifica* var. *occidentalis* Corillion auf das Frühjahr beschränkt bleibt (Corillion 1957).

Tab. 1 **Charetea fragilis** (Fukarek 61) Krausch 64 – Gliederung und Charakterarten

Klasse	**Charetea fragilis.** Ausschließlich von Characeen gebildete Gesellschaften *Chara fragilis*, *Chara delicatula*				
Ordnungen	**Nitelletalia flexilis** Krause 60 Zentrum Westeuropa ausschließlich Süßwasser pH-Bereich 6,5–7,0		**Charetalia hispidae** Krausch 64 Zentrum Mittel- und Osteuropa überwiegend Süßwasser pH-Bereich 7,5–8,2		**Charetalia canescentis** Brackwasser all. nov. pH-Bereich 7,5–8,0
Verbände	**Nitellion flexilis** (Corillion 57) Krause 69	**Nitellion syncarpo-tenuissimae** Krause 69	**Charion contrariae** Pietsch 87	**Charion rudis-hispidae** Pietsch 87	**Charion canescentis** Krausch 64
	Nitella flexilis *N. gracilis* *N. translucens* *N. capillaris* *Chara braunii* *Ch. fragifera*	*N. syncarpa* *N. tenuissima* *N. opaca* *N. mucronata* *N. batrachosperma*	*Chara aspera* *Ch. contraria* *Ch. tomentosa* *Ch. filiformis*	*Ch. rudis* *Ch. aculeolata* *Ch. polyacantha* *Ch. hispida* *Nitellopsis obtusa*	*Ch. canescens* *Ch. baltica* *Ch. horrida* *Ch. galioides* *Tolypella nidifica* *T. hispanica* *Lamprothamnium* *papulosum*
Unterverband			**Charion vulgaris** Krause 68 Ephemergewässer *Chara vulgaris* *Tolypella intricata* *T. prolifera* *(Ch. connivens)*		

5.2.3 Allelopathie

Die dichten Characeenrasen, in die keine fremde Pflanze eingedrungen ist, scheinen Konkurrenten fernhalten zu können. Die Zerbrechlichkeit ihres Filigranwerks läßt spezifische Abwehrfähigkeit vermuten, die nicht allein auf mechanischer Festigkeit beruht. Hier drängt sich die Vorstellung einer allelopathischen, nicht mechanischen Wirkung der schwefelhaltigen, aggressiv riechenden Inhaltsstoffe auf, die besonders an der Gattung *Chara* auffallen. Ihnen wird sogar insektizide Wirkung zugeschrieben, die für Malariabekämpfung bedeutsam werden könnte. Experimentelle Nachprüfung ergab teils positive, teils negative Ergebnisse. Das vielschichtige Problem der Characeen-Allelopathie ist nur von Fall zu Fall zu lösen. (Prósper 1910, Zaneveld 1940, Amonkar 1969, Amonkar & Banerji 1971, Wium-Andersen et al. 1982, Blindow 1991, Kleiven 1991).

5.2.4 Gesellschaftsbildung

Characeae neigen dazu, in dichten Einartbeständen zu wachsen. Die Mehrzahl ihrer Gesellschaften ist auf die Dominante als einziger Charakterart gegründet (Dąmbska 1966a, Doll 1989, Krause & Lang 1977). An Phanerogamen dringt höchstens *Ceratophyllum demersum* mit hoher Stetigkeit in sie ein. Außer den Reinbeständen sind Komplexe bodenbedeckender Characeen-Synusien mit hochwachsenden Phanerogamen charakteristisch. Sie folgen aus dem Einwanderungsverhalten der Characeae, die freigewordenen Lebensraum schnell füllen, danach entweder verschwinden oder sich unverändert höchstens eine Zeitlang halten. Die progressive Tendenz zu höher organisierten Gesellschaften, die vielen Phanerogamen eigen ist, fehlt ihnen. Die Mischbestände sind das Produkt der Überdeckung eines rezessiven Characeenbestandes mit entwicklungsfähigen Phanerogamengesellschaften. Die Überschiebung zweier Synusien zeigt sich auch am Chareto-Tolypelletum (Corillion 1950b). In ihm trifft eine *Tolypella*-Frühjahrssynusie mit einer *Chara*-Sommersynusie zusammen, die sich zeitlich überschneiden. Den seltenen Fall einer festgefügten Characeengesellschaft bietet das Chareto fragilis-Nitellopsidetum (Blaženžić 1984) aus dem Skutarisee. Neben den ausdauernden Dominanten gehören ihr noch *Nitella gracilis, N. hyalina, N. syncarpa* und *Chara kokeilii* an. Im Rhizoidbereich sind Characeae oft von sapropelischen Mikroorganismen begleitet (Lauterborn 1916, Krause 1969, 1971). Vergleichbar ist das Zusammentreffen von *Nitella*-Arten mit Desmidiaceen in kalkarm-oligotrophem Wasser.
Festgegründete Artenkombinationen werden an den Verbänden und Ordnungen der Characeae sichtbar (Tab. 1). Sie sind im Einzelbestand oft unvollständig vertreten, zeigen sich aber bei der Aufnahme des ganzen Gewässers. Andere soziologische Einheiten entstehen, wenn Kontaktgesellschaften zu einer Sigma- (Summen) Gesellschaft zusammengefaßt werden (Tüxen 1979). Zu nennen ist der Komplex aus Charetum asperae, Ch. contrariae, Ch. tomentosae, Nitellopsidetum obtusae, Potamogetonetum perfoliati in oligotrophen Klarwasserseen (Krause 1985). In gleicher Weise sind Charetum asperae, Ch. canescentis, Ch. balticae, Tolypelletum nidificae, Ruppietum maritimae und Fuco-Furcellarietum in der Ostsee, Ch. asperae, Ch. fragiferae, Nitelletum gracilis und Myriophylletum alterniflori in Dünenseen verbunden. Allen gemeinsam ist offenbar ihre Bindung an eine spezielle Wasserqualität.

5.3 Zusammenfassung

Das Verhalten der Characeae im Gewässer, das seit Migula (1897) bis Wood (1952) als schwer verständlich gilt, verliert an Rätselhaftigkeit, wenn es auf das

Zusammenspiel mehrerer Ursachen zurückgeführt wird, die von Fall zu Fall in unterschiedlicher Kombination und Intensität zusammentreffen. Beteiligt sind:

- Verfügbarkeit der Oosporen. Die Bindung der meisten Arten an bestimmte Landschaften führt zu unterschiedlicher Häufung ihrer Oosporen im Boden. Die meisten Neusiedlungen treten in Gebieten auf, in denen die betreffenden Arten bereits heimisch sind.
- Chemismus des Wassers. Kalk- und Chloridzustand entscheiden weithin über die Existenzmöglichkeit. Phosphor und Stickstoff verändern die Konkurrenzbedingungen. Dem Phosphor wird überdies direkte Hemmwirkung zugeschrieben.
- Erhöhte Saprobie. Characeae verschwinden, wenn die vom Trophiegrad abhängige Saprobie einen niedrig bemessenen Grenzwert überschreitet.
- Zutritt von abiosphärischem Wasser. Laufende Versorgung mit frisch austretendem Grundwasser begünstigt die Charetalia, frisch gefallenes Niederschlagswasser die Nitelletalia.
- Anstoß zum Keimen. Bodenumlagerung verbunden mit Neufüllung eines Gewässers führt zur Massenkeimung begrabener Oosporen in Baggerseen, Baugruben, entschlammten Badeteichen und Gräben.
- Fähigkeit zu schneller Neubesiedlung. Die Anfälligkeit der Characeae gegen Störungen wird ausgeglichen durch die Fähigkeit, aus unbesiedelbar gewordenen Gewässern in die Nachbarschaft überzuwechseln. Dies erleichtert das Überleben in der sich ständig ändernden Kulturlandschaft.
- Zeitablauf. Das abrupte Verschwinden von Beständen spricht für eine aus den Pflanzen selbst hervorgehende «Alterung». Characeae sind nur für einen begrenzten Zeitraum als Indikatoren der Wasserqualität brauchbar.
- Individualität. Innerhalb der allgemein geltenden Abhängigkeiten verhalten sich die Spezies unterschiedlich. Die Empfindlichkeit gegen erhöhte Saprobie nimmt von *Lychnothamnus barbatus* über *Chara tomentosa, Ch. contraria* bis zur resistenten *Nitella mucronata* ab. *Chara globularis* und *Nitella flexilis* wachsen abweichend von den übrigen auch zwischen Phanerogamen. *Chara tomentosa* bildet wenige, *Chara vulgaris* viele Oosporen. Dem entspricht ihr Ausbreitungsvermögen. *Tolypella*-Arten bringen überreichlich Oosporen, aber selten Jungpflanzen hervor. *Nitella hyalina* verhält sich thermo-heliophil. *N. flexilis* meidet hohe Temperatur und geht bis an die Untergrenze der für grüne Pflanzen ausreichenden Lichtmenge.

Wie die Analyse des Zusammentreffens der Einzelfaktoren klärend wirkt, zeigt das Vorkommen der *Tolypella intricata* in einem Graben inmitten der Mais- und Weizenfelder der Großen Ungarischen Tiefebene. Es wird zur Selbstverständlichkeit angesichts der Tatsache, daß die Ebene noch im vorigen Jahrhundert vom Hochwasserbett der Theiß durchzogen wurde. Der Graben liegt an der Grenze des Auenbodens zum Trockenboden an einer für die Stromtalpflanze typischen Stelle. Offen bleibt die Frage, wie sie die Zeit nach der Flußeindeichung überleben konnte.

6 Bedeutung für Wirtschaft und Wissenschaft

Die wirtschaftliche Bedeutung der Characeae ist gering. In Zeiten extensiven Landbaues lieferten sie einen geschätzten Dünger. Die von ihnen abgelagerte Seekreide diente zur Melioration von Äckern. Einen Überblick über die ökonomischen Nutzanwendungen gibt Zaneveld (1940).

In der Fischereiwirtschaft sind Characeae geschätzt. Sie bieten Fischen Unterstände und sind gute Laichplätze für Maränen und andere Coregonen. Zierfischzüchter verwenden *Nitella*-Pflanzen in Aquarien als «Ablaichkraut» für Fische, die anders nicht zur Fortpflanzung schreiten.

Weitaus größer als ihr Wirtschaftswert ist heute die Bedeutung der Characeae als Versuchsobjekte für die Cytologie und die allgemeine Biologie. Ihre großen Zellen erlauben Manipulationen, die sonst nicht möglich sind. Der Inhalt kann zum Austreten gebracht und frei zugänglich gemacht werden (Kamiya & Kuroda 1957). *Nitella*-Zellen können durch Zentrifugieren polarisiert und in zwei Hälften geteilt werden, von denen die eine an Inhaltsstoffen verarmt, die andere angereichert ist (Tazawa 1961). Ebenso läßt sich der Inhalt der großen Vakuolen leicht gewinnen, und die Zellmembranen können sowohl isoliert als in situ für biophysikalische Experimente verwendet werden (Kawamura & Tazawa 1980, Richmond & Métraux 1980). Die Rhizoidspitzen geben Aufschluß über das Wirken von Statolithen (Sievers 1967, Sievers & Schnepf 1981). Die Fähigkeit, elektrische Signale zu leiten, verleiht Characeen-Zellen entfernte Ähnlichkeit mit Nervenfasern (Hansen 1969, Keunecke 1971). An der amitotischen Kernteilung konnte Moutschen (1977) Analogien zwischen Characeae und hochspezialisierten Zellen von Dipteren erkennen. Die Ultrastrukturanalyse der Plasmaströmung in den Internodien brachte Einsicht in die gemeinsame Wurzel elementarer Bewegungen in Pflanzen, Muskeln und amöboiden Zellen (Kamiya 1981). Die Bindung der Characeae an bestimmte Saprobiestufen macht sie zu Indikatoren der Wassergüte, besonders wenn sie exklusiv auftreten. Kommen andere Makrophyten in größerer Menge hinzu, muß der Indikatorwert von Fall zu Fall geklärt werden. Methodische Hilfe bietet der «Makrophytenindex» (Melzer et al. 1986, Melzer & Hünerfeld 1990). Ihm liegen Indikator-Rangordnungen für Characeae, Phanerogamen und Moose zugrunde, die mit den Mengenanteilen der vorkommenden Arten kombiniert werden. Die Meßzahl erlaubt es, die Wassergüte im Uferbereich großer Seen lückenlos darzustellen.

7 Untersuchungsmethoden

7.1 Sammeln, Präparieren

Um naturnahe Herbarpflanzen zu gewinnen, bedarf es der Rücksichtnahme auf die Zerbrechlichkeit und die Tendenz der Characeae, sich unentwirrbar zu verstricken, wenn sie aus dem Wasser gezogen werden. Sie bleiben übersichtlich geordnet, wenn sie beim Aufsammeln nahe am «Wurzel»-Teil gefaßt und mit ihm voran durch das Wasser gezogen werden. Das Material soll unter Wasser in einer hellen Schüssel weiter verarbeitet werden, am besten noch am Ufer. Vor hellem Untergrund erkennt man auch unscheinbare Bruchstücke beigemischter Arten. Empfehlenswert ist, aus der Masse der zutage geförderten Pflanzen wenige Exemplare auszusondern und in reichlich Wasser schwimmen zu lassen. Ausgewählte Pflanzen, die im Sammelgut verstrickt sind, lassen sich isolieren, wenn sie unter Wasser am Wurzelteil gefaßt und unter leichtem Schütteln langsam herausgezogen werden. Sie sind unempfindlich gegen Zug, der vom Wurzelteil zur Spitze läuft. In dieser Richtung vertragen sie das Abspülen unter einem Wasserstrahl. Wenn die Pflanzen im Gelände nicht weiterverarbeitet werden können, lassen sie sich mit einem feuchten Tuch bedeckt tropfnaß in einer Schüssel transportieren. Im gleichen Feuchtezustand überstehen sie in Plastikbeuteln gegen Druck geschützt einen mehrtägigen Postversand.

Als Herbarbogen eignet sich ausschließlich glattes weißes Papier. Das Auflegen gelingt am besten unter Wasser, ähnlich wie bei großen Meeresalgen. Die aufgezogenen Exemplare werden oft durch verklebte oder verdrillte Teile unübersichtlich. Sie müssen mit Präpariernadeln gelockert werden. Zum vorsichtigen Herausnehmen kann eine untergelegte Glasplatte nützlich sein. Überdeckt wird mit glattem saugfähigem Papier, getrocknet unter Druck zwischen Fließ- oder Zeitungspapier. Arten mit Schleimhülle werden zweckmäßigerweise mit Plastikfolie bedeckt, die weder haftet noch das Trocknen verhindert. Herbarisierte Characeae lassen sich durch Aufweichen geschmeidig machen. Überziehen mit selbsthaftender Folie schützt die trockenen Pflanzen vor dem Zerbrechen. Zusätzlich muß Material ohne schützenden Folienüberzug aufbewahrt werden und für die Präparation verfügbar sein. Wieviel man für die Morphologie der Characeae an sachgemäß präparierten Pflanzen erkennen kann, macht die Exsikkatensammlung von Krause & Krause (1979-1986) augenfällig.

Konservierung in 4% Formalin oder 70% Alkohol bewahrt alle Feinheiten der Form, gibt aber wegen der notwendigen Beschränkung auf Fragmente keine ausreichende Vorstellung von der Wuchsform der Pflanzen.

7.2 Roh- und Reinkulturen

Steril angetroffene Pflanzen lassen sich im Aquarium in Leitungswasser am Leben halten und meist zur Gametangienbildung bringen. Als Substrat eignet sich Sand oder Gewässerboden mit Sandüberdeckung. Für *Chara*-Arten bewährt sich die Zugabe eines bikarbonathaltigen Mineralwassers. Es ist vorteilhaft, die Pflanzen in Büscheln zusammen mit einer kleinen Menge Boden aus dem Gewässer herauszuheben, ohne sie zu vereinzeln. Durchlüften empfiehlt sich nicht. Derartige Rohkulturen lassen sich auch über den Winter halten, neigen aber später zu Mißbildungen, Anzucht aus Oosporen oder Bulbillen gelingt je nach Artzugehörigkeit unterschiedlich gut. Schnell und mit hohem Anteil keimen *Chara contraria, Ch. fragilis, Ch. delicatula* und die Bulbillen von *Nitellopsis obtusa*. Oosporen von *Tolypella*-Arten keimen schwer.

Für Kulturen zu Laborzwecken haben sich verschiedene definierte Nährlösungen bewährt (Richter 1894, Forsberg 1965 b, Imahori & Iwasa 1965, Shen 1971, Andrews et al. 1984, Neville & Levi 1984; vgl. auch die Zusammenstellungen von Venkataraman 1969 und Grant & Sawa 1982). Arten der Charales sind unterschiedlich leicht zu kultivieren. Erfahrungen müssen in jedem Einzelfall gesammelt werden. Sowohl nicht bakterienfreie Kulturen in Erd-Wasser-Medien (Proctor 1967, 1971 b) oder in mineralischen Nährlösungen (Andrews et al. 1984, Neville & Levi 1984) als auch bakterienfreie Kulturen (Forsberg 1965 b, Imahori & Iwasa 1965, Shen 1971) sind gelungen. Ausgangsmaterial waren Stecklinge (bei denen man die Regenerationsfähigkeit von Nodienzellen nutzt) oder reife Zygoten (Oosporen), die man auch für die Langzeitkonservierung von lebendem Material benutzt (Proctor 1967). Oosporen als Ausgangsmaterial können mit Natriumhypochlorit sterilisiert werden. Sexualorgane entstehen offenbar im Langtag bei Beleuchtung von mindestens 12 h.

Nährlösung nach Chu (1942), die von Shen (1971) mit Erfolg benutzt worden ist:

1 000 ml destilliertem Wasser werden folgende Salze zugesetzt:

$CO(NH_2)_2$	0,04 g
$CaCl_2 \cdot 2\,H_2O$	0,10 g
$MgSO_4 \cdot 7\,H_2O$	0,10 g
Na_2CO_3	0,02 g
Na_2SiO_3	0,01 g
K_2HPO_4	0,6 mg
KCl	0,05 g
TRIS-Puffer	0,50 g

Spurenlösung I . . . . 1 ml
Spurenlösung II . . . . 1 ml

Das pH der fertigen Lösung wird durch Zusatz von 1n HCl auf 7,5 eingestellt
und danach 15 min bei 120 °C autoklaviert. Nach dem Autoklavieren ergibt
sich ein pH von 7,2, das für die untersuchten *Chara*-Arten optimal ist. Shen
zog seine Algen in einem 12 h LD-Wechsel mit Leuchtstofflampen der Qualität «Weiß» und bei 22 °C auf. Die angegebene Beleuchtungsstärke lag bei 250
bis 350 ft-c. Als Kulturgefäße wurden Erlenmeyer-Kolben benutzt, inokuliert
wurden abgeschnittene Teilstücke. Shen verwendete die im Laboratorium von
H. C. Bold üblichen Spurenlösungen (vgl. Deason & Bold 1960, Brown &
Bold 1964). Die Erfahrung hat gelehrt, daß auch andere Spurenlösungen verwendet werden können, wie sie in der einschlägigen Literatur über die Reinkulturen von Algen aufgeführt werden (vgl. z. B. Stein 1973).

7.3 Winke für die Bestimmung

Ein Schlüssel, der alle Arten berücksichtigt, ist in den meisten Fällen unübersichtlich und trotz seines Umfangs nicht ausführlich genug. Am Habitus bzw.
der Architektur der ganzen Pflanze ist ihre Gattungszugehörigkeit zu erkennen. Oft zeigt das Gesamtbild auch, welcher Spezies eine Pflanze nicht angehö-
ren kann. Über eine solche provisorische Einordnung hinaus erkennt man die
Gattungen an folgenden Merkmalen:

Chara (Fig. 15 A–E): Äste ungeteilt, (2)–3–8–(11) Glieder. Meist mit Rinde.
Knotenloses, ein- bis dreizelliges Endglied ohne Rinde, oft länger als der berindete Teil, aber auch nahezu unsichtbar kurz. Rings um jeden Knoten 5–7 stachelähnliche «Blättchen» (Brakteolen, bractcells), auf der konvexen Rückseite
des Astes meist kürzer als auf der Vorderseite, oft unscheinbar. Monözisch
oder diözisch, Gametangien auf der Mittellinie der Ast-Vorderseite. Bei monözischen Arten das kugelförmige Antheridium unterhalb des eiförmigen
Oogons. Antheridium an Stelle eines Blättchens. Oogon aus dem Basalknoten
des Antheridiums abgeteilt. Zu den 5–7 Blättchen (Brakteen) rings um den Astknoten kommen an fruchtbaren Knoten zwei gleich gebaute «Brakteen», die
neben dem Oogon stehen und es an Länge oft übertreffen.
Bei diözischen Arten unter dem Oogon ein unpaares Blättchen (bractlet) an
der Stelle des Antheridiums. Männliche Pflanze ohne entsprechende Ersatzbil-
dung für das Oogon.
An der Basis der *Chara*-Äste entstehen als seitliche Bildungen die Sproßrinde
und die Stipularen, die als stachelähnliche Zellen die Basis der Quirläste in
zwei Reihen oder Kränzen umgeben.
Charopsis: (Fig. 15 F): Äste ungeteilt, weitgehend wie *Chara*, aber ohne Rinde.
Endglied kurz, stachelförmig, von 2–3 gleichgeformten Blättchen umgeben, die
dem Ende des Astes als ein «Krönchen» aufsitzen. Äste an den Knoten eingeschnürt. Stipularen in einer Reihe, in der gleichen Anzahl wie die Äste. Monözisch. Gametangien an den unteren Astknoten nicht selten zu zweien oder dreien
nebeneinander. *Charopsis* wird heute als Subgenus eingeschätzt (vgl. S. 61, 1 b).
Lamprothamnium: (Fig. 15 G): Äste ungeteilt, ohne Rinde, 4–7 Glieder. Stipularen lang, spitz, oft in größerer Anzahl als die Äste. Monözisch. Gametangien
zwischen langen Blättchen. Antheridium oberhalb des Oogons oder daneben.
Lychnothamnus: (Fig. 15 H): Äste ungeteilt, ohne Rinde. Meist 4 Glieder. Blättchen länger als die Astglieder. Stipularen in einer Reihe. Lang, spitz, in der doppelten Anzahl der Äste. Monözisch. Oogon zwischen zwei seitlich sitzenden
Antheridien.
Nitellopsis: (Fig. 15 I): Äste ungeteilt, ohne Rinde, 2–3 lange Glieder. Höch-

Fig. 15. Grundformen der Äste. A monözische Chara, Endglied kurz (*Ch. baltica* Bruzelius), B monözische Chara, Endglied lang (*Ch. vulgaris* Linné), C diözische Chara, männlich (*Ch. aspera* Detharding ex Willdenow), D diözische Chara, weiblich (*Ch. canescens* Desvaux et Loiseleur), E Chara

stens 2 Blättchen je Knoten, oft fehlend. Keine Stipularen. Diözisch. Großes Oogon oder Antheridium an der Ansatzstelle eines Blättchens.

Nitella: (Fig. 15 J-L): Äste an den Knoten annähernd gabelig in «Strahlen» geteilt. Der mittlere dieser Strahlen ist die Fortsetzung des durchlaufenden Hauptstrahls, die anderen nahezu gleich gestaltete Abzweigungen. Vom Sproß ausgehend mehrfache Wiederholung der Gabelung in Strahlen 2., 3., 4. Grades. Anzahl der letzteren hoch. Strahlglieder einzellig außer den Endgliedern. Diese 1–3– (5)-zellig. Endzelle oft als Stachelspitze geformt. Rinde, Stacheln, Stipularen fehlen. Monözisch oder diözisch. Antheridium in einer Astgabel als Fortsetzung des Hauptstrahls. Oogonien einzeln oder zu zweit aus der Knotenzelle unterhalb des Antheridiums abgezweigt (Fig. 15 L). Monözische Arten ausgeprägt protandrisch, diözische Geschlechterverteilung vortäuschend.

Tolypella: (Fig. 15 M, N): Äste an der Basis verzweigt. Dort ein oder zwei Knoten mit kurzen oder längeren, mehrfach geteilten Seitenästen. Über den Knoten ein Mittelstrahl («Rhachis») aus mehreren, zum Teil sehr langen knotenlosen Zellen. Meist monözisch. Gametangien überwiegend an den Knoten der Seitenäste, auch an der Rhachis, in großer Zahl gehäuft. Antheridium oft zwischen zwei Oogonien an einem als rudimentärer Ast gedeuteten einzelligen «Stiel». Fruchtbare Äste meist zu schwer durchschaubaren Knäueln zusammengezogen.

Besondere Schwierigkeiten beim Bestimmen ergeben sich aus der Tatsache, daß Characeae im Laufe ihrer Individualentwicklung an Merkmalen verarmen. Stacheln, Blättchen, Gametangien gehen verloren, die Gestalt wird durch Verkrustung verhüllt. Immer wieder müssen unvollständig erhaltene Pflanzen mit typischen Pflanzen aus dem Herbar verglichen werden. Um Exemplare aus gealterten Populationen sicher zu bestimmen, ist die Durchsicht größeren Sammelmaterials empfehlenswert. Meist finden sich unscheinbare, kaum zentimeterlange Neutriebe, die alle Merkmale bewahrt haben. In der Gattung *Chara* ist der Habitus der Pflanzen aufschlußreich. Unter den diplostichen Arten zeichnet sich der Formenkreis um *Chara vulgaris* durch schlanke, schmiegsame Figur aus. Der Sproßdurchmesser erreicht selten 1 mm. *Chara hispida* und ihre Verwandten sind kräftig, steif, oft rauh. Ihr Sproßdurchmesser liegt über 1 mm. – Der Formenkreis um die triplostiche *Chara aspera* zeichnet sich durch feingliedrigen Bau und geringe Größe aus. Der Sproßdurchmesser beträgt 0,25–0,5 mm. Oft finden sich noch vereinzelt die langen spitzen Stacheln. Die ebenfalls triplostiche *Ch. globularis* erreicht 30–50 cm Höhe und 1 mm Sproßdurchmesser. An ihr fällt die überaus glatte Oberfläche auf. Schwierig sind die meisten *Nitella*-Arten im sterilen Zustand auseinanderzuhalten. Bei ihnen lohnt sich gründliche Suche nach vereinzelten Oosporen an scheinbar sterilen alten Pflanzen. Empfehlenswert ist immer, unbestimmbare Pflanzen ins Herbar zu legen und später wieder vorzunehmen. Wenn sich der Blick geschärft hat, löst sich manches Rätsel. Kenntnis der Characeae läßt sich nicht kurzfristig gewinnen. Sie bedarf längerer Bemühungen, denen Umwege und Zweifel nicht erspart bleiben.

---

steril (*Ch. globularis* Thuillier), F Chara, unberindet (*Ch. braunii* Gmelin), G *Lamprothamnium papulosum* (Wallroth) J. Groves, H *Lychnothamnus barbatus* (Meyen) Leonhardi, I *Nitellopsis obtusa* (Desvaux in Loiseleur-Deslongchamps) J. Groves, J Nitella, mehrfach unsymmetrisch geteilt [*N. gracilis* (Smith) Agardh], K Nitella, mehrfach symmetrisch geteilt [*N. hyalina* (De Candolle) Agardh], L Nitella, einmal geteilt [*N. flexilis* (Linné) Agardh], M Tolypella wenig geteilt [*T. glomerata* (Desvaux in Loiseleur-Deslongchamps) Leonhardi], N Tolypella vielfach geteilt [*T. intrictata* (Trentepohl ex Roth) Leonhardi].

8 Verwandtschaft und Gliederung

8.1 Phylogenie

Vorläufer der heutigen Characeae sind seit dem Oberen Silur durch ihre verkalkten Oogonien – Gyrogonite – in großer Zahl fossil bezeugt. Bereits die ältesten Funde lassen auf einen vorausgegangenen langen Entwicklungsgang schließen. Das weibliche Gametangium in Gestalt einer von Hüllzellen umgebenen großen Oospore ist seit dem Paläozoikum bis zur Gegenwart erhalten geblieben. Die Zahl der Hüllzellen war im Paläozoikum größer und ging später auf fünf zurück. Außerdem hatten die frühen Formen auf dem Scheitel eine Öffnung (Pore), die später durch komplette Verkalkung der Hüllzellen geschlossen wurde. In der devonischen Familie Sycidiaceae stehen die Hüllzellen aufrecht ohne Schraubendrehung. Bei den Trochiliscaceae sind sie anders als bei den späteren gegen den Uhrzeigersinn gedreht. Daneben existieren die Eocharaceae und die Palaeocharaceae mit der endgültigen Drehung im Uhrzeigersinn und der Tendenz zur Verringerung der Hüllzellen. Bei den vom Karbon zur Kreide reichenden Porocharaceae ist der Scheitel weiterhin als Pore offengeblieben. In der Kreide treten die Clavatoraceae beherrschend hervor. Alle Formen dieser Familie bilden um das Oogon eine zusätzliche Hülle (Utriculum) aus vegetativen Bauelementen und mit großer Variabilität in Umriß, Struktur und Zahl der beteiligten Zellen. Ein besonderer Entwicklungsgang führt zur Gattung *Perimneste*, deren Oogon von verzweigten Ästchen eingeschlossen ist, an denen Antheridien sitzen. Ihre progressive Reduktion in Größe und Anzahl kennzeichnet vermutlich verschiedene aufeinanderfolgende Arten. Die Clavatoraceae sind mit Ende der Kreidezeit ausgestorben. Gleichzeitig tritt die Familie der Characeae hervor, die als einzige bis zur Gegenwart reicht. Ihr Hauptkennzeichen ist der Verschluß der Scheitelpore durch komplette Verkalkung der spiraligen Hüllzellen, die unter dem Krönchen des Oogons in Form einer Zickzacklinie zusammenlaufen. Vom Eozän ab sind sämtliche rezenten Gattungen vorhanden. Der Höhepunkt der Vielfältigkeit wurde im Eozän und unteren Oligozän erreicht, wo Gattungen auftreten, die sich durch ihre Form und die Verzierung der Schraubenzellen von den heutigen, relativ einfachen Formen deutlich abheben, wie z.B. die an eine *Medicago*-Frucht erinnernde *Maedlieriella*.

Die Struktur der Oosporen der Charales änderte sich während ihrer langen stammesgeschichtlichen Entwicklung wenig. Eine Ausnahme macht die relativ kurze Epoche, in der die Clavatoraceae auftraten, deren Oosporen von den rezenten stärker abweichen. Nach den fossilen Resten bilden die Charales keine stammesgeschichtliche Entwicklungslinie, die zu den anatomisch und entwicklungsgeschichtlich sehr verschiedenen Höheren Pflanzen weiterführt. Wohl aber ist zu erkennen daß sich die Charales sehr früh von den grünen Algen als eigene Entwicklungslinie abgetrennt haben. Daher werden sie am Stammbaum der grünen Pflanzen oft als besonderes Phylum angesehen, das über die thallöse Organisation der übrigen Algen hinausweist. Nach Maßgabe der im Vorwort der Herausgeber aufgeführten Merkmale müssen sie als nächste Verwandte der Embryophyten angesehen werden.

Die fossilen Gyrogonite werden seit langem in der Stratigraphie der Gesteine genutzt. Sie sind Gegenstand zahlreicher neuerer paläobotanischer Arbeiten, die sich vor allem ihrer Entwicklungsgeschichte und der Paläoökologie widmen (Grambast 1974, Soulié-Märsche 1989, Kröpelin & Soulié-Märsche 1991).

8.2 Verwandtschaftliche Beziehungen

Die Charales sind durch den Aufbau aus Knoten und Internodien, das apikale Wachstum mit Scheitelzelle, das Vorkommen meristematischer Regionen, die amitotische Kernteilung in den Internodienzellen, das Fehlen asexueller Sporen und den Bau der Gametangien von allen anderen Pflanzen eindeutig abgesondert und unverwechselbar charakterisiert.

Die innere Gliederung dieses einheitlichen Verwandtschaftskreises ist problematisch. Die Spezies gleichen einander so weit, daß sie in der einzigen Familie Characeae S. F. Gray zusammengefaßt werden können. Die von A. Braun (zuletzt 1882/83) begründete Tradition der Sippenabgrenzung unterscheidet in Europa rund 45 eng gefaßte «Mikrospezies», die von der Mehrzahl der älteren Characeenkenner anerkannt werden. Sie werden von Wood (1962, 1965) in 18 «Makrospezies» zusammengefaßt. Um der großen Diversität Genüge zu tun, werden sie in Varietäten und Formen aufgeteilt. Unter diesen finden sich die meisten der überlieferten Mikrospezies wieder. Die Makrospezies *Chara globularis* umfaßt neben anderen die Mikrospezies *Ch. strigosa* A. Br. unter der Bezeichnung *Ch. globularis* var. *aspera* f. *strigosa* (A. Br.) Wood. Die Benennungen lassen sich austauschen (Wood 1965: 764). Differenzen über die taxonomische Bewertung von Diözie und Monözie stören die Übereinstimmung nicht grundsätzlich. Da in der Sache kein Unterschied besteht, bleibt dieser Band der Flora bei der einfachen Ausdrucksweise des Systems nach Alexander Braun in seiner bis Corillion (1957) weiterentwickelten Form, die auch von anderen Autoren weiterhin angewandt wird (z. B. Guerlesquin 1981).

Die Abgrenzung der Spezies nach morphologischen Merkmalen wird seit einiger Zeit problematisch, nachdem cytologische, genetische und pflanzengeographische Befunde die überkommenen Vorstellungen von Grund auf in Frage stellen (vgl. Proctor 1976). Morphologisch homogen erscheinende, bisher als Spezies geltende Sippen, z. B. *Chara vulgaris* und *Ch. globularis*, haben sich als Komplexe aus Rassen erwiesen, die untereinander unfruchtbar sind, so daß sie nicht als Biospezies gelten können. Neue weltweit angelegte Revisionen haben die taxonomische Bedeutung der geographischen Verbreitung gezeigt. Schließlich werden Enzymreaktionen und Ultrastrukturen der Oosporenwand als Merkmale in die Taxonomie eingeführt. Für die Alltagsarbeit des Geobotanikers bleibt trotzdem die Sippenabgrenzung nach morphologischen Merkmalen aus technischen Gründen unerläßlich. Wenn sie mit kritischer Herbar- und weiträumig vergleichender Geländearbeit verbunden wird, kann diese «altmodische Arbeitsweise» durchaus zu neuen Einsichten führen. Ein Beispiel bietet die Neubewertung von *Lamprothamnium hansenii* und *Nitella spanioclema*, die nicht als Spezies aufrechterhalten werden können (Krause 1992). Andererseits kann die Artberechtigung der bisher nahezu unbekannten *Chara denudata* var. *ohridana* und der als zweifelhaft geltenden *Chara gymnophylla* nunmehr als gesichert gelten.

Wood (1962) hat ein System von Sektionen und Subsektionen eingeführt, die zwischen Gattung und Spezies eingeschaltet sind. Das von ihm verwendete Klassifikationssystem läßt jedoch erkennen, wie problematisch eine Taxonomie ist, die sich nur auf ein jeweils einziges morphologisches Merkmal stützt. So werden *Chara tomentosa* und *Chara vulgaris* in die gleiche Subsektion gestellt, da beide im Besitz einfacher Stacheln übereinstimmen. Die beiden Arten sind jedoch nach ihrer „general morphology“ (Wood 1965) weit getrennt. *Chara vulgaris* wäre stattdessen ungezwungener an *Chara hispida* anzuschließen. Als weitere Beispiele können *Chara braunii* und *Chara baueri* angeführt werden. Diese beiden Arten unterscheiden sich zwar durch Besitz oder Fehlen der

Sproßrinde, gleichen sich aber sonst in allen Stücken. Ihre Verteilung im Sinne Woods auf zwei Sektionen, die ausschließlich auf dem Merkmal „Besitz oder Fehlen einer Sproßberindung" beruht, widerspricht allen Vorstellungen über Verwandtschaft.

Im Grundsätzlichen hat sich jedoch durch Woods Revision wenig gegenüber A. Brauns (1882/83) Sippenabgrenzung geändert.

Spezieller Teil

Ordnung Charales Dumortier 1829

Mit einer einzigen Familie: *Characeae* S. F. Gray 1821
Charakteristik der Familie und wichtigste Literatur dazu siehe S. 17. 6 Gattungen.

Bestimmungsschlüssel der Gattungen

1 a Äste ungeteilt, mit Blättchen besetzt (Fig. 15 A–I). Sproß meist mit Rinde. Krönchen einreihig-fünfzellig (Fig. 13 A); Tribus Chareae............ **2**

1 b Äste gespalten (dichotom) oder unregelmäßig verzweigt, Blättchen und Rinde fehlen (Fig. 15 J–N). Krönchen zweireihig-zehnzellig (Fig. 13 B); Tribus Nitelleae.................................... **6**

2 a Stipularen in zwei Kränzen, gelegentlich unscheinbar (Fig. 6 C–F). Rinde vorhanden, gelegentlich unvollständig (Fig. 6, I). Je Astknoten 5–7 quirlförmig gestellte Blättchen, auf der konvexen Seite oft unscheinbar (Fig. 15 A–E). Antheridium an monözischen Arten unterhalb des Oogons. Habitus stockwerkartig übereinandergesetzte Quirle (Fig. 1 A); Subgenus Chara..................... **1. Chara** (S. 62)

2 b Stipularen in einem Kranz oder fehlend (Fig. 6 H). Rinde höchstens in Rudimenten (Fig. 6 I). Anordnung der Gametangien und Habitus nach Gattungen unterschiedlich (Fig. 1 A, D, F, G) **3**

3 a Stipularen lang und kräftig. Blättchen und Gametangien zahlreich **4**

3 b Stipularen fehlen. An oberen Ästen 1–2 Paare langer Blättchen (Fig. 15 I), oft abgebrochen. Diözisch. Gametangien selten. Im Rhizoidenbereich weiße, sternförmige Bulbillen (Fig. 8 N). Weitläufig lockere Pflanze..... .... **2. Nitellopsis** (S. 128)

4 a Blättchen deutlich kürzer als die Ast-Internodien. Mehrspitziges Krönchen am Ende der Äste (Fig. 15 F). Antheridium unterhalb des Oogons. Nicht selten zwei Gametangienpaare nebeneinander; Subgenus *Charopsis* .... **1. Chara** (S. 62)

4 b Blättchen mindestens 1/4 so lang wie die Astinternodien. Kein mehrspitziges Krönchen am Ende der Äste. (Habitus Fig. 1 F, G) **5**

5 a Endquirle trichterförmig gestellt. Stipularen schräg abstehend, auffällig, in der doppelten Zahl der Äste. Rindenrudiment an den Sproßknoten (Fig. 6 I). 10–20 lange Blättchen an der oberen Asthälfte (Fig. 15 H). Oogon zwischen zwei kleinen Antheridien .. **3. Lychnothamnus** (S. 131)

5 b Endquirle buschig, einem Fuchsschwanz ähnlich (Fig. 1 F). Stipularen schräg abstehend, ursprünglich in der Zahl der Äste, adventiv vermehrt. Blättchen auf der ganzen Länge des Astes allseits abstehend. Oogon unterhalb des Antheridiums, auch daneben. Pflanze oft nicht größer als 5 cm. Brackwasser..................... **4. Lamprothamnium** (S. 134)

6 a Äste ein- oder mehrmals gabelähnlich geteilt (Fig. 15 J–N). Endgabelung bei *Nitella translucens* unscheinbar, kaum länger als 1 mm, oft abgebrochen (Fig. 54). Gametangien in den Astgabeln. Bei monözischen Arten ein oder zwei Oogonien unterhalb eines Antheridiums. Äste in deutlichen Stockwerken (Fig. 1 B) oder verworren. Oft glänzend frischgrün .... **5. Nitella** (S. 136)

6 b Äste mit langem mehrzelligem Mittelstrahl, nahe über dessen Basis kurze Seitenäste. Diese oft mehrfach geteilt (Fig. 15 M, N). Quirle an der Sproßspitze zu dichten Knäueln zusammengezogen. Gametangien an den Verzweigungen oder der Basis der Äste unregelmäßig gehäuft............ ....**6. Tolypella** (S. 162)

1. **Chara** Linné 1753

Achse und Äste mit Rinde. Zu den seltenen Ausnahmen siehe unten. Stipularen meist in zwei Reihen, je vier am Grunde eines Astes. Bisweilen unscheinbar. 5–12 Quirle, in jedem eine Seitenachse angelegt. Diese oft unterdrückt. Äste unverzweigt mit 2–8–(12) einzelligen berindeten Gliedern und einem ein- bis mehrzelligen Endglied ohne Rinde, dieses manchmal länger als der übrige Ast. An den Knoten je 5–7 Blättchen, auf der konvexen Unterseite der Äste oft unscheinbar kurz. Gametangien auf der Oberseite an den Knoten. An monözischen Arten das Antheridium unterhalb des Oogons. Habitus: Übersichtlicher Aufbau der zu Etagen geordneten Quirle aus ungeteilten Ästen. Letztere im Jugendstadium an der Sproßspitze dicht gedrängt. - Die wenigen unberindeten Arten im Gesamtbild den berindeten gleich. Zusätzlich durch den einreihigen Stipularkranz gekennzeichnet. In Europa mit 25–30 Arten.

Bestimmungsschlüssel der Arten

1 a Stipularen in zwei Kränzen, mitunter unscheinbar (Fig. 6 C–F). Sproß und untere Astglieder mit Rinde; Subgenus Chara **2**

1 b Stipularen in einem Kranz, spitz, kräftig (Fig. 6 H). Sproß meist, Äste immer ohne Rinde; Subgenus *Charopsis*.........................**22**

2 a Rinde als geschlossene Hülle um die Zentralzelle des Internodiums und die unteren Astglieder.........................**3**

2 b Rinde als geschlossene Hülle um die Zentralzelle. Äste unberindet....**20**

2 c Rinde nur aus den Mittelreihen bestehend oder rudimentär, an den Ästen fehlend (Fig. 6 E).........................**21**

3 a Rindenreihen in der einfachen Zahl der Äste (haplostich). Stacheln zu 2–6 gebündelt, spitz, oft länger als der Sproßdurchmesser (Fig. 6 F). Kleine, oft kugelig zusammengezogene Quirle. Nur in Salzwasser; Sektion *Desvauxia*.........................**1. Ch. canescens** (S. 64)

3 b Rindenreihen in der doppelten Zahl der Äste (diplostich). Rinde meist kräftig modelliert, oft tauartig gewunden (Fig. 3 B, 6 D); Sektion *Chara*. **4**

3 c Rindenreihen in der dreifachen Zahl der Äste (triplostich). Rinde fein und gleichmäßig längsgestreift Fig. 6 C); Sektion *Grovesia*.............**12**

4 a Stacheln zu 2–3 gebündelt, zum Teil einzeln. Letztere bisweilen in der Überzahl. Sproßdurchmesser 1–3 mm, kräftige starre Pflanzen........**5**

4 b Stacheln sämtlich einzeln stehend, zum Teil warzenartig unscheinbar. Sproßdurchmesser kaum > 1 mm. Mittelgroße weiche Pflanzen **10**

5 a Sprosse bräunlich, an der Spitze rötlich. Mittelreihen der Rinde hervortretend. Stacheln zu 1–3 auf den Mittelreihen (tylacanth), gedrungen, oft kürzer als der Sproßdurchmesser. Endglied der Äste bisweilen auffällig angeschwollen. Diözisch. Antheridien groß, auffallend rot; Subsektion Chara. ....**2. Ch. tomentosa** (S. 68)

5 b Grün bis graugrün. Stacheln schlank. Monözisch. Aulacanth oder tylacanth; Sektion *Hartmannia*.........................**6**

6 a Aulacanth, Rinde in regelmäßigen Reihen, tauartig gewunden **7**

6 b Tylacanth, Rinde nicht in regelmäßigen Reihen.........................**8**

7a Im Süßwasser. Stipularen in zwei deutlich gesonderten Kränzen. Stachelbesatz stark, trotzdem überschaubar. Stacheln zu 2–3 gebündelt, zum Teil einzeln. Rinde an den oberen Internodien deutlich aulacanth, an den unteren unregelmäßig isostich, oft von der Zentralzelle abgehoben (Fig. 20 E–I). Vgl. hierzu *Ch. rudis* (Nr. 29, S. 126). . **3. Ch. hispida** (S. 71)

7b Im Brackwasser. Stipularen gedrängt, in mehr als zwei Kränzen. Stachelbesatz bis zur Unkenntlichkeit der Anordnung verdichtet. Stacheln zu 3-6 gebündelt. Oft ein langer von mehreren sehr kurzen Stacheln umstellt. Undeutlich aulacanth . . . . **4. Ch. horrida** (S. 73)

8a Meist im Süßwasser. Graugrün verkalkt. Stacheln in der Mehrzahl gebündelt, teils kürzer, teils länger als der Sproßdurchmesser **9**

8b In der Ostsee, in Südeuropa in Lagunen und brackigen Quellabflüssen. Frischgrün, höchstens schwach verkalkt. Verlängerte Ast-Endglieder glasartig durchscheinend. Stacheln überwiegend einzeln stehend, kürzer als der Sproßdurchmesser. Pflanzenhöhe je nach Wassertiefe zwischen 3 und 80 cm. . . . . **5. Ch. baltica** (S. 75)

9a Stacheln länger als Sproßdurchmesser, dünn, spitz, zu 2–3 gebündelt. An den oberen Internodien bürstenartig dicht gestellt . . **6. Ch. polyacantha** (S. 77)

9b Stacheln kürzer als der Sproßdurchmesser, zu 2–3 gebündelt oder einzeln. Wenig auffallend . . . . **7. Ch. intermedia** (S. 79)

10a (4b) Aulacanth. Jüngere Äste mit langen, annähernd parallel gestellten Blättchen; Subsektion *Chara*. . . . . **8. Ch. vulgaris** (S. 81)

10b Tylacanth. Blättchen nicht auffällig parallel gestellt **11**

11a Äste 0,5–3 cm lang, mindestens halb so lang wie die Internodien. . . . .
. . . . **9. Ch. contraria** (S. 83)

11b Äste 0,05–0,1 cm lang, gegenüber den 3–10 cm langen Internodien extrem kurz. . . . . **10. Ch. filiformis** (S. 86)

12a (3c) Keine Stacheln, höchstens unscheinbare Papillen. Pflanze «glatt», klein bis mittelgroß. **13**

12b Lange spitze Stacheln, an jungen Internodien dicht gestellt, an älteren oft fehlend. Überwiegend kleine zarte Pflanzen. **16**

13a Monözisch. Habitus (Fig. 1 A) ohne Formabweichung **14**

13b Diözisch. Äste mit Formabweichungen (vgl. 15 a, b) **15**

14a Beide Reihen des Stipularkranzes unscheinbar, nahezu unkenntlich. Keine Andeutung von Stacheln. 8–10 Astglieder (vgl. 15 b). Rinde isostich . . . . .
. . . . **11. Ch. globularis** (S. 87)

14b Obere Stipularen bis auf 0,3 mm verlängert. Stacheln als Papillen angedeutet. Rinde tylacanth. . . . . **12. Ch. delicatula** (S. 89)

15a Äste der männlichen Pflanze halbkreisförmig gegen die Achse gebogen, eine Kugelfigur bildend. Außerhalb des Wassers formbeständig. Biegung an der weiblichen Pflanze nur schwach angedeutet. Antheridien früher als die Oogonien in Erscheinung tretend. . . . . **13. Ch. connivens** (S. 91)

15b Äste gestreckt, haarfein, pinselartig zusammenfallend. 9–13 Astglieder (vgl. 14 a). Mehrzellige erdbeerähnliche Bulbillen mit 0,5–3 mm Durchmesser . . . . **14. Ch. fragifera** (S. 93)

16a (12 b) Diözisch. Rinde gleichmäßig fein längsgestreift **17**

16b Monözisch. Rinde bei 18 (*Ch. strigosa*) gelegentlich diplostisch **19**

17a Stacheln solitär. An den oberen Internodien meist dichtgestellt, steif abstehend. Antheridium 400–700 µm im Durchmesser. Gelegentlich kugelförmige weiße Bulbillen mit 1 mm Durchmesser. Süß- und Brackwasser. . . .
. . . . **15. Ch. aspera** (S. 95)

17b Wie *Ch. aspera*, in allen Teilen robuster. Antheridium 700–1 000 µm im Durchmesser. Keine weißen Bulbillen. Brackwasser am Mittelmeer und Atlantik. . . . . **16. Ch. galioides** (S. 98)

17 c Stacheln zu 2–3 gebündelt, sonst wie 15 (*Ch. aspera*) **18**
18 a Durchgehend 20–40 cm hoch. Mit zwei grünen Jahresstockwerken ausdauernd. Äste 5–1 mm lang. Oogonien selten. Stattliche Pflanze. Irland, Großbritannien . . . . **17. Ch. desmacantha** (S. 100)
18 b Meist 2–5 (–10) cm hoch, selten höher. Keine grüne Überwinterung, aber ausdauernd. Äste 1–3 mm lang. Unscheinbar kümmerliche Pflanze. Kritische Zwischenformen zu 17 (*Ch. desmacantha*). Schleswig-Holstein, Bayern . . . . **15. Ch. aspera var. curta** (S. 95)
19 a Internodien kürzer als Äste, Quirle in großer Zahl auf ganzer Länge des Sprosses. Stacheln gedrungen, annähernd so lang wie der Sproßdurchmesser. Gebündelt, bis zu den unteren Internodien dichtgestellt. Rinde teilweise diplostich-tylacanth. Gametangien selten. In Mitteleuropa nur Alpen und Voralpen . . . . **18. Ch. strigosa** (S. 102)
19 b Internodien länger als Äste, Quirle locker verteilt. Stacheln fadenförmig dünn, länger als der Sproßdurchmesser. Einzelnstehend. An den unteren Internodien fehlend. Rinde gleichmäßig triplostich. Gametangien reichlich . . . . **19. Ch. tenuispina** (S. 104)
20 a (2 b) Diplostich, Stacheln abgerundet, oft kurz. Wenige lange, vorn abgerundete Blättchen an 2–(3) Astknoten. Gametangien spärlich. Meist rauh verkalkt. Habitus der Sproßspitze nicht stachelig. Südeuropa . . . .
 . . . . **20. Ch. gymnophylla** (S. 106)
20 b Triplostich, Stacheln spitz, meist kurz. 4–7 lange spitze Blättchen rings um den Ast an 4 Knoten, Habitus der Sproßspitze stachelig. Pflanze glasartig durchscheinend. Südosteuropa, in Mitteleuropa verschollen . . . .
 . . . . **21. Ch. kokeilii** (S. 111)
21 a (2 c) Monözisch. Gleicht im Habitus einer gestreckten, schlaffen *Ch. contraria*. In Mitteleuropa weit verbreitet . **22. Ch. denudata** (S. 113)
21 b Diözisch. Deutlicher Geschlechtsdimorphismus. Männliche Pflanzen 7–10 cm hoch, schmal mit leerer Silhouette. Weibliche 10–25 cm hoch, breit verzweigt, dicht beblättert. Iberische Halbinsel, SW-Frankreich . . . .
 . . . . **23. Ch. imperfecta** (S. 115)
22 a (1 b) Achse und Äste ohne Rinde. Kurze spitze Blättchen zu mehreren am Ende der Äste. Häufig zwei Gametangienpaare nebeneinander. In Mittel- und Südeuropa verbreitet . . . . **24. Ch. braunii** (S. 117)
22 b In den meisten Einzelheiten wie vorige. Aber triplostiche zarte Sproßrinde mit vereinzelten spitzen Stacheln. Verschollen . . . .
 . . . . **25. Ch. baueri** (S. 119)
Vgl. Anhang (S. 119–127): 4 weitere, eigenständige *Chara*-Sippen; s. a. Nachtrag S. 185

1. Chara canescens Desvaux et Loiseleur in Loiseleur-Deslongchamps 1810 (Fig. 16, 17)

Chara crinita Wallroth 1815

Quirle im Verhältnis zur Sproßlänge klein, im Oberteil perlschnurartig aneinander gereiht. Dichter Stachelpelz. Die zahlreich gebildeten Seitentriebe oft einseitswendig. Frischgrün, nicht graugrün wie man nach der Bezeichnung canescens erwartet. Unverkalkt. Sproßachse farblos durchscheinend. Ausschließlich in Brackwasser. Achse 3–30–(50) cm hoch, 300–500–(900) µm Durchmesser. Internodien 0,5–6 cm lang. Rinde haplostich, selten mit Resten der Zwischenreihen. Zellen dünnwandig, getrocknet mit Längsfalten. Stacheln zu 2–6 gebündelt, spitz, steif abstehend. Meist länger als der Sproßdurchmesser. Rinde unter ihnen oft verdeckt. Stipularen in zwei Kränzen, den Stacheln ähnlich. Die oberen ebenso lang oder länger als die unteren. Selten warzenför-

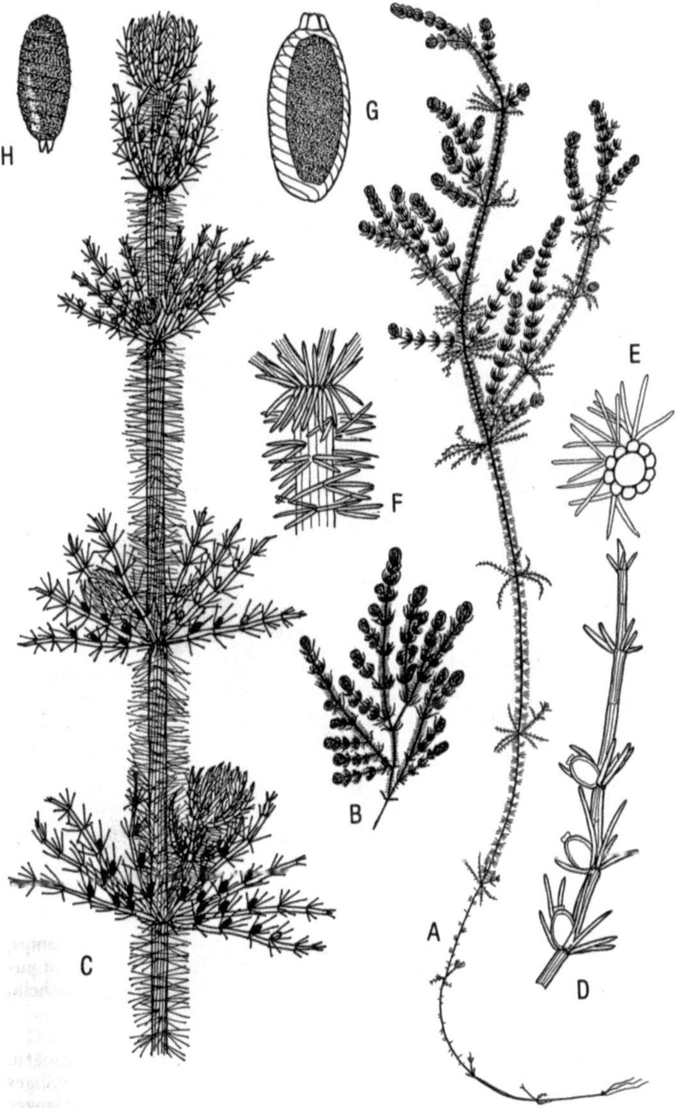

Fig. 16. *Chara canescens* Desvaux et Loiseleur in Loiseleur-Deslongchamps, weiblich. A aus 1 m Wassertiefe×0,5, B aus 20 cm Wassertiefe×1,1, C Sproß-gipfel×4, D Quirlast×14, E Sproßachse quer, Stacheln zu 2–4 gebündelt, ×14, F Rinde, Stacheln, Stipularen×14, G Oogon×40, H Oospore×40.

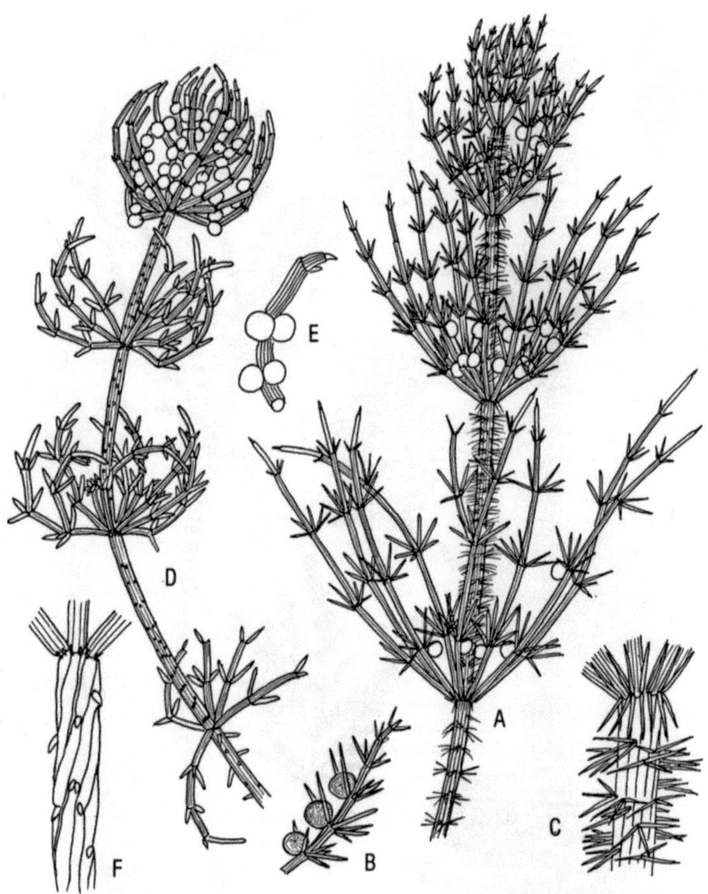

Fig. 17. *Chara canescens* Desvaux et Loiseleur in Loiseleur-Deslongchamps, männlich. A Sproßgipfel×5,6, B junger Quirlast×4, C Rinde, Stacheln, Stipularen×14, D f. *rarispina* Migula×4,2, E Quirlast zu D×8, F Rinde, Stacheln, Stipularen zu D×14.

mig. Äste 6–10 im Quirl, 0,4–1,7 cm lang. An den oberen Quirlen eingebogen, an den unteren gerade abstehend. 4–5 berindete Glieder, kurzes einzelliges Endglied ohne Rinde. Blättchen 5–7, spitz, allseits abstehend, mehrmals länger als der Astdurchmesser. Diözisch. Geschlechtsdimorphismus undeutlich. Oogon lang oval, ohne Krönchen 550–800 µm hoch, 300–450 µm breit. 11–15 Windungen. Krönchen klein, 50–80 µm hoch, 100–200 µm breit, Zellen an der Spitze zusammenneigend. Oospore lang-oval bis spindelförmig. 400–700 µm hoch, 200–400 µm breit, 10–13 dünne Rippen. Antheridium

500–700 µm Durchmesser rötlich-gelb, makroskopisch auffallend. Schilde» deutlich ziseliert. Nicht selten zwei Antheridien nebeneinander. Gametangien ab Sommer. n = 12, 18, 24.

Variabilität: Unter den 23 Formen, die Filarszky (1953) anführt, dürften nicht wenige, z. B. f. *laxa*, f. *humilis*, f. *robustior* auf Standortseinflüsse zurückzuführen sein. Eine an extremes Flachwasser gebundene Modifikation mit verkürzten Stacheln ist f. *rarispina* Migula (Fig. 17 D, F). Die bedeutendste Variabilität besteht in der Aufspaltung in eine parthenogenetische (ovoapogame) und eine bisexuelle Rasse. Die ausschließlich weiblichen Pflanzen der ersten bilden keimfähige Oosporen. Diese Rasse vertritt *Chara canescens* in Westeuropa. In der zweiten kommen männliche und weibliche Individuen nebeneinander vor. Sie ist mit verschwindend geringen Ausnahmen in Europa auf den Südosten beschränkt.

Im Thermalwasser der Trollsprings auf Spitzbergen bildet *Ch. canescens* gelegentlich eine nahezu triplostiche Rinde. Sie gab Anlaß, die Pflanze zunächst für *Ch. aspera* zu halten. Sekundäre Rindenzellen kommen gelegentlich auch in Mitteleuropa vor, treten aber nicht zu Reihen zusammen.

Verbreitung: Ausschließlich in Salzwasser. Weibliche Populationen in den Buchten der Ostsee zwischen Finnischem Meerbusen und Kattegat. An der Nordsee und am Atlantik auf Brackgewässer außerhalb des Gezeitenbereichs beschränkt: Dänemark, Ostfriesland, die Niederlande, Südengland, Irland, Nord- und Westfrankreich bis Portugal. Spitzbergen in einer Form mit teilweise triplosticher Rinde. Am Mittelmeer verbreitet, besonders zwischen den Pyrenäen und der Rhônemündung. Mallorca, Korsica, Sizilien. Italien, Adriaküste des ehemaligen Jugoslawien, Marokko, Algerien, Ägypten. Salzstellen des west- und mitteleuropäischen Binnenlandes: Lagunen von Quero und Villacanas in der Provinz Toledo, Salzquelle von St. Nectaire im französischen Zentralmassiv; ehemaliger Salziger See im östlichen Harzvorland; Hohensalza (Inowrazlaw) in Polen. Adventiv in einem Baggersee in Bremen. Männliche Pflanzen waren lange Zeit nur durch je einen Fund aus Südfrankreich und Sizilien bekannt. Neuerdings sind sie aus Zentralspanien und einem Strandgewässer bei Almería nachgewiesen. Ihr Hauptverbreitungsgebiet reicht vom Neusiedler See über die ungarische Tiefebene, Rumänien, den Kaspisee in die zentralasiatischen Trockengebiete bis zur Mongolei und China. – In Canada und den USA wird die diözische Form durch die monözische f. *hirsuta* (T. F. Allen) R. D. Wood vertreten. Verbreitungskarten Olsen 1944 (Dänemark), Maier 1972 (Niederlande).

Vorkommen: *Chara canescens* wächst vorzugsweise in 30 bis 50 cm Tiefe. In der Ostsee bildet sie Reinbestände oder tritt zusammen mit *Chara baltica* und *Potamogeton pectinatus* in das Charetum asperae. Im Binnenland steht sie oft zwischen *Bolboschoenus maritimus*. Am Mittelmeer und am Atlantik gehört sie dem Chareto-Tolypelletum an. Auch in vergängliche Wasseransammlungen, z. B. in Wagenspuren, dringt sie mit 2–5 cm hohen Pflänzchen ein. In der Neusiedlung in Bremen steht sie in einem soziologisch unausgeglichenen Pionierbestand aus *Ch. aspera*, *Ch. globularis* und *Nitellopsis obtusa*.

Die bisexuelle Rasse bewohnt die stehenden, unbeständigen Flachgewässer des Donau-Theiß-Zwischenlandes, die arm an Kochsalz, aber angereichert mit Soda und Sulfat sind. In den durch Bitumengeruch gekennzeichneten «Stinkseen» lebt an der Grenze zwischen Hydrosphäre und Atmosphäre die Kümmerform f. *rarispina* in einem 1–2 m breiten Streifen.

Aktuelle Situation: In den Ostseebuchten, aber auch in Südosteuropa und am Mittelmeer viele Fundorte verlorengegangen.

Wichtige Literatur: Migula 1897, Ernst 1921, Filarszky 1926, Corillion 1957, Lindner 1978, Langangen 1979, 1993 b.

2. Chara tomentosa Linné 1753 (Fig. 18, 19)

Chara ceratophylla Wallroth 1815

Kräftig, starr und knorrig mit allseits abstehenden Blättchen. Ausdauernd. Unter dem Neutrieb lange überjährige Sprosse. Meist inkrustiert. Junge Sprosse rötlich überfärbt. Große rote Antheridien, schon vom Boot aus erkennbar. In Klarwasserseen. Achse 1,5–3 mm Durchmesser. Sprosse 0,25–2 m, Internodien 3–12 cm, Äste bis 8 cm lang. Pflanzen im Flachwasser gedrungen, im Tiefen weitläufig gestreckt. Rinde diplostich oder unregelmäßig triplostich (Fig. 19 E, F). Mittelreihen verdickt, eng um die Zentralzelle gewunden. Stacheln auf den hervortretenden Rindenreihen (tylacanth), einzeln oder zu 2–3 gebündelt. Bis 2 mm lang, aus breiter Basis verschmälert. Stipularen den Stacheln gleich, zwei Paare unter jedem Ast oder unregelmäßig vermehrt. Äste zu 6–7 im Quirl, bei der männlichen Pflanze gegen das Internodium gekrümmt, bei der weiblichen ausgebreitet. Drei bis vier berindete Internodien, gelegentlich weniger. Zwei bis drei Endzellen ohne Rinde, die unterste bisweilen dick aufgeblasen. Blättchen zu 5–6, nach allen Seiten abstehend, aus breiter Basis zugespitzt oder abgerundet, bis 2 mm lang. Diözisch. Ein bis drei Gametangien an den berindeten Gliedern. Oogon ohne Krönchen 900–1 100 µm hoch, 700–800 µm breit, 15–18 Windungen. Krönchen ca. 250 µm breit, 400 µm hoch. Zähne breit nach außen gerichtet. Oospore 850–1 050 µm lang, 600–700 µm breit, gelblich braun, seltener schwarzbraun, 14–16 Rippen. Lang ellipsoidisch ohne Abflachung am Gipfel. Im Reifezustand mit durchscheinender, ringförmig absplitternder Kalkhülle. Fruchtende Pflanzen selten. Antheridium 900–1 200 µm Durchmesser. Intensiv rot. Gametangien Sommer bis Herbst. n = 14.

Variabilität: Modifikationen, die sich an Veränderungen der Proportionen äußern, sind mehrfach beschrieben, z. B. f. *tenuis*, f. *elongata*, f. *brachyphylla*. Die f. *inermis* Migula (Fig. 18 G) ist mit hoher Wahrscheinlichkeit Ausdruck einer Mangelerscheinung. Weit abweichenden Habitus ohne Anzeichen von Mißbildung zeigt f. *macroteles* A. Braun, deren sterile Äste ein einziges berindetes Glied und ein überlanges dreizelliges Endglied bilden. Die ungenügend bekannte var. *disjuncta* (Nordstedt) R. D. Wood ist auf das Fehlen der gesamten Astrinde gegründet. Nach der einzigen Abbildung (Feldmann 1946) ist sie eine Mißbildung. Den Eindruck einer Varietät erwecken dagegen nacktästige Pflanzen aus Saudi-Arabien und dem Iran. Sie wachsen im Flachwasser von Quellabflüssen, erreichen 3–5 cm Höhe und bilden *Sphagnum*-artige Polster. Sie sind ein Analogon zur var. *condensata* der *Chara gymnophylla*, mit der sie zusammen vorkommen. Ihr Sproß ist berindet, ihre Äste sind nackt, die Blättchen sehr lang. Gametangien waren am vorliegenden Material noch unreif und in geringer Zahl, aber normal ausgebildet (Fig. 19). Diese Pflanze könnte in Südosteuropa gefunden werden.

Verbreitung: In den Seen der Grundmoräne von Schleswig-Holstein über Dänemark bis Upland in Schweden, südlich und südöstlich der Ostsee bis St. Petersburg und weiter nach Westrußland. In den Buchten der Ostsee. Weiteres Zentrum am Alpenrand vom Lac d'Annecy in Savoyen über den Genfer See, Zürichsee, Bodensee bis zum Traunsee. In Kärnten im Wörther- und Ossiacher See, in einem Altrhein der Pfalz. Kleines Areal in Irland. In Südwesteuropa selten (Nähe Lyon, Spanien). Lago di Bolsano nördlich Rom. Neusiedler See, Balaton, Velencer See, Ochridsee. Bulgarien, Türkei, Marokko, Tunesien, Saudi-Arabien bis Turkestan und die Mongolei. Verbreitungskarte Corillion 1957 (Europa).

Vorkommen: In größeren mesosaproben Seen ab 0,5 m unter Niedrigwasser, vorwiegend zwischen 2–6, vereinzelt bis 30 m Tiefe. Überwinterung im Tiefwasser mit grünen Sprossen. In Baggerseen nicht gefunden. Eine der seltenen

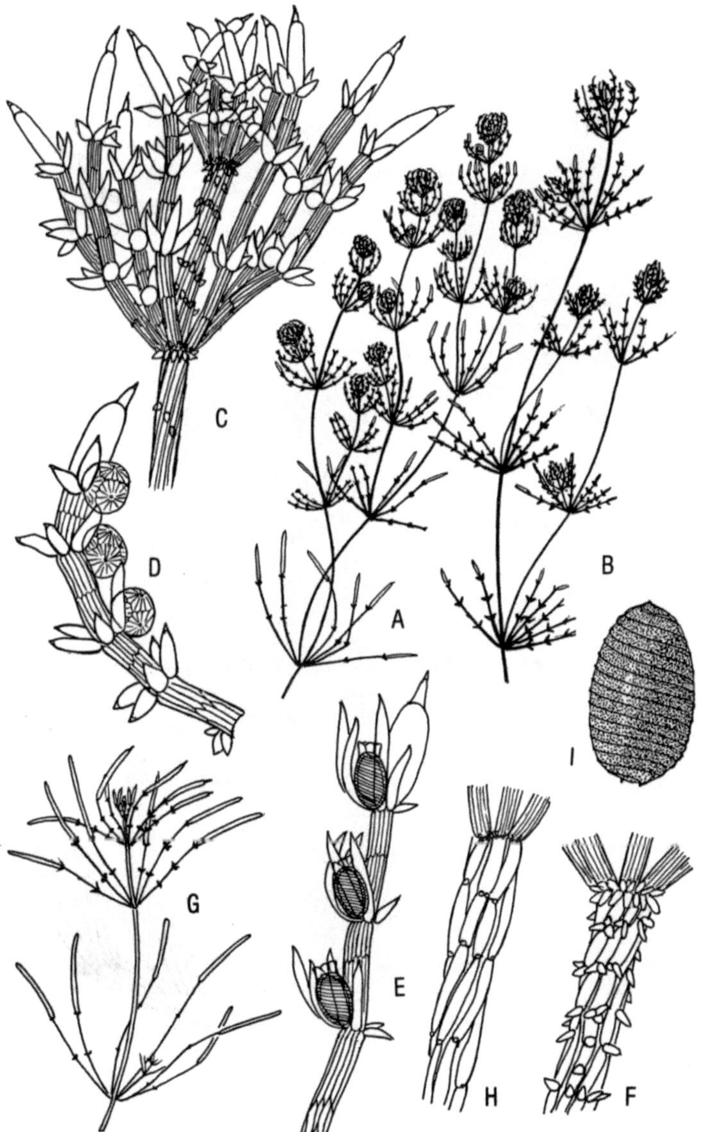

Fig. 18. *Chara tomentosa* Linné. A männlich, B weiblich×0,5, C Sproßgipfel×3, D männlicher Ast×6, E weiblicher Ast×6, F Rinde, Stacheln, Stipularen×6, G f. *inermis* Migula×0,5, H Rinde zu G×6, I Oospore×30.

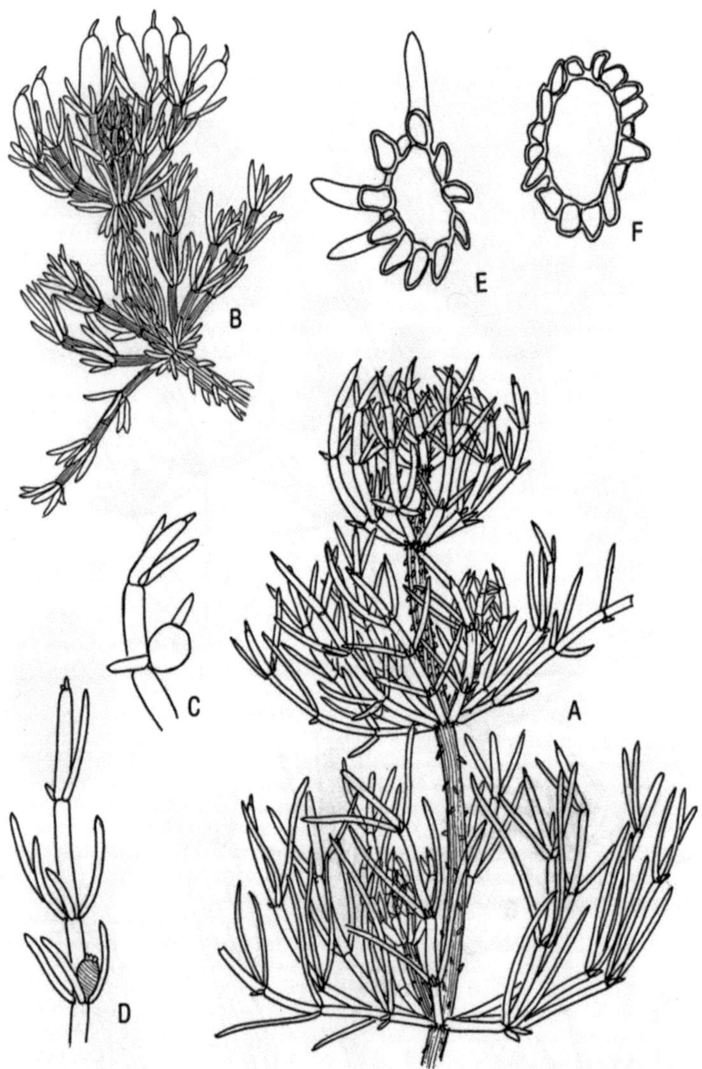

Fig. 19. *Chara tomentosa* var. *disjuncta* (Nordstedt) R. D. Wood. A Sproß×4, B angeschwollene Ast-Endglieder×4, C männlicher Ast×5, D weiblicher Ast ×5, E junges Internodium quer×15, F älteres Internodium quer×15.

Neusiedlungen in einem frisch ausgehobenen Graben am Velencer See in Ungarn. Hier im Kontakt mit einem älteren Bestand. Neuerdings in den Tåkern in Schweden eingewandert. Entweder als flächendeckendes Charetum tomentosae im Komplex mit Charetum asperae, Ch. contrariae, Nitellopsidetum obtusae oder in artenreicher Gesellschaft des Najadetum intermediae. Die f. *macroteles* bestandsbildend im Flachwasser mecklenburgischer Seen, hier als Anzeiger erhöhten Saprobiegrades. In der Ostsee mit *Chara canescens*, *Ch. baltica*, *Ch. horrida*, *Ch. aspera* und *Ruppia maritima*. In Ungarn mit *Ch. canescens*, *Ch. aspera*, *Ch. tenuispina*. Die f. «*condensata*» im Iran im flachen Ablauf einer Quelle mit *Ch. gymnophylla* var. *condensata*.

Aktuelle Situation: *Ch. tomentosa* wurde in den letzten Jahrzehnten besonders stark zurückgedrängt. Im Zürichsee bedeckte sie ehemals in «ungeheuren Mengen» den Seeboden. Im Bodensee wurde sie «schiffsladungsweise» zur Kompostgewinnung geerntet. In beiden ist sie jetzt unauffindbar. Auch in der Norddeutschen Tiefebene hat sie Verluste erlitten. Ihr neuerliches Massenauftreten im Tåkern widerspricht der Vorstellung einer unbedingten Gefährdung. Gut vertreten ist sie noch in Voralpenseen z. B. im Lustsee bei Penzberg, dem Alpsee bei Füssen, dem Thumsee bei Bad Reichenhall.

Wichtige Literatur: Migula 1897, Olsen 1944, Björkman 1947, Corillion 1957, Melzer et al. 1987, Carlé & Frey 1977, Doll 1979, Schmidt 1981.

3. **Chara hispida** Linné 1753 (Fig. 20)

Chara major Vaillant 1721; *Ch. hispida* var. *major* Wood 1962

Eine der größten europäischen *Chara*-Arten. Starre drahtartige Sprosse. Pflanze von Stacheln und Blättchen rauh, verkalkt. Rein- bis graugrün. In Seen und ausdauernden Kleingewässern. Ab 0,5 m Tiefe. Achse 2–3 mm Durchmesser. Pflanzenhöhe einschließlich der überjährigen Teile 30–200 cm. Internodien bis 15 cm lang. Kräftige Seitensprosse. Rinde diplostich, im Alter isostich. Rindenzellen nicht selten von der Zentralzelle abgehoben. Stacheln schmal und spitz, bei manchen Pflanzen so lang wie der Sproßdurchmesser, bei anderen bedeutend kürzer. Meist zu 2–3 gebündelt in den Furchen der Rinde, teilweise einzeln. Stipularen in zwei Reihen, in Länge und Form den Stacheln ähnlich. Äste zu 8–11 im Quirl. Bis 8 cm lang, schlank. Gegen die Achse gebogen oder geschlängelt, auch gestreckt. 5–6-(8) berindete Glieder. Ein- oder zweizelliges Endglied ohne Rinde. Dieses mäßig lang oder sehr kurz und von den obersten Blättchen kaum unterschieden. Ast scheinbar mehrspitzig. Blättchen 5–7, die vorderen wenig länger als das Oogon, schmal und spitz. Die rückseitigen kürzer, deutlich erkennbar. Monözisch. Bis zu 5 Paar Gametangien je Ast. In Abhängigkeit vom Alter oft nur ein Geschlecht sichtbar. Oogon ohne Krönchen 1 000–1 350 µm hoch, 650–850 µm breit, 13–15 Umgänge, Krönchen 120–250 µm hoch, 180–350 µm breit. Spitzen ausgebreitet. Oospore 700–900 µm hoch, 450–650 µm breit. 12–13 Rippen. Schwarz, reif mit fester Kalkschale. Ellipsoidisch bis schwach kreiselförmig mit abgeflachtem Scheitel. Oberste zwei Rippen kräftiger als die unteren, am Scheitel oft mit 3 Spitzchen besetzt. An der Basis 3 Klauen. Antheridium 400–600 µm Durchmesser. Im Verhältnis zur ganzen Pflanze klein. Orangegelb, verbleichend. n = 28.

Variabilität: *Chara hispida* bildet lang- und kurzstachelige Pflanzen (f. *macracantha* und *micracantha* Sonder 1890, Fig. 20 E, F). Die glatte f. *micracantha* widerspricht dem geläufigen Bild der *Ch. hispida*. Die Formen wachsen nach Gewässern getrennt in Reinbeständen. Aus Schleswig-Holstein, wo *Ch. hispida* verbreitet ist, wird ausschließlich die f. *micracantha* angegeben. In anderen Gebieten ist wenig Notiz von ihr genommen worden. Die f. *equisetina* Kützing 1834 mit 2,5–4 mm Durchmesser der Sproßachse, die zunächst aus

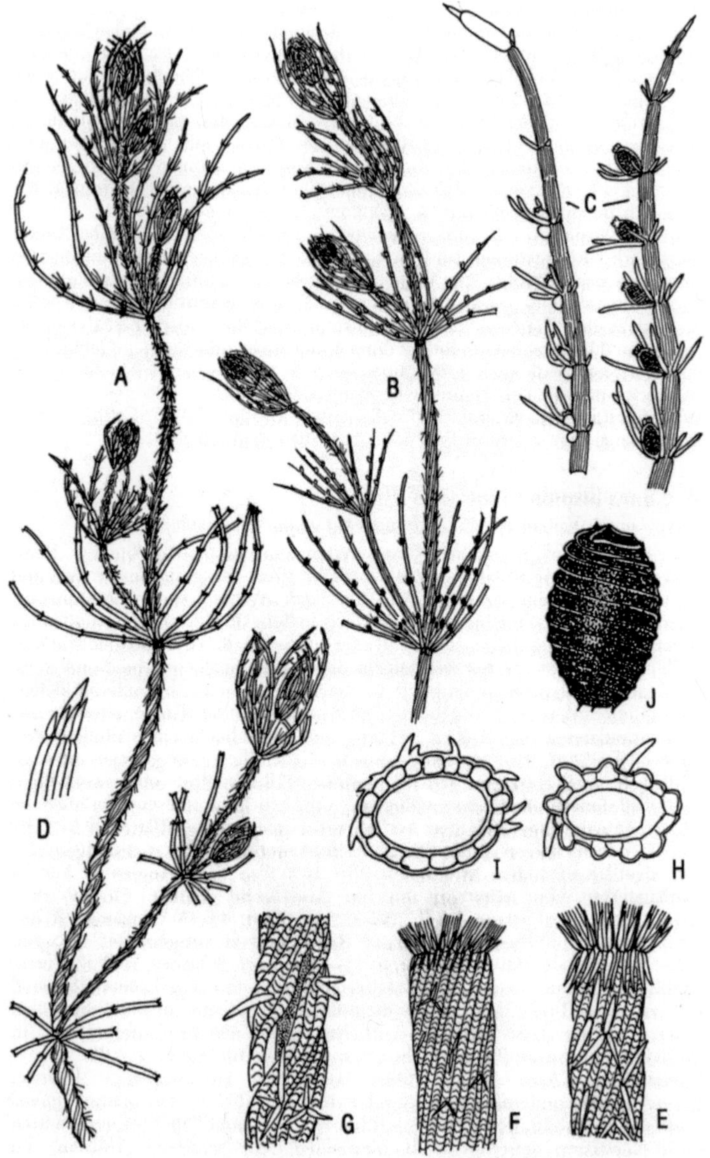

einem einzigen Gewässer in Thüringen bekannt war, ist neuerdings in Mecklenburg, am Oberrhein und in Südfrankreich gefunden worden. Reife Oosporen sind nicht bekannt.

Verbreitung: Vom nordwestlichen Rußland über Südschweden, Polen, Brandenburg, Mecklenburg, Dänemark, Schleswig-Holstein, die Niederlande, Nordfrankreich, die Oberrheinaue bis zum Alpenvorland verbreitet, ausgenommen die Mittelgebirge über silikatischem Gestein. Vereinzelt in Portugal, im Osten der Iberischen Halbinsel, Südfrankreich, Italien, ehemaliges Jugoslawien, Ungarn, Bulgarien, Griechenland, in der Türkei und der Ukraine. In Nordafrika im Atlas. Verbreitungskarte Corillion 1957 (West- und Mitteleuropa); Olsen 1944 (Dänemark).

Vorkommen: *Chara hispida* siedelt vorzugsweise in 0,5–2 m Wassertiefe. Vereinzelt geht sie bis 15 m. Sie überwintert mit Sproßknoten, im Tiefwasser mit grünen Sprossen. Meist steht sie auf Mineralboden mit hohem Anteil an organischer Substanz, zu deren Ansammlung sie mit ihren abgestorbenen Teilen beiträgt. Sie bevorzugt kalkreich-oligosaprobes Wasser. Besondere Förderung erfährt sie durch Grundwasserzutritt. In den «Blaulöchern» bei Kappel in der Oberrheinaue bildet sie großflächig den «Drahtverhau» des Magnocharetum hispidae, in dem Blütenpflanzen keinen Platz finden. Die zur Übergröße gesteigerte f. *equisetina* wuchs in einem Erdfall mit Füllung aus dem Grundwasser. Günstige Bedingungen bieten Torfstiche und Wasserlöcher in Kalkflachmooren. Flächendeckend siedelt *Ch. hispida* in Gewässern, die erst eine schwache Sukzession durchlaufen haben. Außerhalb der naturnahen Gewässer hat sie sich vom Oberrhein bis zur Feuchten Ebene bei Wien im Alpenvorland in zahllosen Baggerseen mit Grundwasserdurchfluß angesiedelt. Wegen ihrer hohen Ansprüche an die Wasserreinheit kann sie als Indikator für Badeseequalität herangezogen werden. Zur ähnlich massenwüchsigen *Chara tomentosa* steht sie in einem Vikarianzverhältnis. Letztere beherrschte den relativ eurythermen α-oligosaproben Bodensee, fehlt aber den stenothermen, β-oligosaproben Grundwasseraustritten am Oberrhein, in denen *Ch. hispida* dominiert. Beide verhalten sich in anderen Gewässern analog.

Aktuelle Situation: Die Fähigkeit, neue Siedlungen zu gründen, bietet der *Chara hispida* vorübergehend Ausgleich für Standortsverluste. Nach *Ch. vulgaris* und *Ch. globularis* ist sie die häufigste einheimische *Chara*.

Wichtige Literatur: Hamm 1975, Krause 1969, Melzer et al. 1987, Migula 1897.

4. **Chara horrida** Wahlstedt 1862 (Fig. 21)

Chara hispida var. *baltica* f. *fastigiata* (Wallman) Wood 1962

Stachelbesatz hoch gesteigert. Kräftig steife Pflanze. Höchstens schwach verkalkt. Am Grunde der Sprosse harte mehrzellige Bulbillen. Nur im Brackwasser, überwiegend in der Ostsee, vereinzelt an der Atlantikküste. Formenreich. Der Beschreibung zugrundegelegt: Pflanzen von der NO-Küste der Insel Öland. Achse 8–20–(50) cm hoch mit 10–15 Quirlen, 1,2–1,5 mm Durchmesser. Internodien 0,5–2 cm lang. Seitensprosse oft unscheinbar kurz. Im Rhizoidbereich Sproßbulbillen aus drei bis vier kugelförmigen Teilen sternähnlich

---

Fig. 20. *Chara hispida* Linné. A B Habitus×1,4, C Äste mit jungen und reifen Gametangien×3, D Astspitze×11, E Rinde, Stacheln, Stipularen der f. *macracantha* Migula×7, F dasselbe f. *micracantha* Migula×7, G abgelöste Rindenzellen×7, H junges heterostiches Internodium quer×14, I älteres isostiches Internodium quer×14, J Oospore×40.

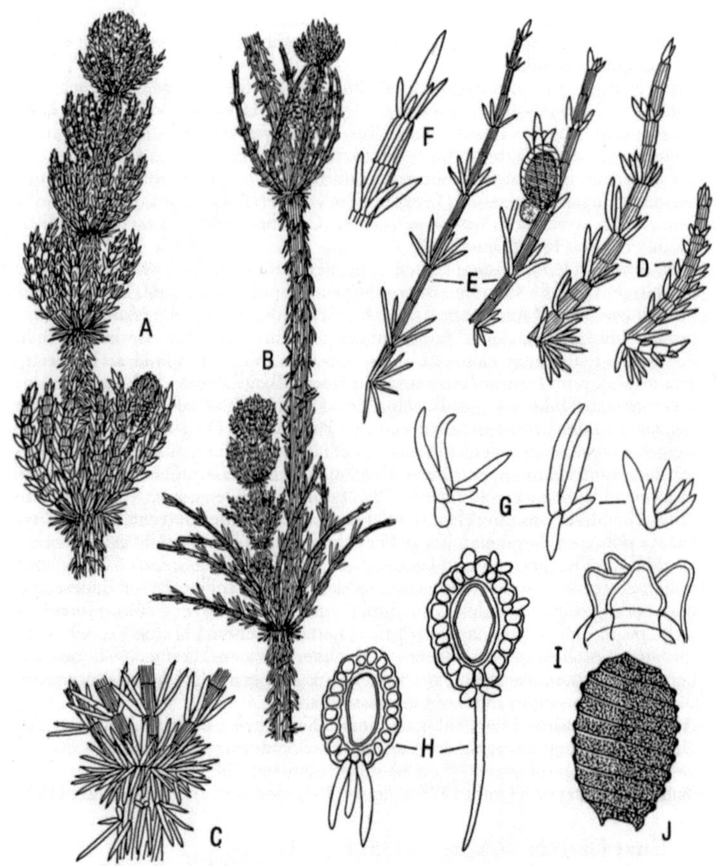

Fig. 21. *Chara horrida* Wahlstedt. A Sproßgipfel gedrungen×4, B Internodium gestreckt×4, C Stipularkranz zu A×8, D Äste zu A mit akzessorischem Ast im Stipularkranz×16, E Äste zu B×14, F Astspitze×30, G 3 Stachelbündel×28, H Sproßachse quer×14, I Krönchen×80, J Oospore×30.

zusammengesetzt. Durchmesser ca. 2 mm. Stacheln zu 3–6 gebündelt, unübersichtlich dichtgestellt. Häufig ein langer Stachel von mehreren kurzen umgeben. Stipularen lang und kräftig, ohne klare Ordnung zusammengedrängt. Gelegentlich ein kurzer akzessorischer Ast zwischen ihnen. Äste zu 7–9 im Quirl, kürzer als die Internodien, eingebogen oder gerade abstehend. 5–6 berindete Glieder, ein- bis zweizelliges kurzes Endglied ohne Rinde. Junge Astglieder gedrungen und an den Knoten eingeschnürt. Blättchen 4–6, auf der Rückseite der Äste wenig kürzer als auf der Vorderseite. Monözisch. Gametangien spärlich gebildet. Oogon ohne Krönchen 1 000–1 300 μm hoch, 600–700 μm breit,

12–15 Windungen. Krönchen ca. 120 µm breit. Spitzen weit nach außen gebogen. Oospore 700–800 µm hoch, 450–650 µm breit, 10–12 kräftige Rippen, dunkelbraun bis schwarz. Am Grunde 2 Klauen. Antheridium ca. 500 µm Durchmesser. n = ?

Variabilität: *Chara horrida* kann hochwüchsige Exemplare mit locker gestellten Stacheln bilden. Sie bewahren die typischen Bündel aus einem langen und mehreren kurzen Stacheln, die als Speziesmerkmal angesehen werden. Wenn die Bündelung völlig reduziert und die aulacanthe Rinde unkenntlich ist, bleibt die Abgrenzung gegen *Ch. baltica* offen. Ebenso können gestreckte Exemplare mit reduzierten Blättchen der *Ch. hispida* nahekommen.

Verbreitung: Ostseeküste von Schleswig-Holstein und Dänemark bis Gotland und Stockholm, auf den Åland-Inseln und Südfinnland. Spärlich am Atlantik (Insel Wight, Finistère). In Westfrankreich ein Standort im Binnenland ohne nähere Charakterisierung. Nur in Europa. Verbreitungskarten: Olsen 1944 (Dänemark), Corillion 1957 (Europa).

Vorkommen: *Chara horrida* bewohnt Salzwasser mit 3 000 bis 8 000 mg/l Cl⁻. Ihre Hauptstandorte liegen in Buchten der Ostsee. Auf Öland wächst sie in rd. 0,5 m Wassertiefe zwischen *Chara canescens*, *Ch. aspera* und *Potamogeton pectinatus*. Alle Pflanzen sind 10–20 cm hoch, gedrungen, frei von Aufwuchs und ohne Konkurrenz durch Fadenalgen oder Enteromorpha. Im hellen Sandgrund ist keine nennenswerte Ablagerung organischer Stoffe erkennbar. Anders als *Ch. aspera* und *Ch. canescens*, mit denen sie zusammen wächst, verankert sich *Ch. horrida* fest im Boden. Vor der Mündung eines aus einer Weide zufließenden Grabens erreicht sie über 50 cm Höhe, wird aber von *Potamogeton pectinatus* bedrängt. In den Bodden der mecklenburgischen Küste geht sie in die halophile Subassoziation des Charetum tomentosae, wo sie teils zwischen hochwüchsigen Characeae steht, teils Fazies bildet. Die Wassertiefe beträgt 60–100 cm. Der Untergrund besteht aus nährstoffreicher grau-schwarzer Gyttja.

Aktuelle Situation: Wie alle Characeae der Ostsee ist *Ch. horrida* in den letzten Jahrzehnten zurückgegangen. In den altbekannten Fundgewässern Dybsø Fjord und Præstø Fjord auf Seeland konnte sie 1984 nicht nachgewiesen werden.

Wichtige Literatur: Migula 1897, Hasslow 1931, Olsen 1944, Corillion 1957, Lindner 1978.

5. **Chara baltica** Bruzelius 1824 (Fig. 22)

Chara hispida var. *baltica* (Bruzelius) Wood 1962

Klein bis mittelgroß, kräftig, außerhalb des Wassers formbeständig. Lockerer, manchmal unscheinbarer Besatz mit kurzen abstehenden Stacheln. Blättchen auf den Rückseiten der Äste stachelähnlich hervortretend. Frischgrün durchscheinend, höchstens schwach verkalkt. Achse 5–50(90) cm hoch, an großen Exemplaren weitläufig verzweigt, 1–2 mm Durchmesser. Unterste Sproßknoten im Herbst zu mehrzelligen Bulbillen verdickt. Internodien 0,4–7 cm lang. Rinde diplostich. Schwach und unregelmäßig heterostich oder isostich. Stacheln überwiegend einzelnstehend, auch zu 2–3 gebündelt. Kräftig, bis an die unteren Internodien erhalten bleibend. Länge in der Größenordnung des Sproßdurchmessers. An heterostichen Exemplaren auf den hervortretenden Rindenzellen. Stipularen den Stacheln ähnlich, schräg abstehend. Zwei Paare je Ast. Äste zu 8–10 je Quirl, 0,4–5–(10) cm lang. Meist gestreckt und schräg abstehend, gelegentlich zum Sproß eingebogen. 4–5 berindete Glieder, ein rindenloses dreizelliges Endglied. Letzteres nicht selten länger als der übrige Ast, durchsichtig. Im Alter abfallend. Blättchen kräftig, länger als der Astdurchmesser, nach allen Seiten abstehend. Auf der Rückseite des Astes kürzer als auf der Vorderseite. Einhäusig. Gametangien reichlich gebildet. Oogon ohne Krönchen 800–1 100 µm hoch, 600–800 µm breit, 13–15 Umgänge. Kalkhülle dünn, durchscheinend, Krönchen groß, 160–200 µm hoch, 300–350 µm breit, Spitzen

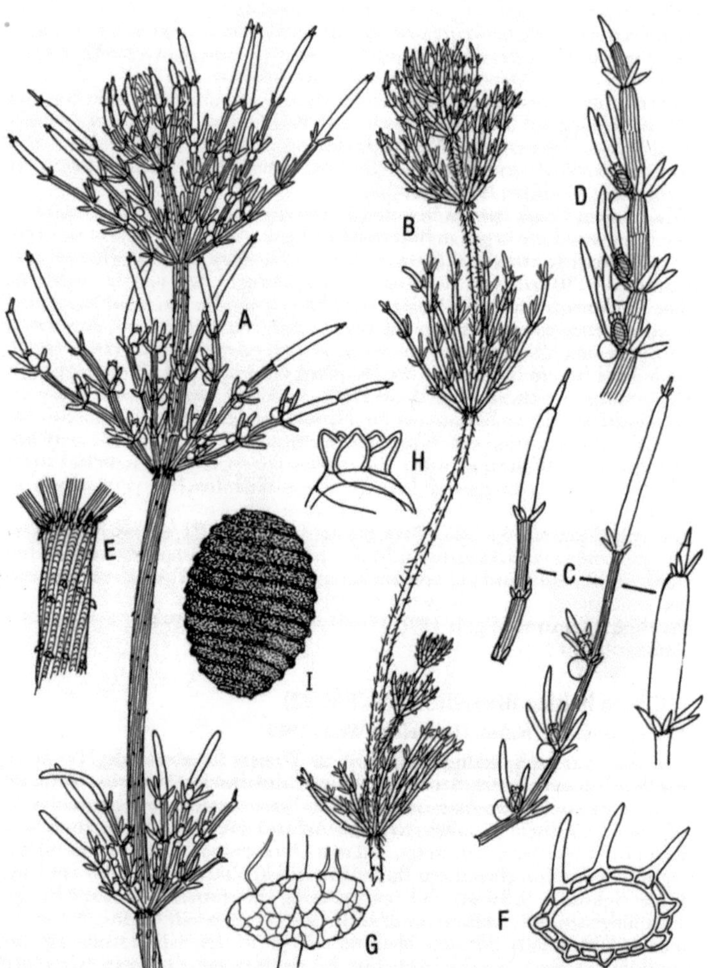

Fig. 22. *Chara baltica* Bruzelius. A Sproßgipfel aus der Ostsee×1,4, B Sproß-gipfel aus Südfrankreich×1, C Äste zu A×2, D Ast zu B×2, E Rinde, Stacheln, Stipularen zu A×4, F Sproßachse quer×12, G Bulbille×12, H Krön-chen×35, I Oospore×30.

auseinandergezogen. Oospore 700–950 µm hoch, 500–700 µm breit, 11–13 kräftige Rippen. Schwarz. Klauen wenig ausgebildet. Antheridium groß, ca. 500 µm Durchmesser. Gametangien Sommer bis Herbst. n = 28.

Variabilität: Pflanzengröße und Internodienlänge werden durch die Wassertiefe bestimmt. Die formae *condensata, major, elongata* folgen längs eines Tiefen-Querprofils aufeinander. Jungpflanzen, die noch keine Rinde bilden, wurden als *Chara nolteana* A. Braun beschrieben.

Verbreitung: Im Flachwasser der Ostsee vor den skandinavischen und baltischen Küsten bis zur Höhe Südfinnlands verbreitet, noch bis zum Ende des Bottnischen Meerbusens. Am Atlantik selten: Färöer, Shetland- und Orkney-Inseln, Südengland, Guernsey, Französische Westküste. Auf der Iberischen Halbinsel und am Mittelmeer bis vor kurzem unbekannt. Neuerdings mehrmals in brackigen Binnenlandgewässern Spaniens und in Strandlagunen der Provinz Almería und des Languedoc bis zur Camargue. Mehrmals in Marokko. Algerien, Tunesien. Verbreitungskarten: Corillion 1957 (Europa); Moore & Greene 1983 (Großbritannien und Irland); Olsen 1944 (Dänemark).

Vorkommen: *Chara baltica* bewohnt Salzwasser unterschiedlicher Konzentration zwischen rd. 10 000 mg/l Cl⁻ und den niedrigen Werten des Bottnischen Meerbusens. Sie bevorzugt geschützte Bodden und Buchten, in denen sie in 50–150 cm Tiefe eine Dominanzgesellschaft bildet. In das Charetum canescentis des Flachwassers dringt sie mit kleinwüchsig-kompakten Exemplaren ein. Im Etang de Mauguio an der Mittelmeerküste steht sie im Scirpetum maritimi, in Flachtümpeln einer Pferdeweide bei Frontignan im Chareto-Tolypelletum zusammen mit *Tolypella glomerata, T. hispanica, Chara galioides.* In einem Quellabfluß in felsigem Gelände der Provinz Murcia in Spanien wächst sie in einer «Oase» unter Dattelpalmen neben *Juncus acutus*-Röhricht, auf Ibiza in Brunnen.

Aktuelle Situation: In der Ostsee ist *Ch. baltica* im Rückgang begriffen. Im Dybsø Fjord auf Seeland, der 1936 als reines Characeengewässer beschrieben wurde, stand sie 1983 spärlich und von Fadenalgen bedrängt zwischen *Zannichellia, Zostera* und *Potamogeton pectinatus.* Die Wohngewässer in Südfrankreich sind durch die Erschließung für den Fremdenverkehr bedroht. Selbst im weltabgeschiedenen Quellbach der Provinz Murcia bleibt sie nicht unberührt. Von 1987 bis 1988 hat sich das Gewässer zu trüben begonnen, während gleichzeitig *Enteromorpha intestinalis* überhandgenommen hatte. Als Ursache war Intensivierung der Landwirtschaft im Einzugsgebiet der Quelle zu erkennen.

Wichtige Literatur: Migula 1897, Hasslow 1931, Stroede 1933, Olsen 1944, Corillion 1953 b, 1957, Kornaś et al. 1960, Lindner 1978, Guerlesquin & Podlejski 1980, Comelles 1984.

6. **Chara polyacantha** A. Braun in Braun, Rabenhorst und Stizenberger 1859 (Fig. 23)

Chara pedunculata Kützing 1834; *Chara hispida* var. *hispida* f. *polyacantha* (A. Braun) Wood 1962

Mittelgroß bis groß, Achse kräftig. Mindestens an den oberen Internodien mit rauhem Stachelbesatz. Achse 10–75–(110) cm lang, 1–2 mm Durchmesser. An großen Exemplaren lange Seitensprosse. Rinde diplostich, meist tylacanth. Nicht selten isostich, nie aulacanth. Oft unübersichtlich. Rindenröhrchen der Zentralzelle locker anliegend, leicht von ihr zu isolieren. Stacheln 1–3mal so lang wie der Sproßdurchmesser. Steif, zu 3–5 gebündelt, unübersichtlich dicht gestellt. Bündelung an isolierten Rindenröhrchen sicher erkennbar. Stipularen in zwei Reihen, dünn, spitz. Annähernd so lang wie der Sproßdurchmesser.

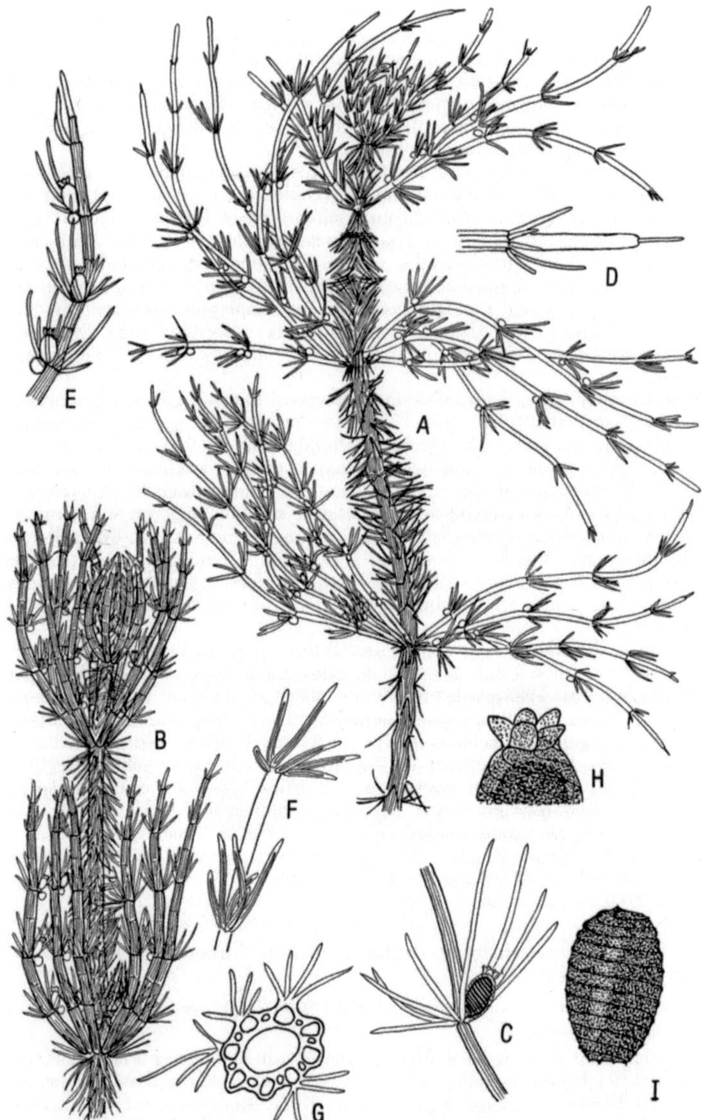

Fig. 23. *Chara polyacantha* A. Braun. A lockere Wuchsform×2, B gedrängte Wuchsform×2, C Astknoten zu A×6, D Endglied eines Astes zu A×4, E Ast zu B×4, F Rindenröhrchen mit Stachelbündeln×8, G Sproßachse quer zu B×10, H Krönchen×30, I Oospore×30.

Äste zu 8–12 im Quirl, 1,2–8 cm lang, die kurzen den Internodien angedrückt, die langen abstehend, gebogen oder geschlängelt. 5–7 berindete Glieder, 1–2 zelliges rindenloses Endglied. Endzelle schmal. Blättchen 5–7, mindestens doppelt so lang wie der Astdurchmesser. Monözisch. Gametangien an 3–4 Knoten. Nicht selten nur ein Geschlecht zu finden. Oogon ohne Krönchen 850–1100 µm hoch, 600–700 µm breit, 12–15 Windungen. Oft mit dicker Kalkhülle. Krönchen groß, 100–180 µm hoch, 200–300 µm breit. Spitzen auseinandergezogen. Oospore schwarz, ellipsoidisch, 650–900 µm hoch, 350–450 µm breit, 11–14 Rippen. An unverkalkten Pflanzen mit durchsichtiger Hülle aus den bleibenden Spiralzellen. Antheridium 250–500 µm Durchmesser. Gametangien Sommer bis Herbst. n = 28.

Variabilität: *Chara polyacantha* tritt in drei Wuchsformen auf. Die erste bildet Pflanzen mit kurzen, dem Sproß anliegenden Ästen und dichtem Stachelbesatz auf dem ganzen Sproß. Die Verzweigung ist gering. Die Höhe überschreitet kaum 30 cm (Fig. 23 B). Die zweite bildet lange geschlängelte Äste, zahlreiche Seitensprosse und ebenfalls einen bis in die unteren Internodien reichenden Stachelpelz. Die Höhe beträgt 20–50 cm. Die dritte bildet Internodien bis 14 cm und Äste bis 8 cm Länge. Die Stacheln lichten sich schon am zweiten oder dritten Internodium unter dem Gipfel.

Verbreitung: Weit zerstreut. Dänemark und Südschweden mit Zentrum auf Gotland, Schleswig-Holstein und Nordpolen. Teutschenthal am Ostrand des Harzes, Schwenninger Moos in Baden-Württemberg, Loisachtal bei Garmisch-Partenkirchen. Großer Bestand im Vranasee auf der Adria-Insel Cres und in den Plitvicer Seen in Kroatien. In großen Teilen Frankreichs, Großbritanniens und Irlands nicht selten. Auf der Iberischen Halbinsel in der Albufeira südlich von Valencia, der Laguna Chica bei Villafranca de los Caballeros (Prov. Toledo), der Barrinha de Mira in Portugal.

Vorkommen: *Chara polyacantha* wächst in Gräben, Torfstichen und im Flachwasser von Seen, vorzugsweise in Kalkgebieten und in unverschmutztem Wasser. Im hochtransparenten Vrana-See auf der Insel Cres in Kroatien erreicht sie 10–20 m Tiefe.

Anmerkung: *Ch. polyacantha* gehört einem Sippenkreis an, der durch gemeinsame Merkmale wie tylacanthe Rinde, gebündelte Stacheln und die kräftige Statur scharf abgegrenzt ist. Die infraspezifische Gliederung ist aufgrund der zahlreichen Zwischenformen problematisch. Aus praktischen Gründen ist es zweckmäßig, die langstachelige von der kurzstacheligen Form zu unterscheiden.

Aktuelle Situation: Wie alle Bewohner oligosaproben Wassers gehört *Ch. polyacantha* zu den gefährdeten Arten.

Wichtige Literatur: Migula 1897, Olsen 1944, Corillion 1957, Golubić 1961, Melzer 1976, Krause 1983.

7. **Chara intermedia** A. Braun 1836 (Fig. 24)

Chara aculeolata Kützing in Reichenbach 1832; *Ch. hispida* var. *major* f. *intermedia* (A. Braun) R. D. Wood 1962

Mittelgroß bis groß, kräftige Achse. Lange Internodien und Äste, schlankes Gesamtbild. Stacheln wenig auffallend. Achse 8–80 cm hoch, wenige Seitensprosse. Durchmesser 0,6–1,8 mm. Rinde unregelmäßig diplostich, tylacanth, auch isostich. Stacheln kürzer als der Sproßdurchmesser, manchmal papillenartig. Zu 2–3 gebündelt, auch alleinstehend. Stipularen 1/2 bis 3/4 so lang wie der Sproßdurchmesser, kräftig, in zwei Reihen. Äste zu 8–12 im Quirl, 1,5–8 cm lang. Durchmesser ca. 0,5 mm. Schlank, wenig zur Achse gebogen, oft geschlängelt. 5–7 berindete Glieder, 1–2-zelliges rindenloses Endglied. Letztes oft nicht länger als die Blättchen des letzten Knotens. Blättchen zu 5–7, allseits abstehend. Vordere länger als das Oogon, hintere kurz. Monözisch. Gametangien an 3–4 Knoten. Gelegentlich nur ein Geschlecht entwickelt.

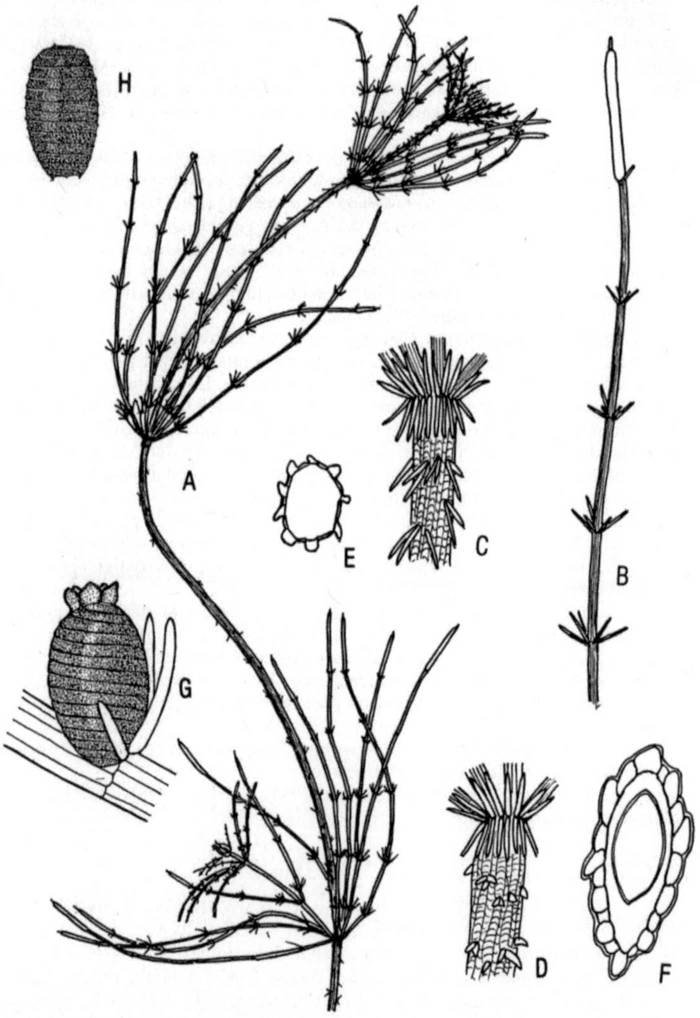

Fig. 24. *Chara intermedia* A. Braun. A Habitus×1,4, B Ast×3, C Rinde, Stacheln, Stipularen: junges Internodium×7, D Rinde, Stacheln, Stipularen: altes Internodium×7, E junges Internodium quer×10, F altes Internodium quer×20, G Oogon×20, H Oospore×20.

Oogon ohne Krönchen 950–1 200 µm hoch, 700–800 µm breit. 12–14 Umgänge, stark verkalkt. Krönchen groß, 180–225 µm hoch, 300–400 µm breit. Spitzen nach außen gebogen. Oospore 700–850 µm hoch, 450–500 µm breit, 11–13 kräftige Rippen, kurze Klauen an der Basis. Braun bis schwarz. Antheridium 400–500 µm Durchmesser. Ausdauernd, aus Sproßknoten austreibend oder grün überwinternd. Gametangien Sommer bis Herbst. n = 28.

Variabilität: Die ältere Taxonomie unterscheidet Pflanzen mit langen Stacheln als f. *aculeolata* von den kurzstacheligen f. *papillata*. Ihr Entstehen ist alters- oder standortbedingt. Auch Kümmerformen auf Moorschlamm (z. B. f. *pumilior*) sind bekannt. An manchen Pflanzen überwiegen die Einzelstacheln so weit, daß Annäherung an *Ch. contraria* zustandekommt. In solchen Fällen bietet die kräftige Starrheit des «Formats» der Pflanze einen Anhaltspunkt für die Artzugehörigkeit.

Verbreitung: Von Lappland und Nordnorwegen über Dänemark, Schleswig-Holstein, Mecklenburg, Brandenburg zur Oberrheinaue und in die Voralpenseen. Bei Innsbruck, in Kärnten. In Polen in den Masurischen Seen und den Seen von Leczna-Włodawa. Vereinzelt in den Niederlanden, Großbritannien (Karten: Corillion 1957).

Vorkommen: Stark vertreten in den tiefen Klarwasserseen des Alpenvorlandes. In den Osterseen bei Penzberg stellenweise neben *Ch. hispida* dominierend. Hier in stärker eutrophiertem Wasser als letztere. Auch in Kleingewässern, z. B. in Kalkflachmooren bei Konstanz. In den «Brunnenwässern» des elsässischen Rieds besiedelt *Ch. intermedia* die oberste quellnahe Laufstrecke zusammen mit *Potamogeton coloratus* und *Batrachospermum ectocarpum*. In Norddeutschland wurde sie neuerdings im Stechlinsee und Gollinsee als zweite Dominante neben *Ch. filiformis* in 1,5–5 m Wassertiefe bestätigt. *Chara intermedia* ist salztolerant, bleibt aber im oligohalinen Bereich. Schwache Eutrophierung, z. B. an Badeplätzen, fördert sie zu Reinbeständen auf kalk- und nährstoffreicher Gyttja. In Baggerseen dringt sie seltener ein als *Ch. hispida*.

Aktuelle Situation: gefährdete Sippe.

Wichtige Literatur: Migula 1897, Corillion 1957, Krausch 1964, Melzer 1976, Lindner 1978, Doll 1980.

8. **Chara vulgaris** Linné 1753 (Fig. 25, 38(D–F), 40)

Chara foetida A. Braun 1834, *Chara vulgaris* var. *vulgaris* f. *vulgaris* (L.) Wood 1962.

Durch die gefiederten Äste ausgezeichnete, kleine bis mittelgroße Pflanze. Beim Herausnehmen aus dem Wasser einen spezifischen Geruch nach Senföl ausströmend. Sprosse im Flachwasser rosettenartig ausgebreitet, niederliegend. Im Alter verkalkt. Achse 0,5–1 mm dick, Sprosse bis 40 cm lang. Zahlreiche Seitensprosse. Internodien im Flachwasser kürzer als die Äste. Rinde diplostich, teilweise isostich. Stacheln einzeln auf den eingesenkten Rindenzellen (aulacanth), gelegentlich so lang wie der Sproßdurchmesser, oft papillenartig oder unauffindbar. Stipularen ein Fünftel so lang wie der Astdurchmesser, breit abgestumpft, in zwei dichtgestellten Reihen, 2 Paare je Ast. Äste zu 5 bis 7 im Quirl. An jungen Sproßteilen gegen die Achse gebogen, sonst ausgebreitet und oft geschlängelt. Drei bis fünf berindete Glieder mit Gametangien und Blättchen. Mehrzelliges unberindetes Endglied, nicht selten länger als der rindentragende Teil. Endzelle schmal und kurz, leicht abbrechend. Blättchen 4–5 auf der Vorderseite des Astes, bedeutend länger als das Oogon. Vorn abgerundet. Auf der Rückseite unscheinbar. Monözisch. Gametangien an berindeten Astgliedern. (1)–3–4 Paare je Ast. Oogon ohne Krönchen 500–800 µm hoch, 350–500 µm breit, 12–15 Windungen. Krönchen 200–300 µm hoch, ca. 100 µm

Fig. 25. *Chara vulgaris* Linné. A Habitus (Rinde nicht gezeichnet)×1,4, B fertile Äste×3, C steriler Ast×3, D Rinde, Stacheln, Stipularen der f. *subinermis* Migula×8, E Sproßachse quer zu D×15, F Rinde, Stacheln, Stipularen der f. *subhispida* Migula×8, G Sproßachse quer zu F×15, H Oogon×13, I Oospore mit Kalkhülle×30, J Oospore×30.

breit. Zellen abgestumpft, zusammenneigend. Oospore 420–650 µm hoch, 250–350 µm breit. Klein im Verhältnis zu den meisten *Chara*-Arten, braun bis dunkelbraun, 11–14 Rippen. Antheridium 250–450 µm Durchmesser, lebhaft orangefarben, verbleichend. – Gametangien Sommer bis Herbst. n = 14, 16, 18, 28.

Variabilität: Die von Migula (1897) benannten 70 Formen gründen sich meist auf die Längenverhältnisse zwischen Ästen, Internodien, Stacheln und Blättchen. Manche sind schwer zu beschreiben und wiederzuerkennen. Andere beanspruchen wegen ihres Habitus und ihrer Verbreitung Aufmerksamkeit: f. *subhispida* Migula mit Stacheln, deren Länge den Sproßdurchmesser erreicht, f. *subinermis* Migula mit warzenartigen, kaum erkennbaren Stacheln, f. *longibracteata* Kützing mit sehr langen Blättchen, f. *paragymnophylla* Migula mit einzelnen rindenlosen neben berindeten Astgliedern. Daneben bestehen mißgebildete Formen, die nur von einem Fundort bekannt sind, darunter Modifikationen durch Thermalwasser. Von ihnen bildet die f. *pistianensis* Vilhelm unvollständige Astrinde, die f. *decipiens* Migula ist «eine Mißgeburt in jeder Beziehung». Auch sie runden das Gesamtbild ab. Schließlich wurden Formen benannt, die weder deutlich umgrenzt noch nach ihrer Entstehungsweise bekannt sind. In Europa gehören zu ihnen f. *rabenhorstii* (A. Braun in Rabenhorst) R. D. Wood, f. *crispa* (Wallman) R. D. Wood, f. *sturrockii* (H. & J. Groves) R. D. Wood, f. *atrorubens* (Lowe) H. & J. Groves.

Verbreitung: *Chara vulgaris* kommt in allen Erdteilen vor. Vieles spricht dafür, die außereuropäischen Pflanzen als eigene Kleinsippen aufzufassen. In Europa reicht das Areal der f. *vulgaris* Wood vom Polarkreis zum Mittelmeer und ins Hochgebirge. In der Zentralsahara wächst sie in Brunnen der Oasen. Die Fundorte konzentrieren sich auf Landschaften mit kalkreichem Substrat und gehäuftem Vorkommen von Kleingewässern. In der Oberrheinaue stellt sie sich in regenreichen Sommern in jeder größeren Wasserlache ein. Spärlich kommt sie in den Silikatgebirgen vor. Wiewohl die örtliche Siedlungsdichte in weiten Gebieten unbekannt ist, muß der «Gemeine Armleuchter» streckenweise als selten gelten. In Dänemark häuft er sich über der kalkreichen Jungmoräne und ist über Altmoräne spärlich vertreten. Verbreitungskarten Olsen 1944 (Dänemark), Maier 1972 (Niederlande), Moore & Greene 1983 (Großbritannien und Irland).

Vorkommen: Vorzugsweise in flachen anfänglich β-mesosaproben Wasseransammlungen. Kaum in Seen. Fähigkeit zu schneller Massenentfaltung in ausdauernden Regenlachen, frisch angelegten Ziergewässern, Baugruben. Gegen die unvermeidlich folgende Eutrophierung resistenter als andere Characeae, aber in den folgenden Röhricht-Initialstadien mit *Juncus articulatus, Alisma plantago-aquatica, Lythrum salicaria* schneller Rückgang. In einem jährlich entkrauteten Parkteich als «Dauerpionier» beständig. Überwiegend in Süßwasser, gelegentlich im Abfluß von Salzquellen und Brackgewässern in Meeresnähe.

Aktuelle Situation: *Chara vulgaris* ist nicht gefährdet. 17 von 21 in der Umgebung von Stuttgart registrierte Funde lagen in neu angelegten Teichen, Gräben, Tümpeln und in Kiesgrubengelände.

Wichtige Literatur: Migula 1897, Olsen 1944, Corillion 1957.

9. **Chara contraria** A. Braun ex Kützing 1845 (Fig. 26)

Chara vulgaris var. *vulgaris* f. *contraria* (A. Braun) Wood 1962

Eine *Chara* mit den Merkmalen der Gattung ohne Besonderheiten. Klein bis mittelgroß, biegsam, im Alter mit Kalk inkrustiert. Blättchen und Stacheln

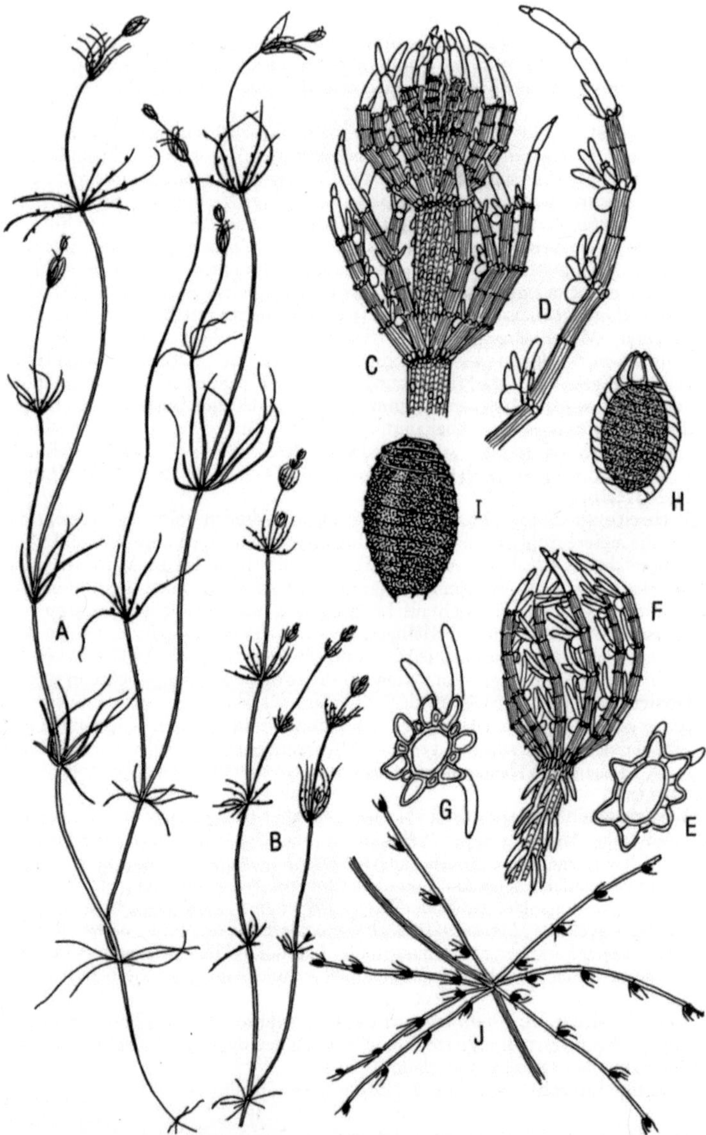

Fig. 26. *Chara contraria* A. Braun ex Kützing. A aus 1–2 m Tiefe×0,5, B aus 0,5 m Tiefe×0,5, C Sproßgipfel×8, D Ast×10, E Sproßachse quer×20, F Sproßgipfel der var. *hispidula* A. Braun×8, G Sproßachse quer zu F×20, H Oogon, klein×20, I Oospore, groß×30, J reifer Quirl mit Oogonien×2.

unscheinbar. Äste glatt, Silhouette leer. Typisch der Habitus älterer fertiler Quirle (Fig. 26 J). Meist in Seen, selten in vergänglichen Kleingewässern. Achse 10–40 cm lang, meist ca. 0,5 mm, seltener bis 1 mm dick. Internodien 2–4mal so lang wie die Äste. In lange Seitensprosse verzweigt. Rinde diplostich-heterostich, auch isostich. In der Mitte der Internodien nicht selten nur die Hauptreihen der Rinde ausgebildet, zwischen ihnen die Zentralzelle sichtbar. Stacheln meist kurz, abgerundet. Selten so lang wie der Sproßdurchmesser. Einzeln auf den hervortretenden Rindenreihen (tylacanth). Stipularen in zwei Kränzen, mässig lang oder unscheinbar. Abgerundet, obere länger als untere. Gelegentlich unregelmäßig angeordnet. Äste zu 6–8–(12) im Quirl, an älteren Internodien ausgebreitet. Oberster Quirl in Seitenansicht ellipsoidisch. (1)–4 berindete Glieder mit Blättchen und Gametangien, ein- bis dreizelliges rindenloses Endglied. Dieses meist kürzer als der berindete Teil. Blättchen meist zu 5. Die vorderen länger als das Oogon. Die hinteren sehr kurz. Monözisch. Gametangien an berindeten Astgliedern. Oogon ohne Krönchen 650–900 µm hoch, 400–600 µm breit. Zellen zusammenneigend oder leicht auseinandergebogen. Oospore schwarz, 550–700 µm hoch, 300–450 µm breit mit 12–14 deutlich hervortretenden Rippen. Teils ellipsoidisch, teils zylindrisch, oft an einer Pflanze unterschiedlich. Am Fußende kurze Klauen. Im reifen Zustand mit dünner, leicht zerbrechbarer Kalkhülle. Antheridium 250–450 µm Durchmesser, rötlich-gelb, früh verbleichend. n = 24, 26, 28, > 40.

Variabilität: Wegen ihrer weiten Verbreitung hervorzuheben ist die var. *hispidula* A. Braun. mit langen robusten Stacheln (Fig. 26 F, G). Nahe steht ihr die kleinwüchsige *Ch. muscosa* J. Groves & Bullock-Webster 1924, die als konstant gewordene Flachwasserform der var. *hispidula* aufgefaßt werden kann. Eine bedeutende Variabilität folgt aus der Neigung der *Ch. contraria*, ihre Rinde unvollständig auszubilden. Die Veränderung kann sich auf das Fehlen der Mittelreihen in der Mitte der Internodien beschränken. Sie kann auch die ganze Länge des Internodiums erfassen, so daß die unvollständig diplostiche *Ch. dissoluta* A. Braun. zustandekommt. Den Extremfall bildet *Ch. denudata* A. Braun, die höchstens an den Sproßknoten Rindenrudimente besitzt. Beide defektiv berindete Sippen werden in der Flora als *Ch. denudata* zusammengefaßt. Taxonomisch unbedeutende Formen wurden auf das Längenverhältnis des berindeten zum unbedeckten Teil des Astes gegründet (f. *macroteles* und f. *microteles*). Isostiche Internodien erschweren die Unterscheidung zwischen *Ch. contraria* und *Ch. vulgaris*. Sie gelingt an jungen voll entwickelten Exemplaren.

Verbreitung: Extratropischer Kosmopolit, überwiegend Nordhalbkugel. In Mitteleuropa allgemein verbreitet mit Häufung auf der baltischen Jungmoräne und im Alpenvorland. Sonst Südskandinavien, Großbritannien und Irland, Frankreich. Auf der Iberischen und der Balkanhalbinsel ausklingend. Nordafrika von Marokko bis Ägypten, Irak. Angaben unsicher, weil nicht immer von *Ch. vulgaris* unterschieden. Verbreitungskarten Corillion 1957 (Welt); Olsen 1944 (Dänemark); Moore & Greene 1983 (Großbritannien und Irland).

Vorkommen: *Chara contraria* besiedelt β-mesosaprobe Klarwasserseen mit Hauptverbreitung zwischen dem Charetum asperae des Flachwassers und dem Nitellopsidetum des Tiefwassers. Mit schmächtigen Exemplaren, deren Rindenröhrchen sich von der Zentralzelle lösen, dringt sie bis 20 m Tiefe vor. Sie gedeiht auch in kalt-stenothermen Grundwasserabflüssen, in denen sie ihre Blättchen so weit reduziert, daß der Ast als glatter Zellschlauch erscheint. Anders als ihre Verwandten wächst sie häufig in gemischten Beständen, im Alpsee bei Füssen z.B. im Rasen aus *Ch. tomentosa* und *Ch. aspera*, in den Juraseen zwischen *Ch. hispida* und *Ch. strigosa*, in Irland zwischen *Ch. delicatula*, *Ch. aspera* und *Ch. desmacantha*. Gern geht sie in Baggerseen mit Grundwasserdurchfluß, so in 27 Baggerseen der Donauaue zwischen Ulm und Kelheim. Im Starnberger See hat sie sich eingestellt, nachdem die Abwasserbelastung nachgelassen hatte. Auch im Bodensee, in dem sie nach der Eutrophierung weit zurückgedrängt war, breitet sie sich aus, nachdem der Phosphateintrag verringert worden ist. Offenbar wird sie durch eine begrenzte Eutrophierung ebenso begünstigt wie *Nitellopsis obtusa*, mit der sie sich in den Neusiedlungen vergesellschaftet. Von *Ch. vulgaris* unterscheidet sich *Ch. contraria* durch ihre Vorliebe für tiefe beständige Gewässer, während *Ch. vulgaris* flache temporäre Wasseransammlungen besiedelt.

Aktuelle Situation: *Chara contraria* gehört zu den Arten, die Standortsverluste durch Neuansiedlung gebietsweise relativ gut ausgleichen.

Wichtige Literatur: Sluiter 1910, Olsen 1944, Lang 1981, Melzer 1981.

10. Chara filiformis Hertzsch 1855 (Fig. 27)

Chara jubata A. Braun; *Ch. vulgaris* var. *kirghisorum* f. *filiformis* R. D. Wood 1962

Überlange Internodien, nahezu unkenntliche millimetergroße Äste. Eher einer Fadenalge als einer *Chara* ähnlich. Meist verkalkt und zerbrechlich. Vollständige Exemplare schwer zu gewinnen. Achse 0,3–0,5 mm Durchmesser, bis 40 cm hoch. Vom Grunde an verzweigt. Internodien 4–10 cm lang. Rinde diplostich – heterostich, gelegentlich isostich. Stacheln einzeln auf den hervortretenden Rippen (tylacanth), kurz, abgerundet. Stipularen in zwei Reihen, zwei Paare je Ast, kurz, manchmal unscheinbar. Äste 6–8 im Quirl. 1–2 mm lang, gegen die Achse gebogen. Selten an den unteren Internodien bis 1,5 cm lang. 1(–2) berindete Glieder, dreizelliges kurzes rindenloses Endglied. Vordere Blättchen kürzer als das Oogon, hintere rudimentär. Monözisch. Normal ein Paar Gametangien je Ast. Selten zwei Paare. Oogon ohne Krönchen 650–850 µm lang, 450–550 µm breit, 12–15 Windungen. Krönchen 120–150 µm hoch, 225–250 µm breit. Oospore schwarz, langgestreckt bis lang ellipsoidisch, 500–700 µm lang, 350–450 µm breit. 11–14 kräftig hervortretende Rippen. Antheridium 300–400 µm Durchmesser. n = 40.

Variabilität: *Chara filiformis* ändert wenig ab. Gelegentlich bildet sie verlängerte Äste, die der *Chara contraria* nahekommen, aber nicht mehr als ein Gametangienpaar tragen. An Keimpflanzen aus dem Aquarium sind die untersten Quirle ebenfalls verlängert.

Verbreitung: Überwiegend in β-mesosaproben Seen südlich der Ostsee von Mecklenburg bis Masuren: Feldberger See, Stechlinsee, Parsteiner See, Jezero Dominicki und J. Kuznickie in Westpolen, Masuren in vielen Seen, vereinzelt in Dänemark und Südschweden. *Chara filiformis* ist nach nach R. D. Wood (1962) Angehörige eines osteuropäischen Formenkreises. Sie ist nahe mit *Ch. contraria* verwandt. Verbreitungskarte Corillion 1957.

Vorkommen: *Chara filiformis* bildet in ein bis fünf Meter Wassertiefe die Dominanzgesellschaft Charetum filiformis Krausch 1964, die zwischen das Charetum asperae des Flachwassers und das Nitellopsidetum der Tiefzone eingeschaltet ist. In der Standortswahl unterscheidet sie sich nicht von *Ch. contraria*.

Aktuelle Situation: Durch zunehmende Eutrophierung gefährdet. Neuerdings Regeneration beobachtet. *Chara filiformis* läßt sich ebenso wie *Chara contraria* im Aquarium leicht aus Oosporen heranziehen, ohne ihre Form zu ändern.

Wichtige Literatur: Migula 1897, Holtz 1899, 1903, Olsen 1944, Dąmbska 1966 a, Krausch 1964, Gołdyn 1983.

Fig. 27. *Chara filiformis* Hertzsch. A Habitus×0,5, B Sproßachse×5, C Rinde, Stacheln, Stipularen×12, D fertiler Quirl×10, E steriler Quirl der Sproßbasis×5, F Oogon×30, G Oospore×30.

11. **Chara globularis** Thuillier 1799 (Fig. 28)

Chara fragilis Desvaux in Loiseleur-Deslongchamps 1810

Schlank und glatt. Der Characeenaufbau aus Internodien und Quirlen modellartig deutlich. Vom Grund an lange Seitensprosse. Größe variabel. Getrocknet brüchig wie Glas. Äste nadelspitz. Achse 10–120 cm hoch. Durchmesser 0,3–1,4 mm. Internodien merklich bis mehrmals länger als die Äste. Rinde re-

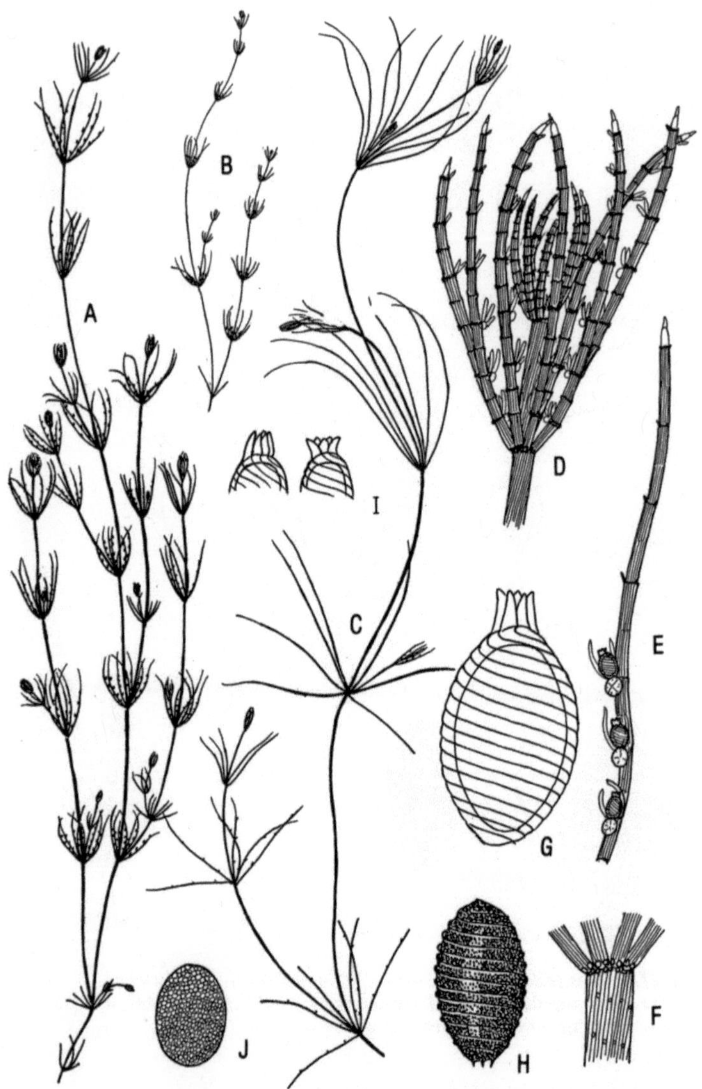

Fig. 28. *Chara globularis* Thuillier. A Normalform×0,5, B feinwüchsige Form×0,5, C Tiefwasserform *Ch. hedwigii* Agardh×0,3, D Sproßgipfel zu A×3, E Ast×4, F Rinde und Stipularen×6, G Oogon, groß×25, H Oospore, klein×30, I Krönchen×30, J mißgebildete Oospore zu C×30.

gelmäßig triplostich, glatt feingestreift. Stacheln fehlen, Knotenzellen der Rinde schwer zu erkennen. Stipularen undeutliche Höcker. Äste zu 7–8 im Quirl, am Sproßgipfel trichterförmig geordnet. 6–7 berindete Glieder, zweizelliges rindenloses Endglied, meist kurz. Astknoten durch dunkle Trennzonen markiert. Blättchen an fertilen Knoten teils kürzer, teils länger als das Oogon. Sonst kurz. Monözische Gametangien an den berindeten Astknoten, nicht selten am Grunde der Äste nahe zusammengerückt. Oogon ohne Krönchen 700–1100 µm hoch, 600–700 µm breit, 14–16 Umgänge. Krönchen 125–200 µm hoch, 175–300 µm breit, nach der Reife lange ausdauernd. Oospore 500–800 µm hoch, 350–450 µm breit, ellipsoidisch bis länglich, schwarz, 12–14 Rippen. Antheridium ca. 300 µm Durchmesser, klein. Gametangien Sommer bis Herbst. n = 16, 18, 20, 24, 28, 32.

Variabilität: Für *Chara globularis* benennt Migula (1897) 38 Formen, die unter anderem nach der Länge der Blättchen unterschieden werden. Manche von ihnen sind Modifikationen. In der Flora werden drei habituell unterschiedene Pflanzen hervorgehoben, die an bestimmte Standorte gebunden sind. 1. Normalform der alten Bestände in größeren oligosaproben Stillgewässern. Robust und reich fruchtend (Fig. 28 A). 2. Kurze feinästige Pionierpflanzen aus dem Flachwasser neu angelegter Kiesgruben. Äste nadelartig, sehr zerbrechlich (Fig. 28 B). 3. Tief- und Fließwasserform. Gestreckt und langästig. Meist steril, gelegentlich mit mißgebildeten, kugelförmigen weißen Oogonien (Fig. 28 C). Als Typuspflanze gewählt und entsprechend «*globularis*» genannt. In seltenen Fällen bildet *Chara globularis* die f. *barbata* Ganterer 1847 mit Stipularen, die an Länge dem Sproßdurchmesser gleichkommen.

Verbreitung: Kosmopolit mit Schwerpunkt auf der Nordhalbkugel. In Europa verbreitet und häufig. Noch in Island und allgemein bis zum Polarkreis. In Südwest- und Südosteuropa Auflockerung, aber reichlich im Skutarisee. Verbreitungskarten Olsen 1944 (Dänemark), Corillion 1957 (Welt), Langangen 1974 (Norwegen), Moore & Greene 1983 (Großbritannien und Irland).

Vorkommen: *Chara globularis* kann in kalkreicher Umgebung zur beherrschenden Pflanze werden (Vranasee). Sie kann aber auch in saure Gewässer (mit *Potamogeton polygonifolius*) eindringen, in denen sie eine Randerscheinung bleibt. Schließlich tritt sie in relativ eutrophen Potamogetonion- und Ranunculion-Fließgewässern zwischen dicht stehenden Phanerogamen auf. Aus Polen werden fünf *Chara*-Dominanzgesellschaften beschrieben, in denen *Ch. globularis* mit Stetigkeitsklasse II und III vorkommt (Dąmbska 1966 a). Kräftiges Ausbreitungsvermögen erlaubt es ihr, neuen Siedlungsraum schnell einzunehmen. Im Maschsee in Hannover füllte sie nach einer Entschlammungsaktion das frisch zugeführte Wasser. Im Alpenvorland fehlt sie den naturnahen Seen, tritt aber in den vom Menschen stärker beeinflußten Kleingewässern auf. Von *Chara vulgaris*, die ähnlich verbreitet ist, unterscheidet sie sich durch ihre Vorliebe für langfristig gefüllte Gewässer.

Aktuelle Situation: *Chara globularis* ist wenig gefährdet.

Wichtige Literatur: Migula 1897, Corillion 1957, Dąmbska 1966 a, Melzer et al. 1986.

12. **Chara delicatula** Agardh 1824 (Fig. 29)

Chara globularis var. *virgata* f. *virgata* (Kützing) R. D. Wood 1962

Nahe Verwandte der *Chara globularis*, oft kleiner und zarter als diese, sonst makroskopisch nicht von ihr zu unterscheiden. Achse 5–15–(30 cm hoch), 0,3–0,6 mm Durchmesser. Vom Grunde an verzweigt. Internodien teils länger als die Äste, teils extrem kurz. Rinde triplostich, Mittelreihen hervortretend. Stacheln als Wärzchen ausgebildet. Sproß merklich rauh. Stipularen in zwei

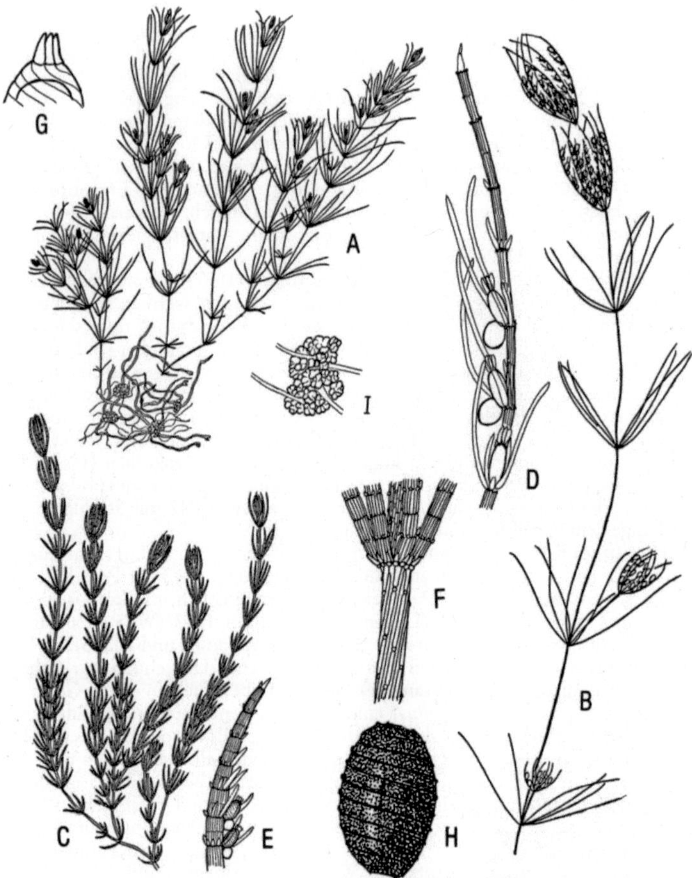

Fig. 29. *Chara delicatula* Agardh. A var. *bulbillifera* A. Braun×0,5, B var. *verrucosa* Itzigsohn×1, C var. *annulata* Lange×0,5, D Ast der var. *verrucosa* Itzigsohn×5, E Ast der var. *annulata* Lange×10, F Rinde, Stacheln, Stipularen×10, G Krönchen×25, H Oospore×30, I Bulbillen×5.

Reihen. Untere warzenartig, obere maximal 0,3 mm lang, länger als breit, dem Ast anliegend. Äste zu 7–8 im Quirl, 5–7 berindete Glieder, 2–3-zelliges kurzes rindenloses Endglied. Blättchen an sterilen Knoten sehr kurz, die vorderen an fertilen länger als das Oogon. Monözisch. Gametangien zu 2–3 Paaren an den berindeten Astknoten. Oogon ohne Krönchen 750–1 000 µm hoch, 500–700 µm breit, 13–15 Windungen. Krönchen 100—200 µm hoch, ca. 200 µm breit. Zellen teils zusammenneigend, teils gespreizt. Oospore 600–800 µm hoch, 400–600 µm breit, schwarz, 11–13 Rippen. Antheridium 350–550 µm Durchmesser. Gametangien Sommer bis Herbst. n = 24.

Variabilität: Var. *bulbillifera* A. Braun 1867: bis 2 mm große vielzellige Bulbillen im Rhizoidbereich. Dichte feinästige Büschel. Var. *verrucosa* Itzigsohn 1850: Keine Bulbillen. Stachelpapillen relativ lang. Sprosse wenig verzweigt. Var. *annulata* Lange 1867: Internodien auf 4–6 mm, Äste auf 3–5 mm verkürzt. Keine Bulbillen. Im atlantischen Gebiet. Stachelpapillen und Stipularen können verkleinert sein und zur glatten Rinde und dem rudimentären Stipularkranz von *Chara globularis* überleiten.

Verbreitung: In Frankreich und Deutschland verbreitet, aber seltener als *Ch. globularis*. Ausbreitungstendenz nach Norden und ins Gebirge. In Irland und Schottland häufig, in Norwegen noch bei Alta in Finnmarken bei 70° n. Br., in Schweden bei Luleå, in Rußland in Onega-Karelien. Reinbestände im Gaißalpsee bei Oberstdorf und im Soiensee im Karwendel (Deutschland) bei 1500 m Meereshöhe. Auf der Iberischen Halbinsel spärlich. Sibirien, Indien, Japan, Nordamerika. Verbreitungskarte Moore & Greene 1983 (Großbritannien und Irland).

Vorkommen: *Chara delicatula* bewohnt elektrolytarme Moortümpel und Isoetes-Seen ebenso wie kalkarm-oligotrophe Klarwasserseen. Am häufigsten ist sie im sauren Bereich und in Landschaften, deren Klima die Moorbildung fördert: Lüneburger Heide, westliches Schleswig-Holstein und Ostfriesland, armorikanisches Massiv in Frankreich, Schottland und Irland. In Westfrankreich tritt sie mit *Nitella translucens* zusammen auf. In Irland ist sie in Seen der Granitgebiete mit *Nitella translucens, N. opaca, N. batrachosperma*, in Seen über Kalkstein mit *Chara aspera, Ch. desmacantha, Ch. contraria* vergesellschaftet. Auf der nordwestdeutschen Altmoräne wurde sie in Teichen neben *Pilularia pilulifera*, im Myriophylletum alterniflori und in einem *Isoetes*-See gefunden, ebenso in Norwegen. Nach Osten vorgeschobene Fundorte sind *Isoetes-Lobelia*-Seen in Kaschubien in Nordpolen. In oberschwäbischen Mooren steht sie in Gräben im Caricetum diandrae und in Torfstichen mit *Carex rostrata*. Im Alpsee bei Füssen kommt die Sippe mit *Ch. tomentosa, Ch. hispida* und *Ch. contraria* bis in 10 m Tiefe reichlich vor. Vergleichbar sind Funde in Grundwasserabflüssen der Oberrheinebene, wo sie zwischen *Ch. hispida* und *Ch. aspera* wächst.

Aktuelle Situation: Das Überleben hängt wie bei den meisten Characeae von der Erhaltung eines niedrigen Saprobiegrades ab. Beobachtungen über Ausbreitungsvermögen liegen nicht vor.

Wichtige Literatur: Kuczewski 1906, Groves & Bullock-Webster 1924, Dąmbska 1966 b, Szmeja 1979, Vöge 1988.

13. Chara connivens Salzmann ex A. Braun 1835 (Fig. 30)

Chara globularis var. *globularis* f. *connivens* (Salzmann ex A. Braun) R. D. Wood 1962

Klein, selten mittelgroß. Quirläste auffällig zur Achse gebogen: «Kugelquirl-Armleuchter». Keine Andeutung von Stacheln. Unverkalkt, meist frischgrün glänzend. Beim Herausnehmen aus dem Wasser formbeständig. Trocken zerbrechlich. Achse 0,4–0,6 mm Durchmesser, ca. 15 cm, selten bis 40 cm hoch. Seitentriebe kurz. Internodien teils kürzer, teils länger als die Quirläste. Rinde triplostich-isostich, fein längsgestreift. Stacheln: unscheinbare Papillen, oft unauffindbar. Stipularen rudimentär. Äste zu 6–10 im Quirl, 6–11 berindete Glieder, 1–2 kurze rindenlose Endzellen. Äste der männlichen Pflanze an den meisten Quirlen halbkreisförmig zur Achse gebogen, gedrungen stabil, an den Knoten eingeschnürt. Weibliche Äste länger, schlaffer. Blättchen 5–7, sehr kurz, oft kaum erkennbar. An fruchtbaren Knoten 2–3 Blättchen, annähernd so lang wie das Gametangium. Diözisch. Gametangien an den 3–4 unteren Astgliedern. Oogon ohne Krönchen 650–750 µm hoch, 330–400 µm breit.

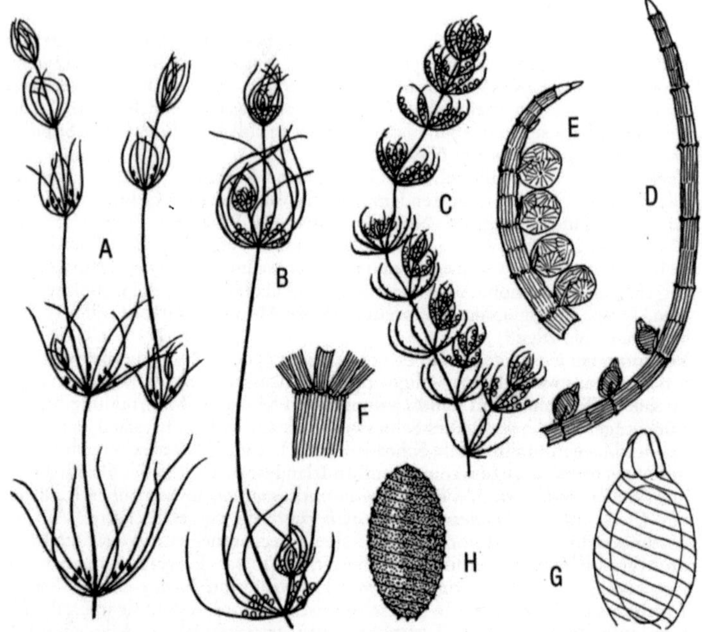

Fig. 30. *Chara connivens* Salzmann ex A. Braun. A lockere weibliche Pflanze
×0,5, B lockere männliche Pflanze×0,5, C dichtästige männliche Pflanze×0,5,
D weiblicher Ast×5, E männlicher Ast×6, F Rinde und Stipularen×14,
G Oogon×30, H Oospore×30.

14–15 Windungen. Krönchen langgestreckt, 200–240 µm hoch, ca. 160 µm
breit. Zellen gegen die Spitze verschmälert und zusammengebogen. Oospore
500–700 µm lang, 250–350 µm breit, an den Polen verschmälert. 12–14 kräftige
Rippen. Dunkelbraun bis schwarz. Antheridium 600–1 000 µm Durchmesser,
orangerot, schon im Wasser auffallend. n = 14.
Variabilität: *Chara connivens* variiert wenig, abgesehen von Modifikationen
wie f. *laxa*, f. *major*.
Verbreitung: Überwiegend Südwesteuropa: Dünensee auf Texel, wenige Plätze in
Südengland und Irland, Häufungszentrum in Westfrankreich und auf der Iberi-
schen Halbinsel, Kanaren. Verbreitet in der Küstenebene des westlichen Marok-
ko. Sonst in Algerien, Tunesien, Ägypten und in periodischen Kleingewässern der
Sahara. In Ungarn im Balaton, bei Szolnok, Szeged, in der rumänischen Donau-
ebene. Weiter bis Syrien und zum Balchaschsee. Abgesondert in der Ostsee.
Vorkommen: Überwiegend in temporär gefüllten Kleingewässern künstlichen
Ursprungs, besonders in den Rinnen und Becken der Bewässerungsanlagen.
Oft in Massen erscheinend, aber bald zurückgehend. In einem neu angelegten
Stauweiher bei Montemor-o-Novo in Portugal 1980 zwischen *Chara globularis* und *Eleocharis palustris* vereinzelt, 1981 im gesamten Flachwasserbereich
dominierend, 1984 nicht auffindbar. An 7 Fundstellen auf der Iberischen Halbinsel und in Marokko mit *Chara vulgaris* und *Ch. globularis* vergesellschaftet,
zum Teil mit reichlich Fadenalgen. In Ungarn mit *Chara canescens* im Scirpe-

tum maritimi. Eine der wenigen adventiv verbreiteten Characeae: Ehemals auf Abladeplätzen für Schiffsballast in Ostseehäfen.

Aktuelle Situation: *Chara connivens* vermag ähnlich wie *Chara vulgaris* und *Ch. globularis* die allgemeine Verschlechterung der Lebensbedingungen durch ihre Pionierfähigkeiten auszugleichen, ist aber weniger verbreitet als diese.

Wichtige Literatur: Corillion 1957, Stefureac & Teculescu 1967, Luther 1979, Krause 1983.

14. Chara fragifera Durieu de Maisonneuve 1859 (Fig. 31)

Chara globularis var. *globularis* f. *fragifera* (Durieu) R. D. Wood 1965

Glatte, haarfeine dichtstehende Quirläste. Außerhalb des Wassers pinselförmig zusammenfallend. Grün überwinternd oder aus Bulbillen austreibend. Nicht verkalkt. Getrocknet nicht zerbrechlich. In Flachwasser. Achse 5–30 cm hoch, 400–500 µm Durchmesser. Internodien selten länger, meist kürzer als die 3–6 cm langen Äste. Sproßgipfel mit 6 cm langen Internodien und 0,5 cm langen Ästen gelegentlich peitschenartig verlängert. Sproßknoten im Rhizoidbereich in erdbeerartig zusammengesetzte Bulbillen von 0,5–4–(5) mm Durchmesser umgebildet. Rinde triplostich, feingestreift, glatt. Stacheln fehlen. Stipularen in zwei Reihen, rudimentär. Äste zu 6–9 im Quirl, schlank mit verdickten Knoten und deutlich markierten Mittelgrenzen der Rinde, die einen Knoten vortäuschen kann. 8–12 (13) schlanke berindete Glieder, 1–3 kurze Endzellen ohne Rinde. Blättchen zu 2–3 unter den Gametangien. Annähernd so lang wie das Oogon, sehr viel kürzer als das Antheridium. An sterilen Knoten oft unauffindbar. Diözisch. Männliche fertile Pflanze kurzästiger als weibliche. Gametangien an den unteren 2–4 Astknoten spärlich gebildet. Oogon ohne Krönchen 750–1 000 µm hoch, 550–700 µm breit. 10–12 Windungen. Krönchen 100–200 µm hoch, 150–200 µm breit. Zellen zusammenneigend oder parallellaufend. Oospore 550–700 µm hoch, 350–450 µm breit. 9–11 kräftige Rippen. Kurz oval, an den Polen abgeflacht. Antheridium 500–600 µm Durchmesser, rötlich-braun. Gametangien Mai–November. n = 14.

Variabilität: *Chara fragifera* ändert wenig ab.

Verbreitung: Westfrankreich von der Normandie bis in die Landes. Südengland in Cornwall, NW-Spanien in Galicien, Westküste Portugals. Unbekannt an der Mittelmeerküste. Vereinzelt in Nordafrika. Neuerdings Fundmeldung aus Dünengelände nahe der Donau östlich von Calafat in Rumänien. Verbreitungskarte Corillion 1957, 1975.

Vorkommen. Überwiegend über Sand in unverschmutztem Wasser, gern in Dünenseen. Selten in mehr als 1 m Tiefe. In Reinbeständen oder mit *Nitella translucens, N. gracilis, N. capillaris*. Auf kalkhaltigem Sand mit *Chara aspera*. Nicht in Brackwasser. Bei Bom Succeso, Prov. Beira Litoral, Portugal, in Grundwasserbrunnen. Dem atlantischen Verbreitungsgebiet entspricht die Fähigkeit, grün zu überwintern. Oft sind die bräunlichen, lebenden Vorjahrssprosse unterhalb der Neutriebe erhalten. Die Bulbillen entstehen in Abhängigkeit vom Alter. Mehrjährig ausdauernde Bestände bilden kaum Oosporen, aber viele und besonders große Bulbillen. Neusiedlungen in frisch gefüllten Gewässern tragen reichlich Gametangien. *Chara fragifera* verhält sich abweisend gegen epiphytische Mikroorganismen. Sie bleibt bis im Alter glänzend glatt.

Aktuelle Situation: In den zum Badebetrieb und Segeln einladenden Seen Rückzug in abgelegene Buchten. Auf der Fläche Verdrängung durch *Elodea canadensis* und *Myriophyllum spicatum*. Zuletzt bestätigt im Étang de Priziac (Morbihan), Lac de Parentis und Lac de Sanguinet (Landes) und Dünenseen in Portugal.

Wichtige Literatur: Corillion 1957, 1975, Stefureac & Teculescu 1961, Corillion & Guerlesquin 1968.

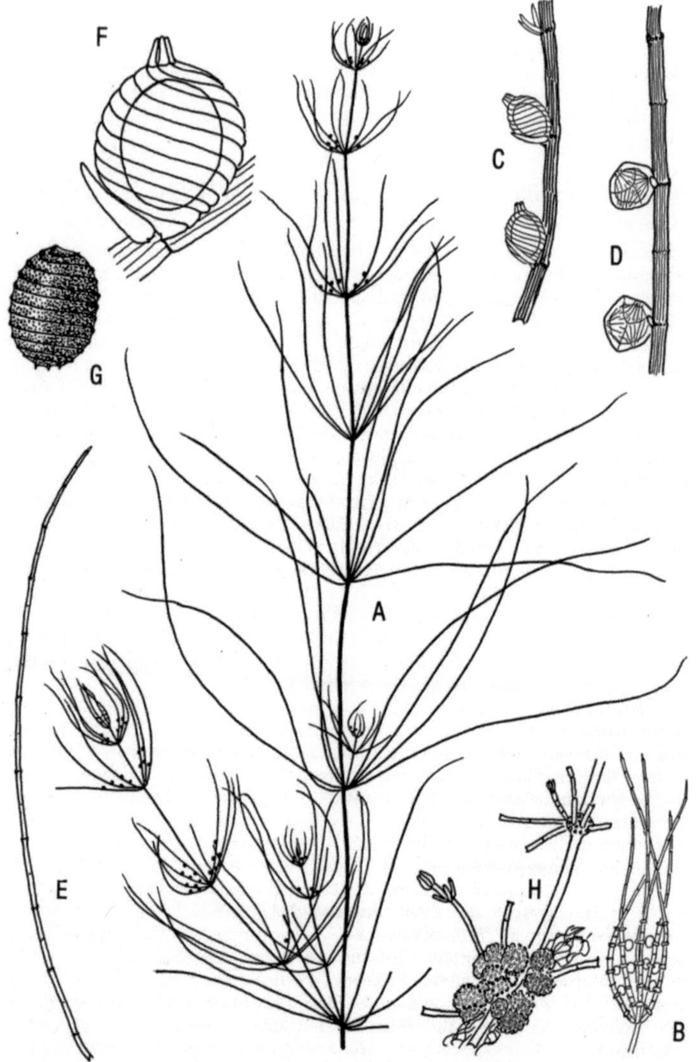

Fig. 31. *Chara fragifera* Durieu de Maisonneuve. A Habitus×2, B Sproß-gipfel×5, C Astbasis weiblich×10, D Astbasis männlich×10, E steriler Ast×4, F Oogon×25, G Oospore×25, H erdbeerförmige Bulbille×8.

15. **Chara aspera** Detharding ex Willdenow 1809 (Fig. 32, 33)

Chara globularis var. *aspera* (Detharding ex Willdenow) R. D. Wood 1962

Kleine zarte Pflanze mit langen Internodien und bürstenartig abstehenden dünnen Stacheln. Verkalkt und zerbrechlich, ausdauernd. Kugelförmige weiße Bulbillen an den Rhizoiden. Achse 3–15–(30) cm hoch, ca. 0,5 mm dick. Internodien zwei- bis dreimal so lang wie die Quirläste. Wenig verzweigt. Bulbillen hauptsächlich an älteren sterilen Pflanzen, Durchmesser ca. 1 mm. Rinde triplostich, fein längsgestreift, Hauptreihen hervortretend. Stacheln länger als der Sproßdurchmesser, nadelartig, einzelnstehend. An den oberen Internodien dicht gedrängt, nach unten verkahlend. Selten kurz. Stipularen in zwei Reihen, den Stacheln ähnlich. Obere meist länger als untere. Äste 8–9 im Quirl, gegen den Sproß gebogen oder gerade abstehend. 6–8 Glieder, das letzte ohne Rinde, kurz zugespitzt. Blättchen 5–7 je Knoten, spitz, länger als die Gametangien. Zweihäusig. Gametangien vor allem an jungen, aus Oosporen gekeimten Pflanzen. Geschlechtsdimorphismus: männliche Pflanzen mit Köpfchen, weibliche mit abstehenden Ästen. (1)–2–(4) Gametangien je Ast. Oogon ohne Krönchen 600–700 µm lang, 400–450 µm breit, 13–15 Windungen. Krönchen 75–120 µm hoch, 100–150 µm breit. Spitzen auseinandergebogen. Oospore schlank, am Scheitel abgeflacht, gegen das Fußende verschmälert. An der Basis auffällige, beieinander stehende Klauen. Glänzend schwarz. 400–650 µm hoch, 250–400 µm breit. 12–14 niedrige Rippen. Antheridium 400–600 µm Durchmesser, orangegelb. Makroskopisch auffallend. Gametangien Sommer bis Herbst, in West- und Südeuropa von April ab. n = 12, 14.

Variabilität: Abweichungen sind altersbedingt. Frisch aus Sporen gekeimte Exemplare tragen dichten Stachelbesatz, lange Blättchen und reichlich Gametangien. An überjährigen Pflanzen fehlen Stacheln und Blättchen oder sie sind durch Kalk verdeckt. Die Antheridien erreichen in Nordafrika 750 µm Durchmesser und nähern sich den Maßen, die für die verwandte *Ch. galioides* gelten. Eine Kümmerform ist die schmächtige, mit kurzen Stacheln besetzte var. *subinermis* Groves. Durch gebündelte Stacheln ausgezeichnet sind var. *curta* (Nolte ex Kützing) Braun ex Leonhardi 1864 sowie ssp. *desmacantha* H. & J. Groves 1898. Die erste ist aus Mitteleuropa, die zweite aus Irland bekannt. Sie wurden getrennt behandelt, bis Wood (1962) sie zu *Ch. globularis* var. *aspera* f. *curta* vereinigte. In ihrer typischen Ausbildung sind beide unterschieden, gehen aber mit Zwischenformen ineinander über. Die Süßwasserflora stellt sie gemäß der ursprünglichen Auffassung von Characeenkennern getrennt vor. Var. *curta* wird meist nur wenige Zentimeter hoch und wächst in dichten Raschen (Fig. 33). Eine Ausnahme zeigt Fig. 33 C. Im Flachwasser der Voralpenseen dauert sie mit einem Geflecht aus bodennahen Sprossen und angeschwollenen Knoten aus. Im Tiefwasser bildet sie Jahresstockwerke. Zu ssp. *desmacantha = Ch. desmacantha* vgl. Nr. 17.

Verbreitung: Mittel- und Westeuropa, westliches Nordafrika, Italien, Griechenland. Norwegen bis 70° nördliche Breite. In den Buchten der Ostsee bis zum Ende des Bottnischen Meerbusens. Jungmoräne von Schleswig-Holstein bis zur Baltischen Küste, Voralpenseen von der Schweiz bis Österreich. Vom Bodensee rheinabwärts. Dünenseen Westeuropas von Juist, Texel, bis Portugal. Westfrankreich, besonders Pariser Becken. Britische Inseln bis zu den Shetlands. Verbreitet in den brackigen Kleingewässern der französischen Mittelmeerküste und am Neusiedler See. Areal nach Südosten aufgelockert: Ungarn (Velencer See), Montenegro, Mazedonien (Ochridsee). Turkestan, Gangesebene, Canada, USA. Verbreitungskarten: Corillion 1957; Moore & Greene 1983 (Großbritannien und Irland); Olsen 1944 (Dänemark).

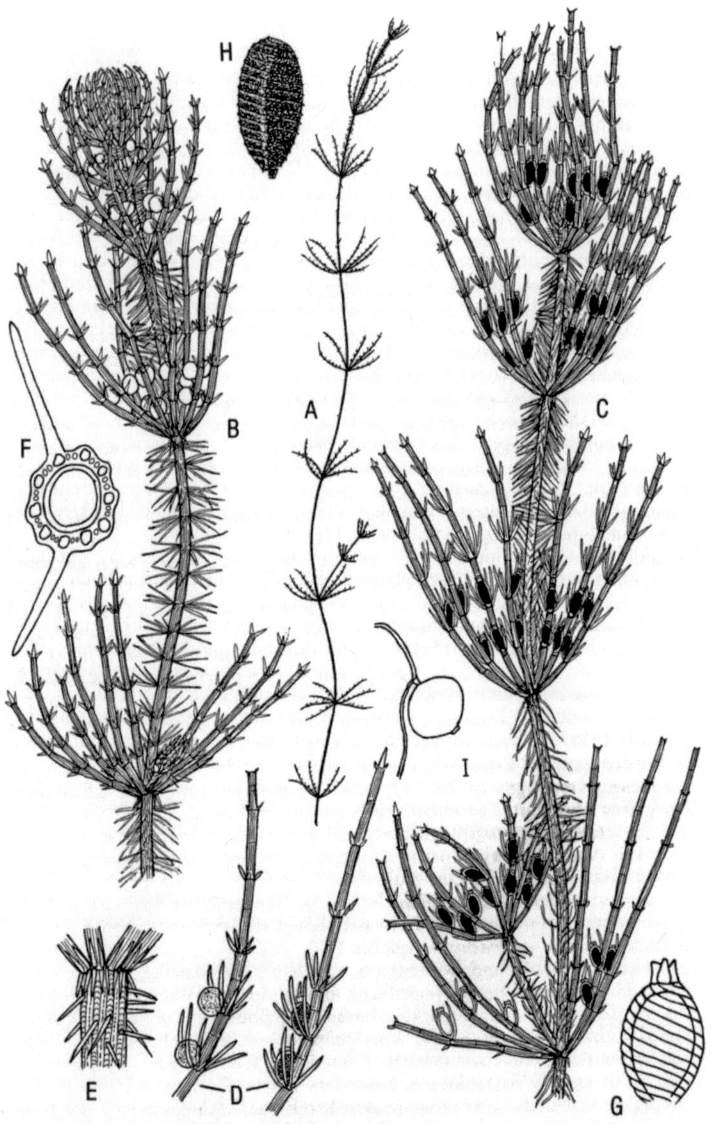

Fig. 32. *Chara aspera* Detharding ex Willdenow. A Habitus×1, B Sproßgipfel männlich×7, C Sproßgipfel weiblich×7, D männlicher und weiblicher Ast×7, E Rinde, Stacheln, Stipularen×15, F triplostiche Sproßachse quer×35, G Oogon×30, H Oospore×30, I Rhizoidbulbille×14.

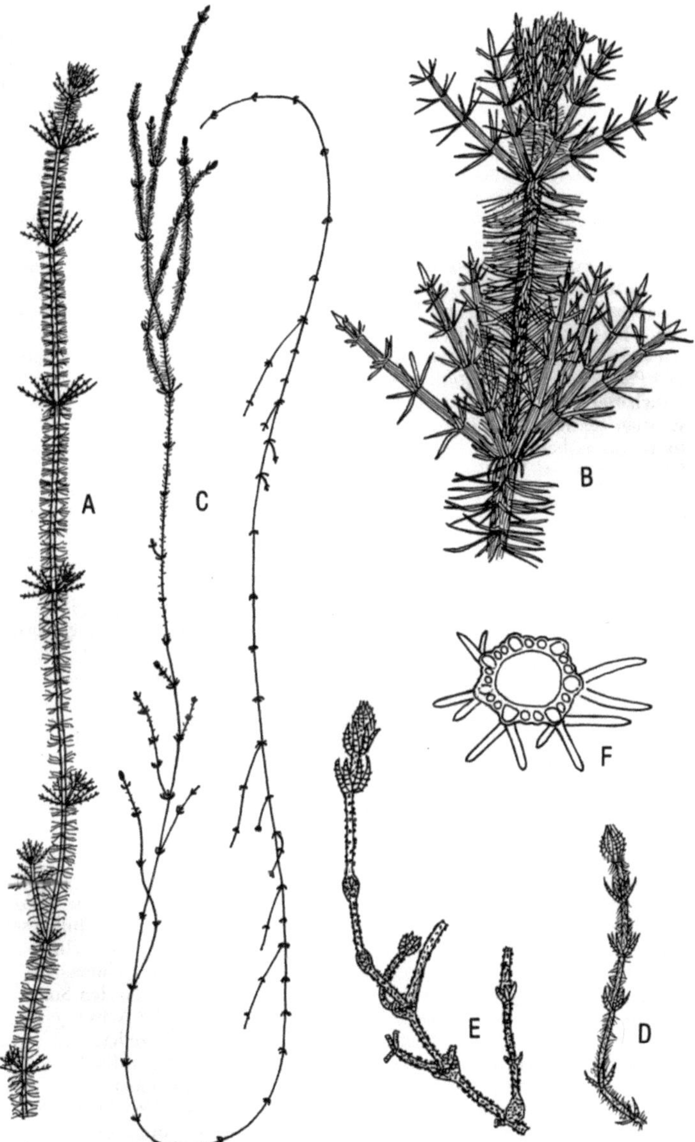

Fig. 33. *Chara aspera* var. *curta* (Nolte ex Kützing) A. Braun ex Leonhardi.
A Habitus × 1,1, B Sproßgipfel zu A × 8, C Habitus aus 4 m Tiefe, Grundwasserdurchfluß × 0,5, D aus dem Flachwasser eines Alpensees × 1,1, E überwinternder Basalsproß zu D × 2, F triplostiche Sproßachse quer zu D × 25.

Vorkommen: *Chara aspera* bewohnt Klarwasserseen in kalkreicher Umgebung. Sie ist wenig empfindlich gegen Wellenschlag und bildet Reinbestände auf luvseitigen Sandufern. Unterhalb 1,5 m schließen sich Charetum contrariae (*Ch. filiformis*) und/oder Charetum tomentosae an. Sie werden ab etwa 4 m vom Nitellopsidetum obtusae abgelöst, dessen Untergrenze bei ca. 9 m liegt. In tiefen Seen kann eine von *Nitella flexilis* beherrschte Gesellschaft den Abschluß bilden. Absolute Tiefenangaben bieten nur grobe Annäherungswerte. Ihre im Prinzip gleichbleibende Abstufung hilft der Orientierung. Ein Standort, der sich vom windexponierten sauerstoffreichen Flachwasser tiefgehend unterscheidet, liegt in turbulenzfreien, aus dem Untergrund gespeisten Quellteichen, an deren Grund sich Schwefelwasserstoff anreichert und eine formenreiche anaerobe, durch rote Schwefelbakterien ausgezeichnete Lebewelt duldet (Lauterborn 1916). Das Charetum lamprocystetosum Krause 1969 ist in der Oberrheinaue verbreitet und kommt auch in Baggerseen des Alpenvorlandes vor. – Im mesohalinen Wasser der Ostseebuchten wächst *Chara aspera* in Tiefen zwischen 30 und 150 cm über Sand. Sie ist mit *Ch. canescens, Ch. baltica* und *Potamogeton pectinatus* im Kontakt mit dem Ruppietum maritimae vergesellschaftet. In den temporären Flachwassertümpeln hinter der Mittelmeerküste steht sie mit *Tolypella nidifica, T. hispanica, T. glomerata, Chara galioides.* Im pannonischen Gebiet sind *Ch. canescens* und *Ch. tenuispina*, in Westeuropa *Ch. fragifera* und *Nitella*-Arten Begleitpflanzen. Die var. *subinermis* ist typisch für die kalt-stenothermen Quellabflüsse der Oberrheinaue. Ihr gehäuftes Auftreten läßt auf Begünstigung, der Kümmerwuchs auf gleichzeitig wirkende Hemmung schließen. Außerdem kommt sie in Nitelletalia-Seen vor, in die lokal kalkhaltiges Material eingeschwemmt wird, z. B. im Vättern und in irischen Granitgebieten.

Aktuelle Situation: In den großen Seen wird *Chara aspera* ebenso wie andere Arten durch die Eutrophierung verdrängt. Sie hält sich in wenig gestörten Kleinseen (Alpsee bei Füssen). In Landschaften, in denen sie heimisch ist, vermochte sie in flachen Baggerseen, nach dem Kriege auch in Bombentrichtern neue Siedlungen zu gründen.

Wichtige Literatur: Migula 1897, Holtz 1903, Sauer 1937, Corillion 1957, Krausch 1964, Melzer 1976, Lindner 1978, Lang 1981, Melzer et al. 1987.

16. **Chara galioides** De Candolle 1813 (Fig. 34)

Chara globularis var. *aspera* f. *galioides* (De Candolle) R. D. Wood 1962

«Vergrößerte Ausgabe» der *Chara aspera*. Kräftiger, rauher, steifer als diese. Achse 15–40 cm hoch, Durchmesser nahezu 1 mm. Internodien meist kürzer, an unteren Sproßteilen länger als die Äste. Mehrmals verzweigt. Bulbillen selten beobachtet. Rinde triplostich, gelegentlich unregelmäßig. Stacheln meist einzelnstehend, gelegentlich gebündelt, so lang wie der Sproßdurchmesser oder kürzer. Steif, undeutlich zugespitzt oder abgerundet. Stipularen den Stacheln ähnlich, kürzer als diese. Äste 6–8 im Quirl, leicht gegen die Achse gebogen oder gerade gestreckt. 4–7 Glieder mit Rinde, ein- bis zweizelliges Endglied ohne Rinde. Blättchen allseits steif abstehend, auf der Rückseite des Astes kürzer als auf der Vorderseite. Diözisch. Oogon ohne Krönchen 700–800 µm hoch, 550–600 µm breit, 12–15 Windungen. Krönchen groß, 90–150 µm hoch, 150–200 µm breit. Oospore 500–600 µm hoch, 350–450 µm breit. Ellipsoidisch, gegen die Basis nicht auffällig verschmälert. Klauen undeutlich. Schwarz mit dünner leicht brechender Kalkschale. 11-13 schwach hervortretende Rippen. Antheridium 800–1 100 µm Durchmesser. Gametangien März bis Mai. n = 14.

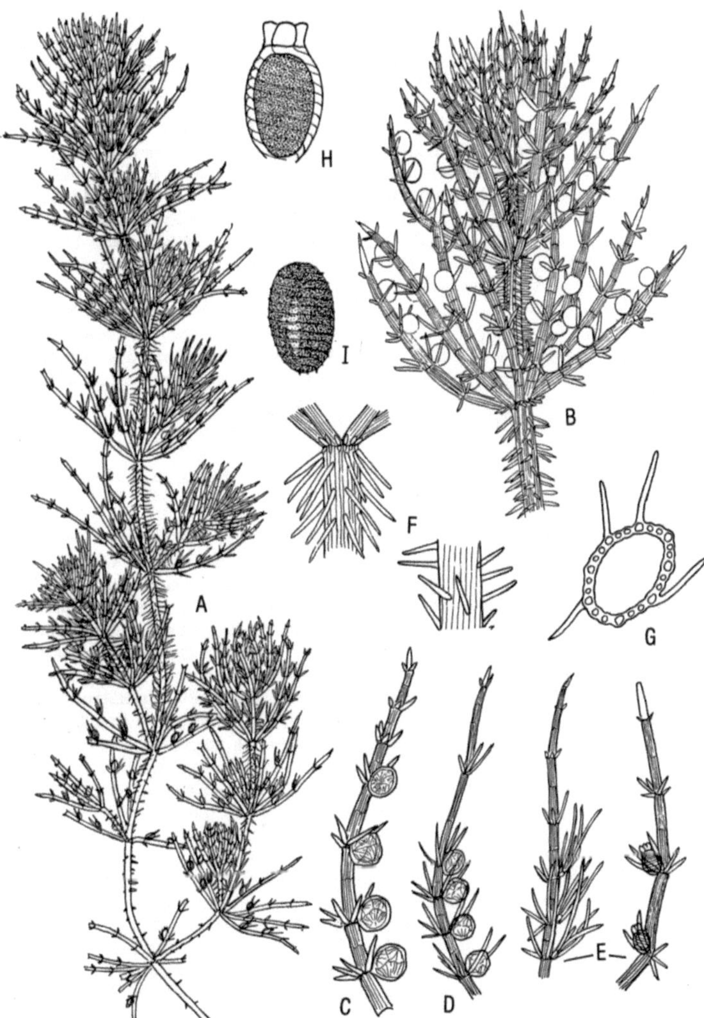

Fig. 34. *Chara galioides* De Candolle. A Habitus weiblich×1, B Sproßgipfel männlich×3, C männlicher Ast×5, D Zum Vergleich *Ch. aspera* Detharding ex Willdenow männlicher Ast×5, E *Chara galioides* De Candolle weibliche Äste×5, F Rinde, Stacheln, Stipularen×10, G Sproßachse quer×15, H Oogon×20, I Oospore×20.

Variabilität: Die einzige größere Abweichung vom Typ bieten Exemplare mit kurzen Stacheln. Erwogen wird die Möglichkeit, *Chara galioides* als eine in den Dimensionen veränderte *Chara aspera* zu bewerten. An der französischen Mittelmeerküste kommen diese beiden Sippen sowie Zwischenformen nebeneinander vor.

Verbreitung: In Europa westmediterran nahe der Küste. Am Atlantik bis Finistère (Glénan-Inseln). Hauptverbreitung Südfrankreich. Vereinzelt Balearen, Korsika, Sizilien, Süditalien, Nordafrika zwischen Ägypten und Marokko. In Spanien mehrfach im Quellgebiet des Rio Guadiana (Provinzen Toledo, Cuenca, Ciudad Real) und in den Marismas des Guadalquivir. Fundmeldung aus den Niederlanden irrtümlich. Abgesondertes Vorkommen in Schleswig-Holstein nach der Beschreibung (Sonder 1890) gesichert. Fundorte wahrscheinlich nicht mehr vorhanden. Verbreitungskarte Corillion 1962.

Vorkommen: *Chara galioides* besiedelt salzhaltige Flachgewässer. Höchster gemessener Gehalt 14 g NaCl/l. In Südfrankreich wächst sie mit *Chara baltica*, *T. nidifica, T. hispanica, T. glomerata* im Charo-Tolypelletum oder zusammen mit *Lamprothamnium papulosum* oder *Chara canescens*. Kontaktgesellschaften sind Chaetomorpho-Ruppietum und Ranunculetum baudotii.

Wichtige Literatur: Prósper 1910, Corillion 1957, 1975.

17. Chara desmacantha (H. et J. Groves) J. Groves et Bullock-Webster 1924 (Fig. 35)

Chara globularis var. *aspera* f. *curta* (Nolte ex Kützing) R. D. Wood 1962

Mittelgroß, schmal langgestreckt. Internodien meist länger als die kurzen Äste. 20–30 Quirle je Sproß, in Zuwachsstockwerke aufgeteilt. Dicht mit feinen langen Stacheln besetzt. Achse 20–25 cm lang, 0,5–0,7 mm Durchmesser. Internodien zwei- bis viermal so lang wie die Äste. Mehrmals verzweigt. Gelegentlich weiße kugelförmige Bulbillen an den Rhizoiden. Rinde triplostich, dickwandig, fest. Stacheln dünn, oft mit verdickter Basis. Mindestens so lang wie der Sproßdurchmesser. Zu 2–4–(6) gebündelt, sehr dichtgestellt. Stipularen in zwei Reihen, schmal und spitz, kürzer als der Sproßdurchmesser. Äste zu 6–8 im Quirl, 0,3–1 cm lang. Untere gestreckt, obere zu kugelähnlichen Quirlen zusammengebogen. 5–7 Astglieder mit Rinde, ein- bis zweizelliges Endglied rindenlos. Blättchen 5–7, allseits abstehend. Diözisch. Meist ein einziges Gametangium je Ast. Oogon ohne Krönchen 600–750 μm hoch, 375–450 μm breit, 14–17 Windungen. Auch in großen Beständen selten zu finden. Krönchen ca. 125 μm hoch, ca. 250 μm breit. Spitzen auseinandergezogen. Oospore 450–525 μm hoch, 250–350 μm breit, 15–16 dünne Rippen, braun. Antheridium 500–650 μm Durchmesser, relativ groß. Häufiger als Oogonien. n = 14.

Variabilität: Habitus im irischen Hauptverbreitungsgebiet einheitlich. Nicht selten wachsen Pflanzen durcheinander, von denen einige einfache, andere gebündelte Stacheln tragen, so daß eine Unterscheidung zwischen *Ch. desmacantha* und *Ch. aspera* nicht möglich ist. Hier steht das ungeklärte Problem der Bastardierung zwischen Characeae zur Diskussion. Ebenfalls unklar ist das Verhältnis der irischen *Ch. desmacantha* zur mitteleuropäischen *Chara aspera* var. *curta*, die unter Nr. 15 behandelt wird.

Fig. 35. *Chara desmacantha* (H. et J. Groves) J. Groves et Bullock-Webster. A Habitus×1, B Sproßgipfel×5, C männlicher Ast×12, D weiblicher Ast×12, E Sproßachse quer×30.

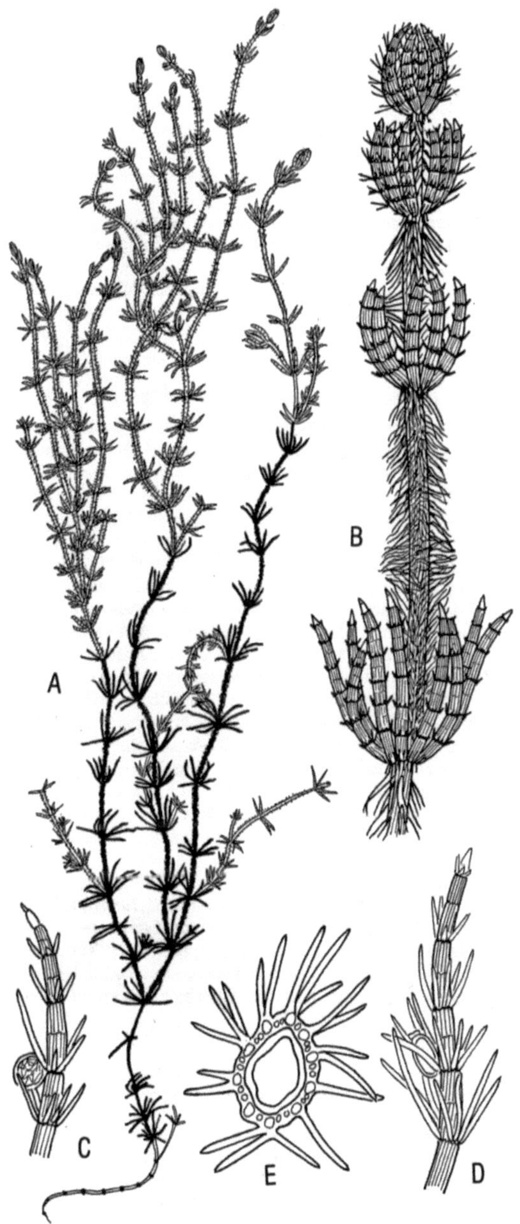

Verbreitung: Zentrum in den großen Seen irischer Kalkgebiete, z. B. im Lough Corrib, L. Mask, L. Arrow, L. Owel, L. Kindrum. Ausstrahlungen nach England und Schottland. Spärlich und unsicher auf dem Kontinent. Verbreitungskarte Moore & Greene 1983.

Vorkommen: Überwiegend in Seen in gemischten Beständen mit *Ch. aspera*, *Ch. delicatula* und *Ch. contraria* in 2–4 m Tiefe. In Ufernähe in 30–50 cm Tiefe Dominanzbestände mit eingestreuter *Ch. polyacantha* und *Potamogeton gramineus*. Meist im Komplex mit Magnocharetum hispidae. Seltener in Gräben und Torfstichen.

Aktuelle Situation: Die Wasserbeschaffenheit der großen irischen Salmonidenseen scheint derzeit wenig gefährdet zu sein. In Abschnitten, die unter Abwassereinfluß stehen, ist der Characeenbestand dezimiert.

Wichtige Literatur: Groves & Groves 1898, Groves & Bullock-Webster 1924, John et al. 1982, Krause & King 1994.

18. Chara strigosa A. Braun 1847 (Fig. 36)

Chara globularis var. *aspera* f. *strigosa* (A. Braun) R. D. Wood 1962.

Dicht bestachelte, meist hart verkalkte Pflänzchen zu kleinen Büscheln zusammengedrängt. Auf ganzer Länge des Sprosses gleich geformte Quirle aus kurzen starren Ästen. Achse 3–15 cm hoch mit kurzen Seitensprossen 500–1000 µm Durchmesser. Internodien meist annähernd so lang wie die Äste. Rinde unregelmäßig triplostich-diplostich. Stacheln zu 2–5 gebündelt. Annähernd so lang wie der Sproßdurchmesser, gedrungener als bei *Ch. aspera*. Dicht gestellt, die Rinde bis zur Unkenntlichkeit verdeckend. Stipularen den Stacheln ähnlich, in zwei Reihen. Untere relativ kurz. Äste 6–8 im Quirl, meist gerade gestreckt. 7–8 berindete Glieder, ein- bis zweizelliges, sehr kurzes nacktes Endglied. Blättchen 6, steif abstehend, die vorderen länger als das Oogon, die hinteren so lang wie der Astdurchmesser. Monözisch, aber oft nur ein Geschlecht am Astknoten. Meist steril. Oogon ohne Krönchen 800–900 µm hoch, 500–700 µm breit, 12–14 Windungen. Dick verkalkt. Krönchen 150–200 µm hoch, 135–200 µm breit, an der Spitze ausgebreitet. Oospore schwarz mit dauerhafter, schwer zu entfernender Kalkhülle. 500–700 µm hoch, 300–450 µm breit, (8)–10–12 schmale Rippen. Antheridium ca. 300 µm Durchmesser. Gametangien Spätjahr, spärlich gebildet. Ausdauernd. n = 28. Anmerkung: Die Zuordnung zu den triplostichen Arten ist unsicher. Die Chromosomenzahl spricht für Verwandtschaft mit der diplostichen *Chara hispida* (Guerlesquin 1984).

Variabilität: Im Schweizer Jura ist die f. *jurensis* mit unvollständig ausgebildeten Mittelreihen der Rinde endemisch. Hier besteht auch eine f. *longispina* mit Stacheln, die das 5–6fache des Sproßdurchmessers erreichen. Pflanzen aus den Zentralalpen und aus Finnland zeichnen sich durch geringe Verkalkung aus. Alle Pflanzen der disjunkten Teilareale sind durch die unregelmäßig diplostich-triplostiche Rinde, die Monözie und die geringe Fruchtbarkeit miteinander verbunden.

Fig. 36. *Chara strigosa* A. Braun. A Habitus aus einem kalkreichen See der Voralpen × 3, B aus einem See in den Zentralalpen × 0,5, C Rinde, Stacheln, Stipularen × 5, D unregelmäßige Verteilung der Gametangien × 10, E Sproßachse quer × 12, F Sproßachse quer der f. *jurensis* Hy × 12, G Oogon × 15, H Oospore mit Kalkhülle × 25, I Oospore × 25.

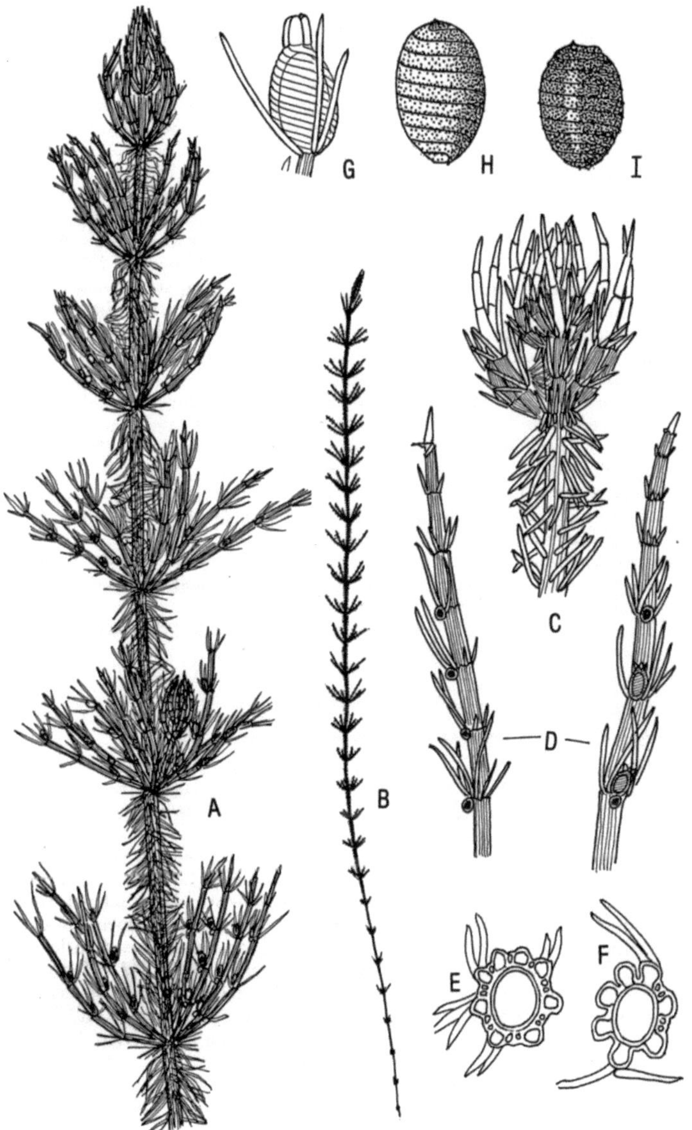

Verbreitung: Seen der nördlichen Kalkalpen: Vilsalpsee, Haldensee, Walchensee, Thumsee, Königssee, Hintersee, Langbathsee, Hallstätter See, Mondsee, Pillersee, Silser See im Engadin, Lac de Joux, Lac des Rousses, Lac d'Etalières im Schweizer Jura. Mehrfach in Finnisch Lappland, der westlichen Sowjetunion, Mittelschweden, Süd- und Nordnorwegen. Fundmeldungen aus einem See bei Suwałki in Nordost-Polen nicht bestätigt. Marokko im See Aguelmane Sidi Mohamed in 2 090 m über Meereshöhe.

Vorkommen: In kalkreichem Wasser mit mehreren Metern Sichttiefe. pH-Grenzwert 7,2–8,3. Vorwiegend in 1–2 m Tiefe, aber auch bis zur Untergrenze der Sichttiefe. Im oligotrophen, hochtransparenten Königssee steht *Ch. strigosa* als nahezu einziger Makrophyt auf unterseeischen Geröllhalden. Im ebenfalls oligotrophen, aber bewuchsfreundlichen Alpsee bei Füssen, im Alatsee und im Thumsee bei Bad Reichenhall wächst sie im Rasen aus *Ch. tomentosa*, *Ch. hispida*, *Ch. contraria* und *Ch. delicatula*. Im Norden bleibt sie auf den engen Bereich kalkführender Gesteine beschränkt, deren Bewuchs bedeutend reicher ist als in Seen über Urgestein. Im *Potamogeton filiformis-Chara*-Seentyp und in den «*Stratiotes*-Seen» Finnlands wächst sie in Gewässern, deren Artenbestand unter den aktuellen Bedingungen unerklärlich ist und auf besondere Wanderwege während der Nacheiszeit zurückgeführt werden muß. Gleiches gilt für die Siedlung auf dem Hohen Atlas. Dort wächst sie unterhalb des von *Tolypella hispanica*, *Chara aspera*, *Ch. contraria*, *Ch. vulgaris* bewohnten Flachwassersaums. Daß sie die weit getrennten Teilareale nicht durch Neusiedlungen verbinden konnte, steht in Einklang mit der allen Populationen eigenen minimalen Fruchtbarkeit.

Aktuelle Situation: Soweit die Seen annähernd unberührt bleiben, bewahrt *Ch. strigosa* ihren Bestand. Schädigung durch Abwasserzuleitung ist im Schweizer Jura unverkennbar.

Wichtige Literatur: Migula 1897, Maristo 1941, Vaarama 1954, Salonen 1956, Corillion 1957, Melzer et al. 1981.

19. **Chara tenuispina** A. Braun 1835 (Fig. 37)

Chara globularis var. *tenuispina* (A. Braun) R. D. Wood 1962

Dünnästige, breit verzweigte Pflanze. Gametangien reichlich gebildet, auffällig aneinandergereiht. Nackte Endglieder der Äste stark glänzend. Achse 15–40 cm hoch, 0,3–0,6–(0,8) mm Durchmesser. Internodien zum Teil erheblich länger als Äste. Rinde triplostich, fein längsgestreift. Zahl der Rindenreihen entsprechend der hohen Zahl der Äste auffallend groß. Stacheln länger als Sproßdurchmesser, dünn. Trotz ihrer Länge unauffällig. Oft nur an den obersten Internodien erhalten. Seltener kurz, zugespitzt. Stipularen schmal, spitz, länger als Sproßdurchmesser, obere länger als untere. Letztere meist unregelmäßig lang. Äste zu 9–11 im Quirl, 1–2 cm lang, an den oberen Quirlen oft gerade gestreckt, sonst eingebogen oder geschlängelt. Meist 5–7 Glieder mit Rinde und zwei- bis dreizelliges, manchmal stark verlängertes nacktes Endglied. Astrinde nicht selten unregelmäßig: voll berindete neben unberindeten Ästen oder einzelne Glieder ohne Rinde zwischen berindeten. Blättchen

---

Fig. 37. *Chara tenuispina* A. Braun. A Pflanze mit reifen Oogonien×1, B C Sproßgipfel typischer Pflanzen×4, D Pflanze mit unscheinbaren Blättchen×1, E Äste zu A–D×6, F junge Gametangien×12, G Rinde, Stacheln, Stipularen×8, H ungleich verteilte Rinde×4, I, J Oospore×30.

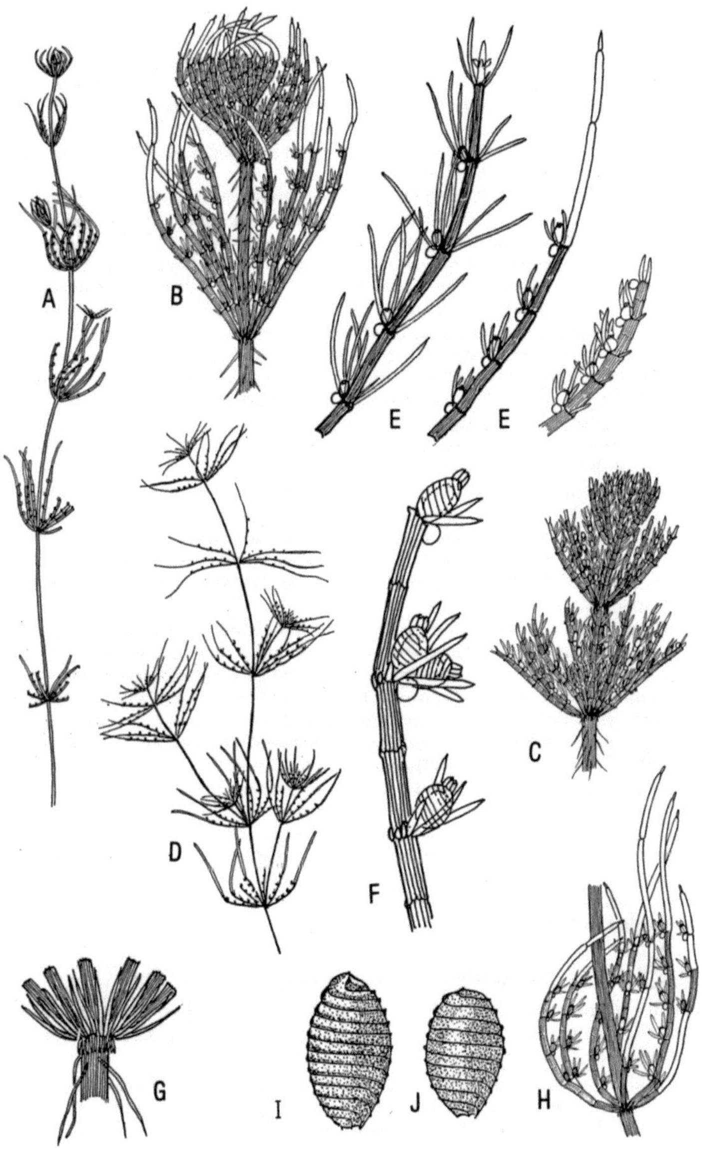

5–7, spitz, vordere länger als Oogon, hintere kürzer, noch ansehnlich. Monözisch. Gametangien an vier bis fünf Astgliedern. Oogon ohne Krönchen 500–600–(800) µm hoch, 400–500 µm breit, 12–15 Windungen. Umriß ellipsoidisch bis nahezu kreisförmig. Krönchen 100–150 µm hoch, 150–200 µm breit, Spitzen zusammenneigend oder leicht gespreizt. Oospore 450–650 µm hoch, 300–450 µm breit, braun, mit durchscheinender dünner Kalkhülle, 11–14 Windungen. Antheridium 250–300 µm Durchmesser, klein. Gametangien Sommer. n = ?

Variabilität: Kritische Zwischenformen zu anderen Arten, wie z. B. zwischen *Chara vulgaris* und *Ch. contraria*, fehlen bei *Ch. tenuispina*. Abweichungen im Habitus entstehen durch interne Veränderung der Proportionen: Länge der Äste (f. *brachyphylla, longifolia*), Längenanteil der unberindeten Astzellen (f. *nitida, subgymnophylla*), Gesamtstatur (f. *major*). Robuste dickstengelige Pflanzen standen unter wachstumsfördernden Sonderbedingungen in einem frisch ausgehobenen, mit artesischem Wasser gespeisten Fischhaltebecken.

Verbreitung: In Mitteleuropa jahrzehntelang verschollen. Im vorigen Jahrhundert reiche Fundorte bei Berlin (Spandau, Grunewald, Weißensee), in der nördlichen Oberrheinebene (Schwetzingen), in Mecklenburg (Schwerin). In Ungarn bei Fok (Siofok am Balaton). Auch aus Schleswig-Holstein (Ahrensburg) erwähnt. Bestätigt aus der Umgebung von Poznań. Sonst zahlreiche, neue Funde aus Südosteuropa: Neusiedler See mehrmals, Velencer See bei Székesfehérvár unweit des alten Fundortes Siofok, Kecskemét in einer Sandgrube, Madarász-See westlich Szeged, Kosovo-Gebiet in Serbien, Skopje, Ochrid- und Prespasee in Mazedonien, Rumänien im Bereich Bukarest, auf Zypern (Larnaka), Türkei, Ukraine bei Cherson. Aus Westeuropa nicht bekannt. Im Schweizer Jura zweifelhaft: Verwechslung mit *Chara strigosa*? 1986 Neufund auf dem Bodanrück am Bodensee.

Vorkommen: In Deutschland Gräben und Wasserlöcher in elektrolytreichen Flachmooren, auch in Sandgruben. Zusammen mit Arten des Eriophorion latifolii. Am Bodensee Wasserlöcher in quellfeuchtem Gelände im Komplex des Primulo-Schoenetum. Am Neusiedler See und in Ungarn im Scirpetum maritimi der flachen Brackgewässer zusammen mit *Chara canescens*. Hier bei starker Beschattung durch *Phragmites* in unansehnlichen Kümmerpflanzen, nach Auflichtung in modellartig vollkommenen Exemplaren. Aus Serbien keine ökologischen Angaben bekannt. Am Ochridsee in Süßwasser, auf Zypern in Brackwasser. Standort in der Ukraine: eine Sandgrube.

Aktuelle Situation: Die laufende Beseitigung kleiner Naturgewässer engt den Lebensraum ein. Doch ist die Pflanze in Südosteuropa in neuen Wasseransammlungen technischen Ursprungs, wenn sie in der Nähe eines von ihr bewohnten Sees liegen, nicht selten.

Wichtige Literatur: Krause & Grüttner 1990.

20. **Chara gymnophylla** A. Braun 1835 (Fig. 38 A–C, 39)

Chara vulgaris var. *gymnophylla* f. *gymnophylla* R. D. Wood 1962; *Ch. squamosa* Desfontaines 1800; *Ch. rohlenae* Vilhelm 1912; *Ch. conimbrigensis* Gonçalves da Cunha 1935.

Der *Chara vulgaris* ähnlich, vielgestaltig. In mäßig tiefem Wasser 10–25 cm hoch, glatt, biegsam. In sehr flachen Fließgewässern 3–5 cm hoch, in *Sphagnum*-ähnlichen Polstern. Gametangien ausschließlich oder überwiegend an unberindeten Astgliedern. Circummediterran und auf der Balkan-Halbinsel. Achse 0,4–0,8 mm Durchmesser, mehrfach verzweigt. Internodien überwiegend kürzer als Äste. Rinde unregelmäßig diplostich, tylacanth, aulacanth oder isostich. Rindenzellen dünnwandig, zusammenfallend. Stacheln vorn abgerun-

Fig. 38. *Chara gymnophylla* A. Braun. A Sproßgipfel×3,5, B Äste×5,6, C Sproßachse quer×30, D–F *Chara vulgaris* Linné zum Vergleich.

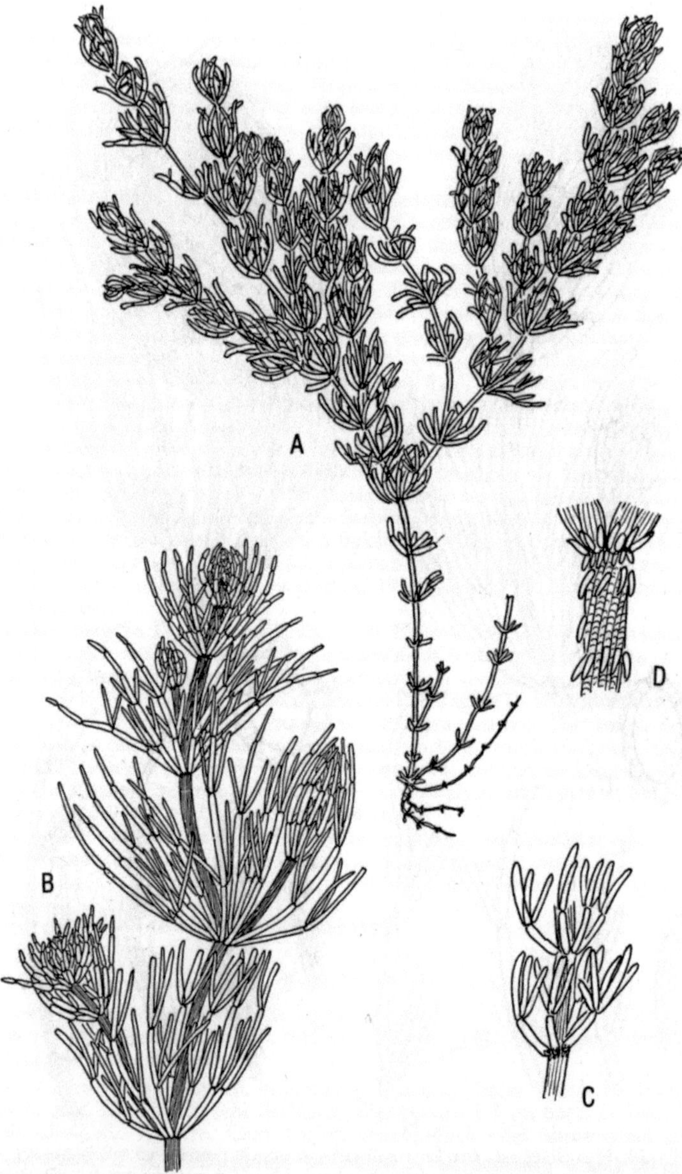

Fig. 39. *Chara gymnophylla* A. Braun f. *condensata* Nordstedt. A Habitus×1, B Sproßgipfel×3,5, C ältere Quirle, Endglied abgebrochen×5, D Rinde, Stacheln, Stipularen eines jungen Internodiums×10.

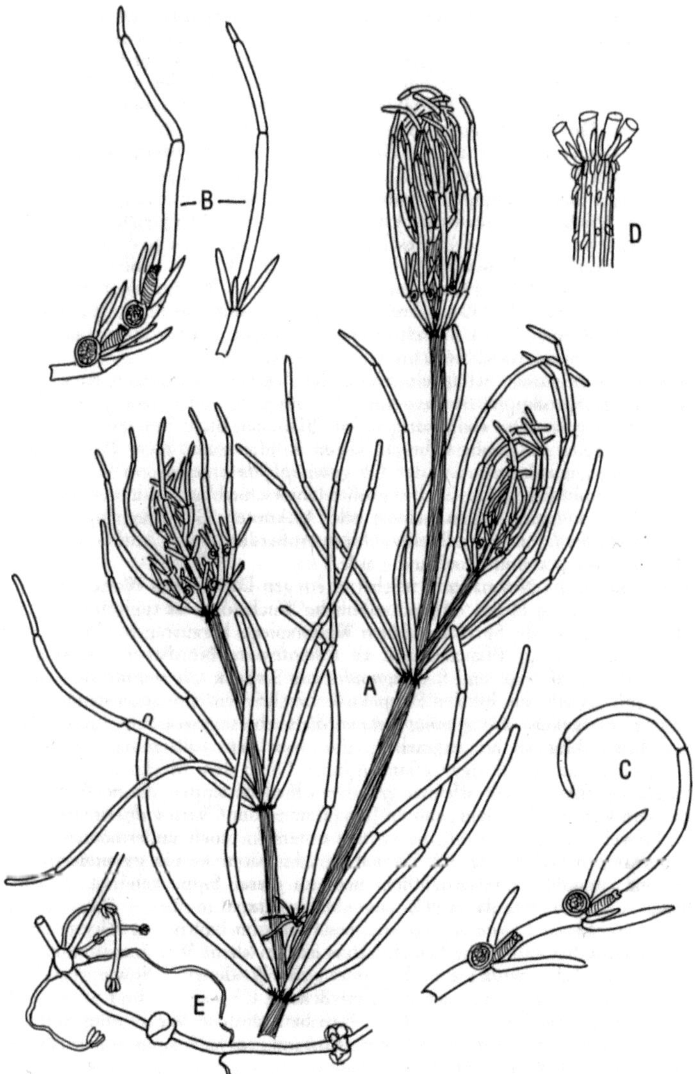

Fig. 40. *Chara vulgaris* Linné, nacktästiger Knotenaustrieb. A Habitus×8, B C Äste×15, D Rinde, Stacheln, Stipularen: ×14, E überwinterte Sproßachse mit Bulbillen und akzessorischen Zweigen×8.

det, an den obersten Internodien so lang wie der Sproßdurchmesser, sonst unscheinbar. Stipularen kurz, oval, zweireihig, an den unteren Knoten rudimentär. Äste zu 6–10 im Quirl, bis 1,5 cm lang. Ohne Rinde oder mit 1–(2) berindeten Gliedern an den obersten Quirlen. 1–2–(3) Glieder mit Blättchen, dreizelliges Endglied ohne Blättchen. Endzelle klein. Äste an den Knoten eingeschnürt. Die blättchenlosen Äste der untersten Quirle oft sehr lang. Blättchen auf der Vorderseite der Äste zu 2–3, bis 3,5 mm lang. Breit, vorn abgerundet, auf der Rückseite rudimentär. Monözisch. Gametangien an rindenlosen Ästen, nahe dem Sproßgipfel vereinzelt an berindeten Astgliedern. Selten mehr als zwei fruchtbare Glieder je Ast. Häufig nur ein Geschlecht am Knoten (f. *subsegregata* Nordstedt). Geschlechter dann auf verschiedene Äste der Pflanze verteilt. Gametangienbildung spärlich. Oogon ohne Krönchen 600–800 μm hoch, 350–500 μm breit, 11–14 Windungen. Krönchen 90–120 μm hoch, 180–230 μm breit. Oospore 500–600 μm hoch, 300–400 μm breit, 9–12 Rippen. Braun bis schwarzbraun. Gestalt und Farbe wie bei *Chara vulgaris*. Antheridium 400–600 μm Durchmesser. n = 14.

Außer dem negativen Schlüsselmerkmal des Fehlens der Astrinde spricht der Aufbau der Sproßgipfel für taxonomische Trennung von *Chara gymnophylla* und *Ch. vulgaris*. Die vielgliedrigen, mit Blättchen dicht besetzten Äste der letzteren treten zu unübersichtlich wirren Köpfen zusammen (Fig. 38 D–F). Die wenig gegliederten Äste der *Ch. gymnophylla* ergeben ein locker übersichtliches Bild (Fig. 38 A–C). Ein großer Unterschied besteht in der Fertilität. An *Chara vulgaris* tragen nahezu alle Astknoten Gametangienpaare. An *Ch. gymnophylla* bleibt die Mehrzahl leer. Außerdem treten Antheridium und Oogon häufig getrennt voneinander auf.

Variabilität: Die Normalform wächst in einigen Dezimetern Wassertiefe und erreicht 15–30 cm Höhe. Die moosähnliche Wuchsform ist typisch für flache Quellabläufe, wo die Sprosse aus dem Wasserspiegel herausragen, ohne zu vertrocknen. Derartige Pflanzen sind als f. *condensata* Nordstedt aus Spanien, (Fig. 39) *Ch. rohlenae* und f. *sphagnoides* aus Serbien, *Ch. conimbrigensis* aus Portugal, jeweils aus lokaler Perspektive beschrieben. Ihr gegenseitiges Verhältnis ist ungeklärt. *Ch. gymnophylla* wird als erbfest gewordenes Endglied einer Entwicklungsreihe angesehen, die von der vollständig berindeten *Ch. vulgaris* zu nacktästigen Pflanzen führt. Unter dem Merkmal der Nacktästigkeit verbergen sich offenbar grundverschiedene Sippen, die noch zu trennen sein werden. Zu ihnen gehören Jungpflanzen der *Chara vulgaris* aus einem flachrieselnden Quellablauf, die an den untersten, noch unberindeten Ästen Gametangien bilden (Fig. 40). Formal korrekt wären sie *Ch. gymnophylla* zu nennen, obwohl sie offensichtlich nicht zu dieser Sippe gehören. Klärung bringt die von Migula (1897) aus «Moospfützen in Tirol» beschriebene *Ch. gymnophylla* f. *subnudifolia*, die neuerdings im bayrischen Alpenvorland wiedergefunden wurde. Sie bewohnt dort extrem kleine Wasseransammlungen im Primulo-Schoenetum, z. B. Trittspuren von Weidetieren. Soweit ihre Äste berindet sind, erweist sie sich als kleinwüchsige *Ch. vulgaris* und wäre damit nicht *Ch. gymnophylla* zuzuordnen. Ihre beträchtliche Verbreitung und das gute Gedeihen stempelt sie zu einer selbständigen Kleinsippe innerhalb der Makrospezies *Chara vulgaris*.

Verbreitung: Circummediterran-südosteuropäisch, Nordafrika bis in die Libysche Wüste, Syrien, Saudi-Arabien, Irak, Iran. Isolierte Funde aus Schleswig-Holstein und Irland ebenso wie die Pflanzen aus dem Alpenvorland als Sonderformen der *Chara vulgaris* aufzufassen. Areale von *Chara gymnophylla* und *Ch. vulgaris* im Mittelmeergebiet zusammenfallend. Demnach keine geographischen Vikarianten. *Chara gymnophylla* weitaus seltener als *Ch. vulgaris*.

Vorkommen: *Chara gymnophylla* bildet Einartsiedlungen in den für Trocken-landschaften typischen Kleingewässern: Sammelbecken, Viehtränken, Beriese-lungsanlagen. Mehrfach in flachen Quellabläufen mit Toleranz gegen Thermal- und Mineralwasser.
Aktuelle Situation: Die geringe Fertilität läßt schwaches Regenerationsvermö-gen erwarten. *Ch. gymnophylla* wird eine seltene Pflanze bleiben.
Wichtige Literatur: Migula 1897, Tortić-Njegovan 1956.

21. Chara kokeilii A. Braun 1847 (Fig. 41)

Chara globularis var. *kokeilii* (A. Braun) R. D. Wood 1962

Habitus im Laufe der Individualentwicklung wechselnd. In der Jugend lange, durchscheinend glänzende Äste mit allseits herausstechenden Blättchen. Er-scheinungsbild einer «stacheligen *Nitella*». Im Alter kurze, starre Äste dicht gedrängt an weit verzweigten Pflanzen. Achse 0,5–0,8 mm Durchmesser. 10–30 cm hoch, vom Grund an breit verzweigt. Im Alter viele kurzästige fruchtbare Seitensprosse. Rinde an jungen Internodien unauffällig zart ange-deutet, triplostich. Stacheln einzelnstehend, unscheinbar. Selten länger als der Sproßdurchmesser. Stipularen in zwei Reihen, kurz eiförmig oder rudimentär. Äste zu 9–11 im Quirl, bis 3 cm lang. 3–4 fertile Glieder, in den unteren Quir-len ohne, in den oberen mit Rinde. Gelegentlich ein berindetes Astglied zwi-schen unberindeten. 2–3-zelliges knotenloses Endglied, manchmal länger als der übrige Ast, im Alter verschwindend. Blättchen zu 5–7 je Astknoten, bis 7 mm lang, steif, im Kreis um den Ast gestellt. An jungen Ästen auf der Rück-seite des Astes kaum kürzer als auf der Vorderseite, im Alter abgefallen. Monö-zisch. Gametangien an 3 oder 4 Astknoten. Oogon ohne Krönchen 500–600 µm hoch, 350–400 µm breit, mit verlängertem Hals. 12–14 Umgänge. Reif mit dik-ker Kalkhülle, die beim Zerbrechen in Ringe zerfällt. Krönchen ca. 130 µm hoch, 180 µm breit, an der Spitze zusammenneigend. Oospore ca. 480 µm hoch, ca. 300 µm breit, 11–13 feine Rippen, hell gelbbraun. An der Basis meh-rere Klauen, durch eine weiße Membrane miteinander verbunden. Antheri-dium klein, ca. 250 µm Durchmesser. Gametangien Sommer bis Herbst. $n = ?$
Variabilität: Eine dicht bestachelte f. *aculeata* Filarszky und die polymorphe f. *gymnophylla* Kostić sind beschrieben. An den Ästen der letzteren schwankt die Zahl der Glieder von acht bis zu einem einzigen, überlangen.
Verbreitung: Lange Zeit nur aus Kärnten (Wörthersee) und einem Gewässer in Schleswig-Holstein bekannt, später vom Ochridsee, Szeged, Skutarisee nachge-wiesen. Hohe morphologische Übereinstimmung zwischen den Pflanzen aus Kärnten, Schleswig-Holstein und Montenegro.
Vorkommen: Am Ostufer des Skutarisees in 1–1,5 m Wassertiefe zwischen *Chara globularis, Nitella gracilis, N. batrachosperma, N. syncarpa, Tolypella prolifera* und *Ch. tenuispina.* Am Westufer in der *Chara globularis-Nitellopsis-* Gesellschaft nicht selten, aber vereinzelt und durch *Nitellopsis* bedrängt. Der dichte Gesellschaftskomplex wird durch *Nuphar lutea, Nymphaea alba, Trapa natans, Potamogeton lucens, P. perfoliatus, Najas minor, Nitellopsis obtusa* und *Najas marina* beherrscht.
Aktuelle Situation: Im Skutarisee derzeit nicht gefährdet. Am Abfluß des Ochridsees durch Trockenlegung wahrscheinlich verschwunden. Fundort in Schleswig-Holstein nicht lokalisierbar. Im Wörthersee Nachsuche nicht aus-sichtslos.
Wichtige Literatur: Ganterer 1847, Migula 1897, Blaženžić & Blaženžić 1983 b, Krause 1990, 1993.

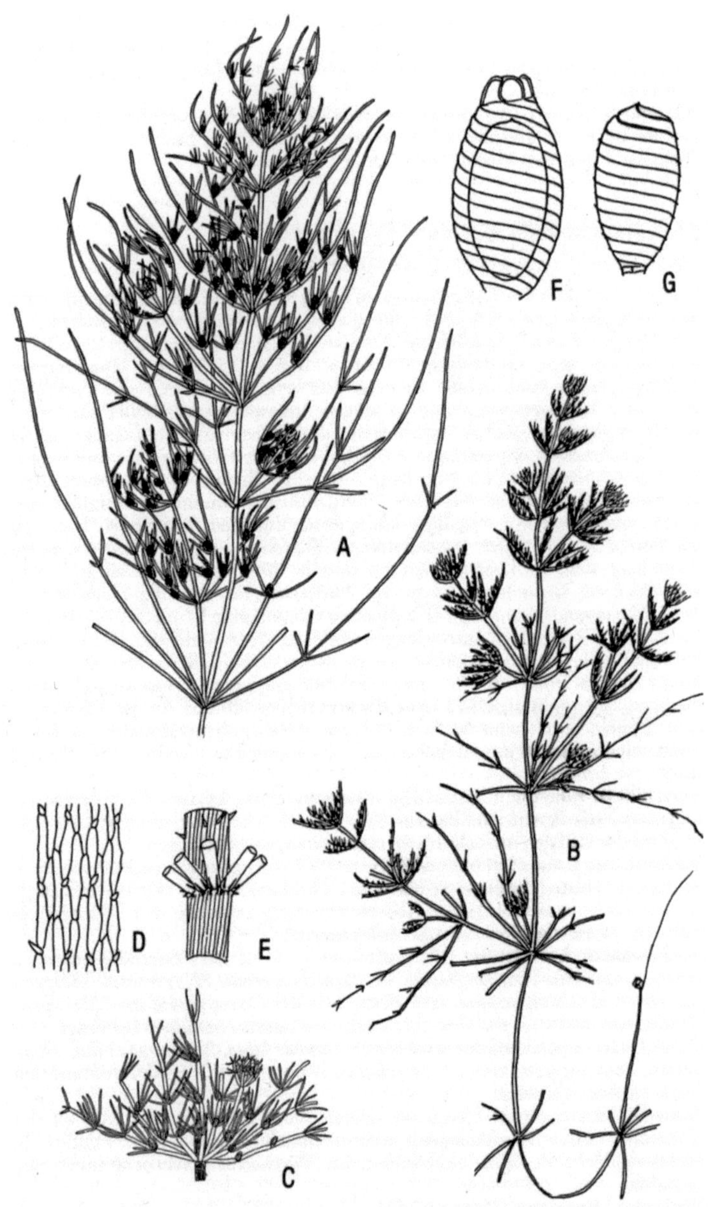

22. **Chara denudata** A. Braun 1847 (Fig. 42)

Chara dissoluta A. Braun ex Leonhardi 1864

Langgestreckt, weich, glatt. Habitus einer Tiefwasserpflanze. Leere Silhouette. Achse 15–50 cm hoch, 0,6–1 mm Durchmesser. In der oberen Hälfte locker verzweigt. Internodien annähernd so lang wie die Äste. Rinde unvollständig diplostich, teils mit annähernd durchlaufenden Mittelreihen ohne Zwischenreihen, teils durch Rudimente unterhalb des Sproßknotens angedeutet. Stacheln auf den Mittelreihen, kurz oder warzenförmig. Oft fehlend. Stipularen unscheinbar, in zwei Reihen. Äste zu 6–7 im Quirl, bis 4 cm lang, weich, gebogen oder geschlängelt. 2–3-(4) beblätterte Glieder, das unterste gelegentlich unvollständig berindet. 2–3-zelliges Endglied. Blättchen kürzer als das Oogon. Weiter Abstand zwischen den Astknoten. Monözisch. Gametangien überwiegend an unberindeten, nahe dem Sproßgipfel auch an berindeten Astknoten. Gametangien gelegentlich zu 2 Paaren nebeneinander. Im Tiefwasser selten ausgebildet. Oogon ohne Krönchen 800–1 000 µm hoch, 500–700 µm breit, 11–14 Windungen. Teils oval, teils spindelförmig. Krönchen 100–150 µm hoch, 200–300 µm breit. Zellen zusammenneigend oder auseinandergebogen. Oospore 600–800 µm hoch, 350–600 µm breit. In Form und Größe oft an einer einzigen Pflanze ungleich. Schwarz, 10–13 Windungen. Antheridium 400–450 µm Durchmesser. n = ?

Variabilität: Veränderlich ist die Rinde. Pflanzen mit durchlaufenden Mittelreihen wurden als *Ch. dissoluta* A. Braun, solche mit Rudimenten oder ohne Rinde als *Ch. denudata* A. Braun benannt. Scharfe Grenzen bestehen nicht. Beide Ausbildungsformen werden hier zu *Ch. denudata* vereinigt. Repräsentativ ist die europäische f. *helvetica* Migula. Ähnliche rindenlose Pflanzen sind f. *africana* und f. *socotrensioides* Wood aus Ostasien. Trotz ihrer Verwandtschaft zu *Ch. contraria* wird *Ch. denudata* hier selbständig geführt. Eine Sonderstellung nimmt die *Ch. denudata* var. *ohridana* Kostić 1936 ein, der gleichfalls der Rang einer Mikrospezies *Chara ohridana* zugesprochen wird (vgl. S. 123).

Verbreitung: *Chara denudata* galt jahrzehntelang als äußerst selten. Noch Olsen (1944) konnte die fünf bekannten Fundplätze in Südafrika, Italien, der Schweiz, Dänemark und Irland in einer Dreizeilennotiz aufzählen. Die Aufmerksamkeit, die ältere Beobachter gerade dieser Pflanze widmeten, macht es unwahrscheinlich, daß die Vorstellungen über ihre Seltenheit allein auf unvollständiger Kenntnis beruhten. Neuerdings stellt sich *Ch. denudata* in Menge an Plätzen ein, an denen sie vorher nicht bekannt war. Im Gnadensee-Arm des Bodensees ist sie zum Hauptbestandsbildner geworden. In den großen irischen Seen Lough Corrib und L. Mask steht sie in Menge zwischen anderen kleinwüchsigen *Chara* Arten.

Vorkommen: *Chara denudata* ist zum ersten Mal im Neuenburger See in der Schweiz in 20 m Tiefe gefunden worden. In irischen Seen wächst sie ebenfalls an der Untergrenze des Characeenvorkommens in 2–4 m Tiefe. Auch ihr Habitus macht sie zu einer lichthungrigen Tiefwasserpflanze. Abweichend verhält sie sich im Bodensee, wo sie bis nahe unter die Oberfläche aufsteigt.

Aktuelle Situation: Ebenso wie *Chara contraria* und *Nitellopsis obtusa* ist *Ch. denudata* unter den gegenwärtig herrschenden Trophiebedingungen gebietsweise in Ausbreitung begriffen.

Wichtige Literatur: Corillion 1957, Groves & Bullock-Webster 1924, Olsen 1944.

Fig. 41. *Chara kokeilii* A. Braun. A Sproßgipfel einer jungen Pflanze × 2, B reife Pflanze × 1, C Quirl einer reifen Pflanze × 4, D Rinde (nach Migula) × 15, E Rinde, Stacheln, Stipularen × 10, F Oogon × 30, G Oospore × 30.

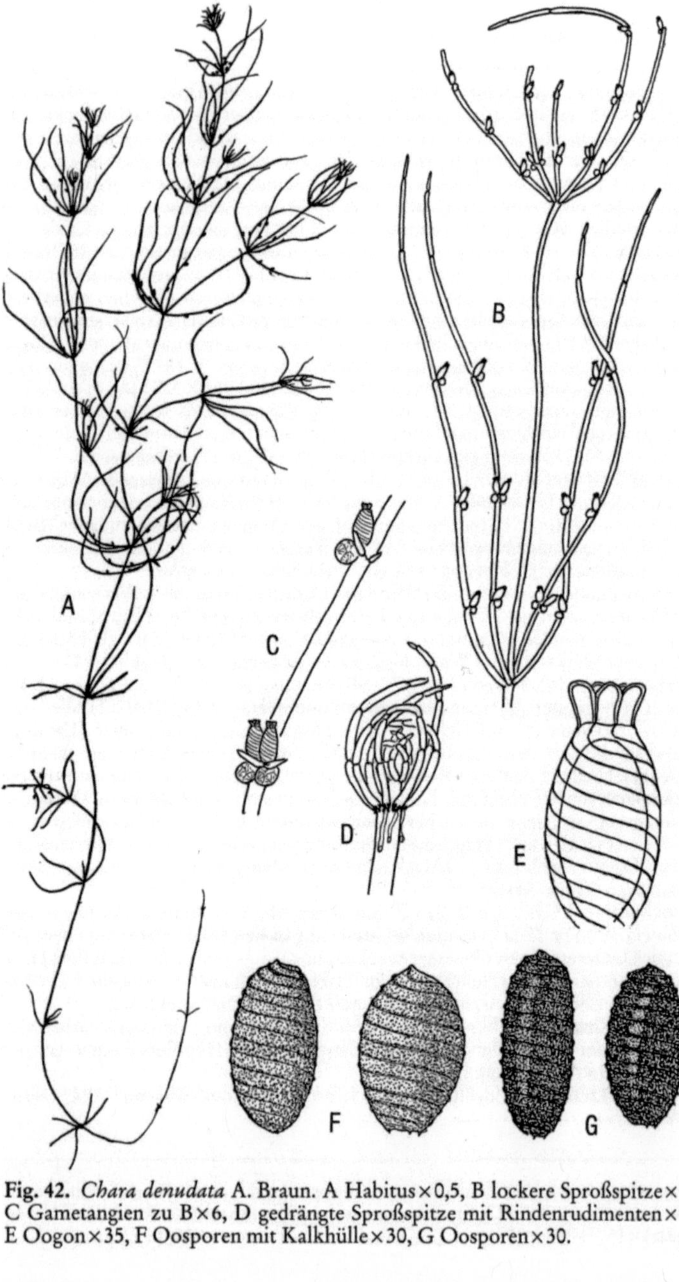

Fig. 42. *Chara denudata* A. Braun. A Habitus×0,5, B lockere Sproßspitze×3, C Gametangien zu B×6, D gedrängte Sproßspitze mit Rindenrudimenten×8, E Oogon×35, F Oosporen mit Kalkhülle×30, G Oosporen×30.

23. **Chara imperfecta** A. Braun in Durieu de Maisonneuve 1850 (Fig. 43)

Chara vulgaris var. *imperfecta* (A. Braun in Durieu de Maisonneuve) R. D. Wood 1962

Klein bis mittelgroß, feingliedrig. Habitus der *Chara gymnophylla*. Reich verästelt, Quirle dichtgestellt. Außerhalb des Wassers formbeständig. Früh verkalkend. Die einzige zweihäusige *vulgaris*-Verwandte. Bisher nur in SW-Europa und N-Afrika. Achse 0,6–(0,9) mm Durchmesser, 5–10–25 cm hoch. Mehrjährige weibliche Pflanzen von den untersten Knoten an verzweigt. Die Seitensprosse wenig kürzer als der Hauptsproß, ihrerseits mehrfach geteilt. Aus den unteren Knoten akzessorische Triebe. Dichte Silhouette. Untere Internodien länger als die Äste, obere gleich lang. Männliche Pflanzen ca. 10 cm hoch, wenig verzweigt, lockere Silhouette. In geringerer Zahl als die weiblichen. Rinde unvollständig diplostich, ausschließlich die Mittelreihen entwickelt. Platz der Nebenreihe unbedeckt. Mittelreihen ohne Knoten, teils über das ganze Internodium reichend, teils auf Strecken unterhalb und oberhalb des Astknotens beschränkt. Stacheln fehlen. Stipularen unscheinbar, zweireihige Anordnung undeutlich. Äste zu 8–10 im Quirl. Die fertilen 1–2 cm, die sterilen der untersten Quirle bis 5 cm lang. Letztere mit einem rindenlosen Glied ohne Blättchen, darüber Endglied aus 3–4 Zellen. Obere Äste mit 2–3–(4) blättchentragenden Gliedern und 2–3-zelligem Endglied. Rindenlos oder das unterste, selten auch das zweite Glied mit Rinde. Letztere ebenso unvollständig diplostich wie die Sproßrinde. Rinde oft nur das obere Ende des Astglieds bedeckend, ihre Zellen vom Ast abgespreizt. Diözisch. Gametangien am ersten und zweiten, selten am dritten Astknoten. Blättchen an der weiblichen Pflanze zu 5–7, an der männlichen zu 2–3 am fertilen Knoten. Mindestens so lang wie das Ast-Internodium, relativ dick, vorn abgestumpft. Ungleiche Zahl der Blättchen ergibt deutlichen Geschlechtsdimorphismus. Oogon ohne Krönchen 600–750 µm hoch, 450–500 µm breit, 11–14 Windungen. Spiralzellen an den Spitzen auffällig verdickt. Am untersten Astknoten oft zu zweien nebeneinander. Krönchen 200–250 µm breit. 60–80 µm hoch, flach, Spitzen zusammenneigend. Oospore 500–700 µm breit, länglich-eiförmig mit 10–13 kräftigen Rippen und Klauen an der Basis. Schwarz. Antheridium relativ groß, 650–800 µm Durchmesser. Am untersten Astknoten oft zu zweien nebeneinander. *Chara imperfecta* ist durch Ausfallerscheinungen an der Rinde negativ und zugleich durch die Zweihäusigkeit mit starkem Geschlechtsdimorphismus positiv gekennzeichnet.

Variabilität: Pflanzen, die vor ca. 100 Jahren in der Sierra Nevada gesammelt wurden, stimmten in allen Einzelheiten mit rezenten Pflanzen überein. Demnach darf *Chara imperfecta* als gefestigte Sippe angesehen werden. Am knappen Vergleichsmaterial läßt sich nichts Sicheres über Formabweichungen erkennen. Gelegentlich fällt eine für *Chara* ungewöhnliche ockergelbe Farbe der Antheridien auf.

Verbreitung: In Spanien Schwerpunkt in Andalusien (Prov. Málaga, Granada). Vereinzelt in den Provinzen Toledo und Cuenca. Portugal, Südwestfrankreich, Algerien, Marokko. Bei Fuente Piedra (Prov. Málaga) und bei Granada langfristig nachgewiesen. Neufund in der Prov. Navarra. Verbreitungskarte Corillion 1962.

Vorkommen: Bevorzugt wird permanent fließendes Wasser im Gebirge: Mehrfach «Fuente Grande» auf der Sierra Nevada. Sonst Aquaedukte zu Bewässerungsanlagen, Gräben, der Fluß Rio Gor. Zwischen Granada und dem Puerto de Veleta auf der Sierra Nevada wächst *Ch. imperfecta* in einem tiefen Brunnentrog, in den eine Quelle geleitet wird. Sie ist auch aus Trockengebieten bekannt, wo keine kalten Fließgewässer zu erwarten sind. Sie gilt als basiphil.

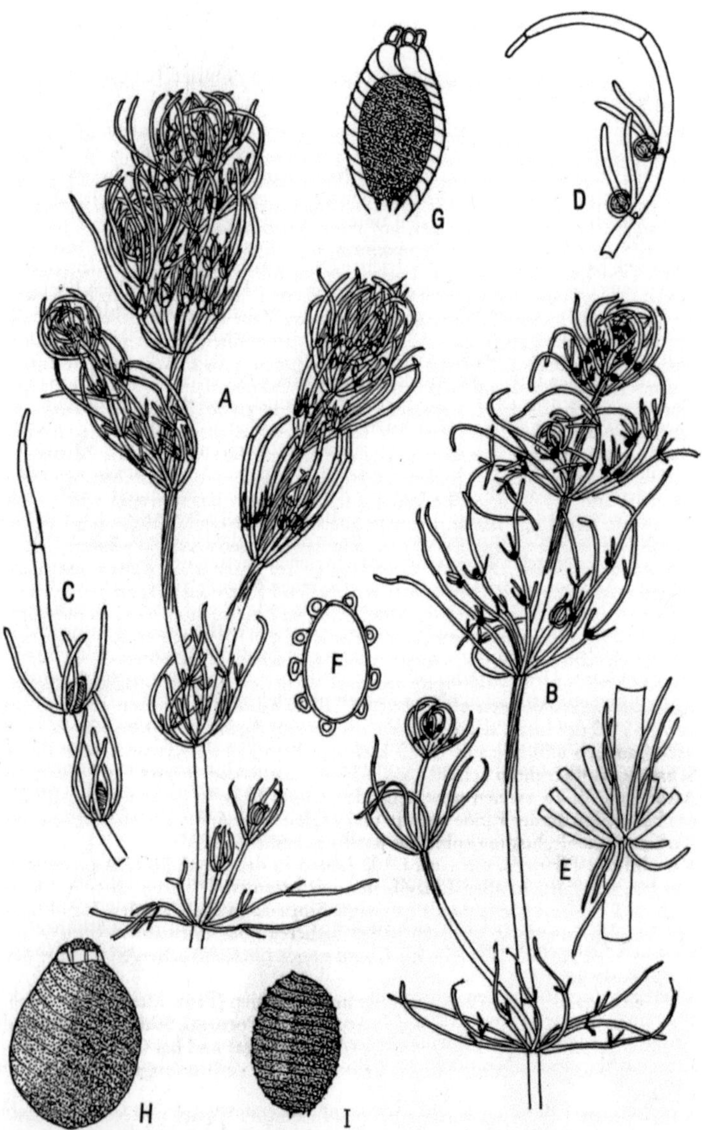

Fig. 43. *Chara imperfecta* Braun in Durieu de Maisonneuve. A Habitus weiblich×4, B männlich×4, C weiblicher Ast×14, D männlicher Ast×14, E Astknoten mit abstehenden Rindenrudimenten×10, F Sproßachse quer×20, G junges Oogon×30, H Oospore mit Kalkhülle×30, I Oospore×30.

Der Fundort auf dem Schiefergebirge Sierra Nevada liegt in einem Bezirk kalkreichen Gesteins. Sie wurde auch in salzhaltigem Wasser gefunden.
Aktuelle Situation: *Chara imperfecta* wird eine in Südwesteuropa relativ weitverbreitete, jedoch überall seltene Spezies bleiben.
Wichtige Literatur: Migula 1897, Nordstedt 1889, Corillion 1957, 1962.

24. **Chara braunii** Gmelin 1826 (Fig. 44)

Charopsis braunii Kützing 1843; *Chara coronata* Ziz ex Bischoff 1828

Frischgrün glänzend, glatt, durchscheinend. Astknoten dunkel markiert. Höchstens ringförmig verkalkt. Buschiger Wuchs. Klein bis mittelgroß, einjährig. Achse 10–40 cm hoch, 1–1,7 mm Durchmesser. Vom Grund an verzweigt. Äste länger als Internodien. Rinde, Stacheln fehlen. Stipularen in der gleichen Zahl wie die Äste, einreihig, mit den Ästen alternierend. Aus breiter Basis zugespitzt. Äste zu 8–12 im Quirl, ohne Rinde. An den Knoten eingeschnürt. Untere Äste mit 2–3, obere mit 3–5 Gliedern. Das oberste als Stachelspitze ausgebildet. Blättchen schmal und spitz, zu viert auf der Innenseite des Astes, annähernd so lang wie das Oogon. Ein bis drei Blättchen aus dem obersten Astknoten, mit dem Endglied ein Krönchen bildend. Monözisch. Gametangien an den unteren Astknoten oft zu zwei oder drei Paaren nebeneinander. Auch scheinbar endständig am obersten Knoten neben dem Krönchen. Pflanzen reich fruchtend. Oogon ohne Krönchen 550–880 µm hoch, 400–500 µm breit, 9–10 Umgänge. Krönchen ca. 180 µm hoch, 250 µm breit. Seine Zellen zugespitzt, nach außen gebogen. Oospore ellipsoidisch bis fast zylindrisch, an den Polen abgeflacht, 450–750 µm hoch, 275–350 µm breit. 8–11 kräftige Rippen, schwarz. Antheridium ca. 275 µm Durchmesser, klein im Verhältnis zum Oogon. Gametangien Sommer bis Herbst. n = 12.
Variabilität: *Chara braunii* variiert in einer besonderen Weise, die auch von *Chara vulgaris* bekannt ist. In gemauerten Sammelbecken für Quellwasser auf dem Granitgebirge Serra de Monchique in Portugal tritt sie jeweils in einer für das Becken typischen Wuchsform auf (Fig. 44 A-C). Da dauernder Durchfluß und übereinstimmende Südexposition gleiche Wuchsbedingungen wahrscheinlich machen, läßt die Situation auf endogene Steuerung der Formveränderung schließen. Zugleich haben Kreuzungsexperimente gezeigt, daß die morphologisch homogene Spezies *Chara braunii* mehrere untereinander unfruchtbare Rassen umfaßt.
Verbreitung: Kosmopolit. Schwerpunkte Nordamerika, Europa, Südostasien. Verbreitet in den Teichgebieten Schlesiens (SW-Polens), der Tschechischen Republik, Bayerns (Bayerischer Wald, Oberpfalz), Frankreichs (Dombes, Brenne, Sologne). Verbreitet in Reisfeldern (Oberitalien, Camargue). Am Oberrhein zerstreut zwischen Freiburg/Breisgau, Karlsruhe, Frankfurt am Main. In Portugal auf der Serra de Monchique (Algarve) und in Dünenseen. In Spanien vereinzelt, besonders im Westen. In England adventiv im Abwasser einer Baumwollspinnerei. Spärlich in Schweden. Finnland und nordwestliche ehemalige UdSSR. In den Niederlanden, Dänemark, Mittel- und Nord-Polen fehlend. Aus den Alpen nicht bekannt. An der Etsch bei Bozen und Meran. In Südosteuropa von der Feuchten Ebene bei Moosbrunn unweit Wien über das Burgenland, Ungarn, ehem. Jugoslawien, Rumänien bis Griechenland und die Ukraine.
Vorkommen: Fischteiche, Reisfelder, Gräben, Wasserlöcher, periodisch gefüllte Dünenseen. In Japan auch in Seen bis 10 (15) m Tiefe. In gewässerarmen Landschaften jahrzehntelang unauffindbar, dann vorübergehend in Massenwuchs. In Fischzuchtgebieten Dauersiedler mit Wechsel der Teiche. Bleibend in Quellwasserbecken und Thermalabläufen. Überwiegend auf kalkarmem

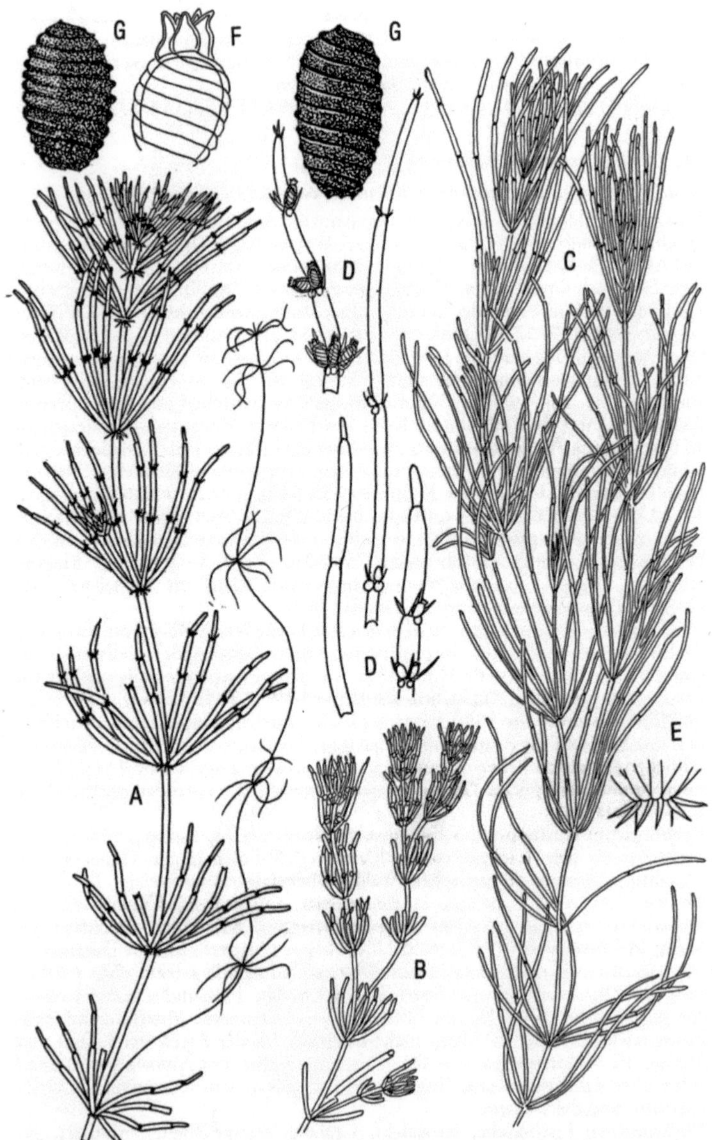

Fig. 44. *Chara braunii* Gmelin. A Normalpflanze mit Adventivsproß×1,4, B gedrängte Wuchsform×1,4, C gestreckte Wuchsform×1,1, D Quirläste×4, E Stipularkranz×8, F Oogon×30, G Oosporen×30.

Substrat zwischen Nitelletalia-Arten oder mit *Chara vulgaris*. In der Wasser-synusie der Reisfelder, z. B. im Najadetum gracillimae. Eingewandert in die neu angelegten Reisfelder des Rhônedeltas (Camargue).
Aktuelle Situation: In Teichen und Reisfeldern ist *Ch. braunii* durch Herbizidanwendung, in den zum Wäschewaschen benutzten Quellsammelbek-ken durch synthetische Waschmittel gefährdet. Andererseits vermag sie verlo-rene Standorte nach Jahrzehnten wieder zu besiedeln. In der Oberrheinebene stellte sie sich 1978 auf dem verdichteten Boden einer Baustelle ein.
Wichtige Literatur: Cornu 1870, Migula 1897, Corillion 1957, Kasaki 1964, Proctor 1970, Krause 1983, Moore 1986.

25. Chara baueri A. Braun 1847 (Fig. 45)

Chara scoparia Bauer ex Reichenbach 1829
Doppelgängerin der *Chara braunii*. Beschreibung wie bei dieser mit einer ein-zigen Abweichung: Sproßachse mit triplosticher Rinde, diese teils isostich, teils mit hervortretenden Hauptreihen. Rindenzellen dünnwandig, leicht zusam-menfallend, nur als feine Streifung zu erkennen. Gametangien Sommer bis Spätherbst, reichlich gebildet. n = ?
Variabilität: Eine var. *crassa* A. Braun mit dicken, leicht angeschwollenen Ast-gliedern.
Verbreitung: Längst verschollenes Zentrum im Stadtgebiet Berlin zwischen Tempelhof und Lankwitz, Mariendorf, Weißensee. Von 1827 bis 1869 regelmä-ßig gesammelt und in Herbarien erhalten. Außerdem aus Teichen bei St. Andrä in Unterkärnten 1847 nachgewiesen. Neuerdings Herbarfund aus Schweden (Schonen) in einem «mossen» aus dem Jahre 1849. Sonstige Angaben zweifel-haft. Australien in der nahestehenden f. *muelleri* (A. Braun) R. D. Wood.
Vorkommen: Stets in zeitweise austrocknenden Kleingewässern. Ge-nannt werden Tümpel «nahe der Dorfstraße», «ein Sumpf im Feld», «über-schwemmte torfige Wiesen» oder ein «Saupfuhl». Als Begleitpflanzen mit Indi-katorwert sind *Nitella batrachosperma* und *Elatine alsinastrum* bekannt. *Chara baueri* gehört demnach ebenso wie *Ch. braunii* zu den ephemeren, in ihrem Verbreitungsgebiet aber regelmäßig auftauchenden Pflanzen.
Aktuelle Situation: Verschollen. Anmerkung: Die weite Streuung der Funde und das langjährige Vorkommen bei Berlin erweisen *Chara baueri* als festge-fügte Sippe. Sie ist nicht den vielen Einzelfunden zuzurechnen, die an unge-nügendem Material als Sippe benannt wurden. Zugleich veranlaßt ihr Bau, sie als nahe Verwandte der *Chara braunii* anzusehen. Ein Licht auf das Ver-hältnis zwischen beiden wirft die Vorstellung, daß die Phylogenie der Chara-ceae von berindeten zu rindenlosen Formen führt. Bei *Ch. braunii* ist diese Tendenz zum Abschluß gekommen. Bei *Ch. baueri* hat sie erst die Quirläste erfaßt, deutet sich aber an der schwachen Ausbildung der Sproßrinde eben-falls an.
Wichtige Literatur: Ganterer 1847, Migula 1897, Holtz 1903.

Anhang zur Gattung Chara

Manche *Chara*-Sippen lassen sich nicht durch Alternativmerkmale umgrenzen, zumal wenn sie ausschließlich durch ihre Größenverhältnisse gekennzeichnet sind. Soweit sie von erfahrenen Bearbeitern an umfangreichem Sammelmaterial als Realität bewertet werden, muß von ihnen Notiz genommen werden. Der folgende Abschnitt stellt Mikrospecies vor, die in ihrer typischen Ausbildung eindeutig erkennbar sind, deren Grenzen aber durch Zwischenformen ver-wischt werden. Dies gilt für *Chara crassicaulis* und *Ch. rudis*, die in weiter Dis-

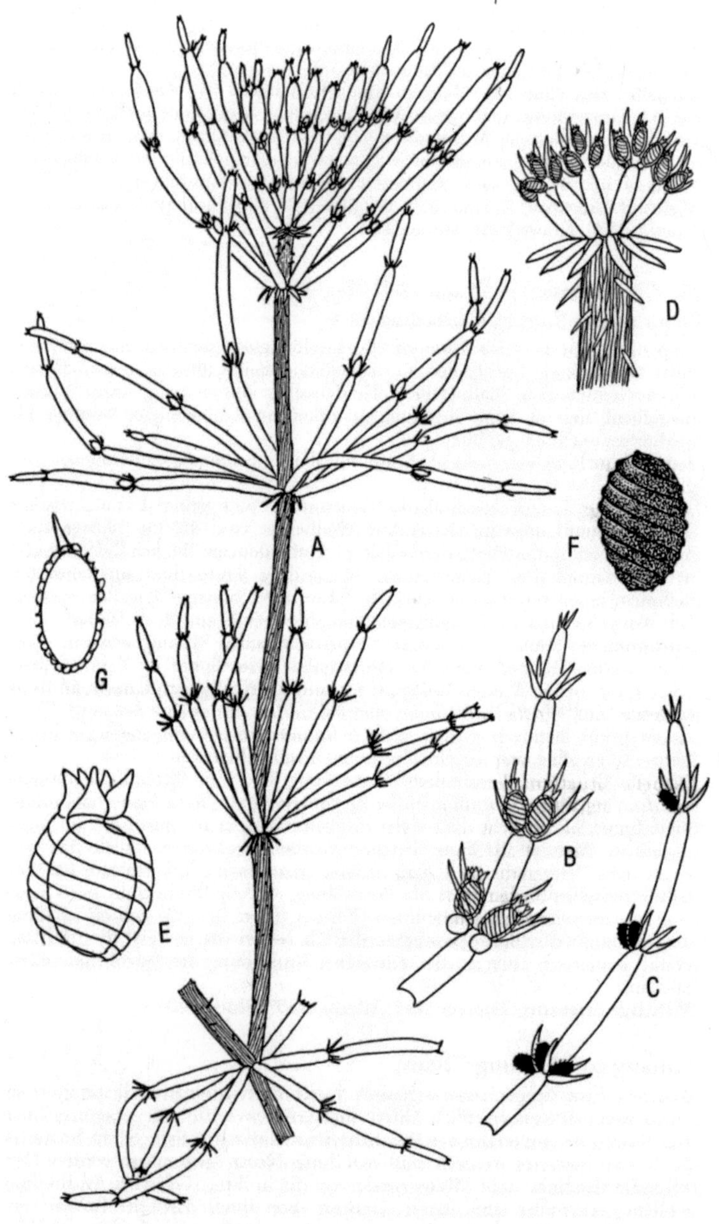

junktion große Areale besiedeln. Ihnen gegenüber steht *Chara ohridana*, die auf einen einzigen See beschränkt ist. Da dieser aber groß und geologisch sehr alt ist und mehrere tierische Endemiten hervorgebracht hat, gewinnt sie Gewicht als eigene Sippe, zumal sie seit Jahrzehnten als Hauptbestandsbildner des Sees beobachtet wurde. *Chara muscosa* ist auf einen engen Fundort in einem einzigen See beschränkt. Ihre besondere Wuchsform, die sich auch in mehrjähriger Aquariumkultur gehalten hat, macht die Einschätzung als eigene Sippe durch ihren Entdecker plausibel.

26. **Chara crassicaulis** Schleicher 1821 (Fig. 46)

Chara vulgaris var. *vulgaris* f. *crassicaulis* (Schleicher ex A. Braun) R. D. Wood 1962

Knäuelförmig zusammengezogene Äste an langen, im Verhältnis zur Pflanzengröße kräftigen Internodien. Äste nur an den unteren Quirlen abgespreizt. Achse 0,9–1,5–(2) mm Durchmesser, 10–40 cm hoch, steif, bäumchenartig verzweigt. Untere Internodien vielmals, obere wenig länger als die Äste, oberste gleich lang. Rinde diplostich, stark heterostich. Rindenzellen im Querschnitt dickwandig, zäh. Stacheln einzeln auf den eingesenkten Rindenzellen, kürzer als der Sproßdurchmesser, vorn abgerundet, im Verhältnis zur Länge breit. Stipularen in zwei Reihen. Länglich oval. Gelegentlich unregelmäßig vermehrt. Äste zu 8-10 im Quirl. 0,4–1,5 cm lang, gedrungen, zur Achse gebogen. 4–5 Glieder mit Rinde, dreizelliges unberindetes Endglied. Dessen untere Zelle bisweilen aufgeblasen. Endglied kürzer als berindeter Astteil, oft sehr kurz. Knoten eingeschnürt. Astrinde und Nahtstelle der Rinde auffallend markiert. Blättchen 5–7. Die 3 oder 4 vorderen länger als das Oogon. Im Vergleich zur Länge relativ breit. Die hinteren stark verkürzt, ei- oder kugelförmig, deutlich zu erkennen. Monözisch. Gametangien spärlich gebildet. An kräftig fruchtenden Pflanzen in Längsrichtung gedrängt, sich gegenseitig beiseiteschiebend. Oft nur ein Geschlecht je Knoten. Oogon ohne Krönchen ca. 600 µm hoch, 350–450 µm breit, 11–13 Windungen. Krönchen ca. 100 µm hoch, 150–200 µm breit. Zellen zusammenneigend oder gespreizt. Oospore ca. 500 µm hoch, ca. 400 µm breit, 10–12 Rippen, dunkelbraun bis schwarz. Antheridium ca. 450 µm Durchmesser. n = 14.

Variabilität: Beschrieben wurden drei Formen. Erwähnt sei f. *paragymnophylla* Migula mit unvollständiger Astrinde.

Verbreitung: Große Teile Mittel- und Südeuropas, weit zerstreut. Portugal, neuerdings Fischteiche neben der Barrinha de Mira, Prov. Beira Litoral; in der Nähe auch in Grundwasserbrunnen; Oberrheinebene: Herbsheim im Unterelsaß; zwischen Kappel und Freistett in Baden; Ungarn im Komitat Szolnok. Alte Funde aus Schleswig-Holstein, Südschweden, Salzburg, Moosbrunn bei Wien, Süditalien, Spanien, Marokko, Algerien.

Vorkommen: Aus dem Untergrund gespeiste Kleingewässer, z. B. ein «Brunnenwasser» im elsässischen Ried, ein «klares Quellbächlein» bei Salzburg, ein Drängraben neben einem neuerbauten Kanal bei Szolnok. Hier 1982 in Menge, 1984 von *Myriophyllum* verdrängt; Grundwasserbrunnen in Portugal.

Anmerkung: *Chara crassicaulis* wird durch ihre dickwandigen, zähen Rindenzellen, die breiten Blättchen, die großen Antheridien als eigenständige Sippe

---

Fig. 45. *Chara baueri* A. Braun. A Habitus×2, B junger Quirlast×6, C älterer Quirlast×4, D Rinde, Stacheln, Stipularen×7, E Oogon×30, F Oospore×30, G Sproßachse quer×15.

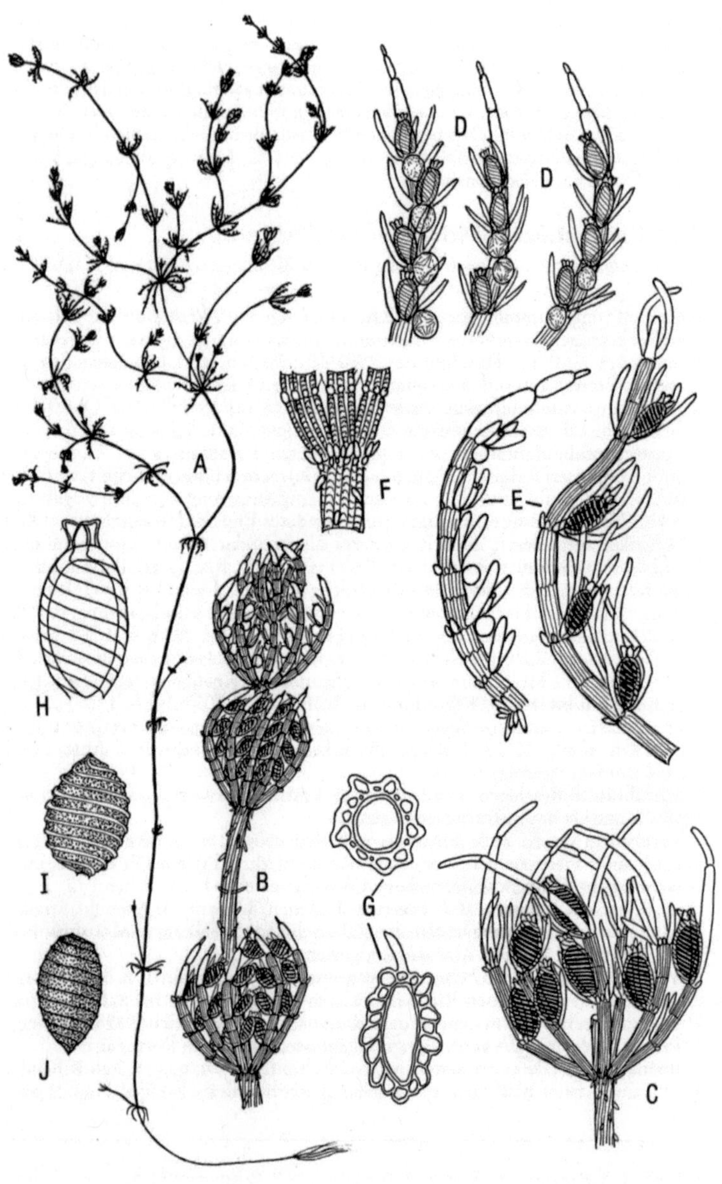

ausgewiesen. Besonders auffallend ist das gegenseitige Verdrängen der Gametangien an reich fruchtenden Exemplaren. An unvollständig entwickelten Pflanzen bleibt der Habitus mit den zusammengeknäulten Quirlen und den langen Internodien erhalten.
Wichtige Literatur: Migula 1897, Corillion 1957.

27. Chara muscosa J. Groves et Bullock-Webster 1924 (Fig. 47)

Chara vulgaris var. *vulgaris* f. *muscosa* (J. Groves et Bullock-Webster) R. D. Wood 1962

Schmales, höchstens 7 cm hohes Pflänzchen. Wenig verzweigt, in dichten Büscheln moosähnlich wachsend. Unverkalkt, weich, dunkelgrün. Im Bau wie *Ch. contraria*, aber Sprosse, Internodien, Äste durchgehend kleiner, Hauptreihen der Rinde, Stacheln, Stipularen und Krönchen kräftiger als bei dieser. Achse 250-350 µm Durchmesser, 5–7 cm hoch. Internodien höchstens 0,7 cm lang, kürzer bis ebenso lang wie die Äste. Sämtliche 12–15 Internodien und Quirle eines Sprosses gleich gestaltet. Rinde diplostich, ausgeprägt tylacanth. Nebenreihen unter den Hauptreihen nahezu verschwindend. Stacheln kräftig, 1/2 bis ebenso lang wie der Sproßdurchmesser. Stipularen so lang wie der Sproßdurchmesser, untere unwesentlich kürzer, kräftig. Äste bis 0,6 cm lang, 5–6 Glieder, davon ein bis zwei fruchtbar. Blättchen länger als das Oogon. Oogon nicht von *Ch. contraria* unterschieden. Krönchen groß, ca. 200 µm hoch, 350–450 µm breit. Spitzen weit gespreizt. Oospore und Antheridium nicht von *Ch. contraria* unterschieden. n = 7.
Variabilität: Nichts bekannt.
Verbreitung: Lough Mullaghderg, Irland (bis 1979 einziger Fundort). Neuerdings aus Nordfrankreich gemeldet.
Vorkommen: Im Lough Mullaghderg auf Feinsand im Flachwasser zusammen mit *Ch. aspera* und *Ch. delicatula*.
Anmerkung: *Chara muscosa* hat gegenüber *Ch. contraria* die Statur verkleinert, andererseits Rinde, Stacheln, Stipularen in der Größe gesteigert. Sie läßt aber keine Disharmonie der Teile erkennen, wie sie bei Aberrationen häufig auftreten. Nach Meinung des Verfassers bildet sie eine Parallele zu *Chara filiformis*, die sich ebenfalls durch tiefgreifende Verschiebung der Proportionen von der Grundform *Ch. contraria* unterscheidet.
Wichtige Literatur: Bullock-Webster 1917, Groves & Bullock-Webster 1924, Guerlesquin & Wattez 1979.

28. Chara ohridana Kostić 1936 (Fig. 48)

Chara dissoluta var. *ohridana* Kostić 1936

Dichtbuschig, mehrere kurze Sprosse aus einem Basalknoten. Äste und Internodien ebenfalls kurz. Quirle an der Sproßspitze gedrängt. Im Gegensatz zur schlaffen *Ch. denudata* gedrungen starr. In größerer Wassertiefe gestreckt, untere Internodien verlängert. Achse 5–15–(60) cm hoch, 0,5–1,5 mm Durchmesser. 2–3 aufsteigende Seitensprosse. Obere Internodien ca. 0,5 cm lang, untere im Flachwasser bis 3 cm, im Tiefen bis 11 cm lang. Rinde als Rudiment in Gestalt rindenähnlicher feiner Streifung unterhalb der Sproßknoten. Stacheln

---

Fig. 46. *Chara crassicaulis* Schleicher. A Habitus×0,5, B Sproßspitze×3, C älterer Quirl×8, D Äste mit gedrängten Gametangien×8, E Äste mit entfernt stehenden Gametangien×8, F Rinde, Stacheln, Stipularen×6, G Sproßachse quer×10, H Oogon×30, I Oospore mit Kalkhülle×30, J Oospore×30.

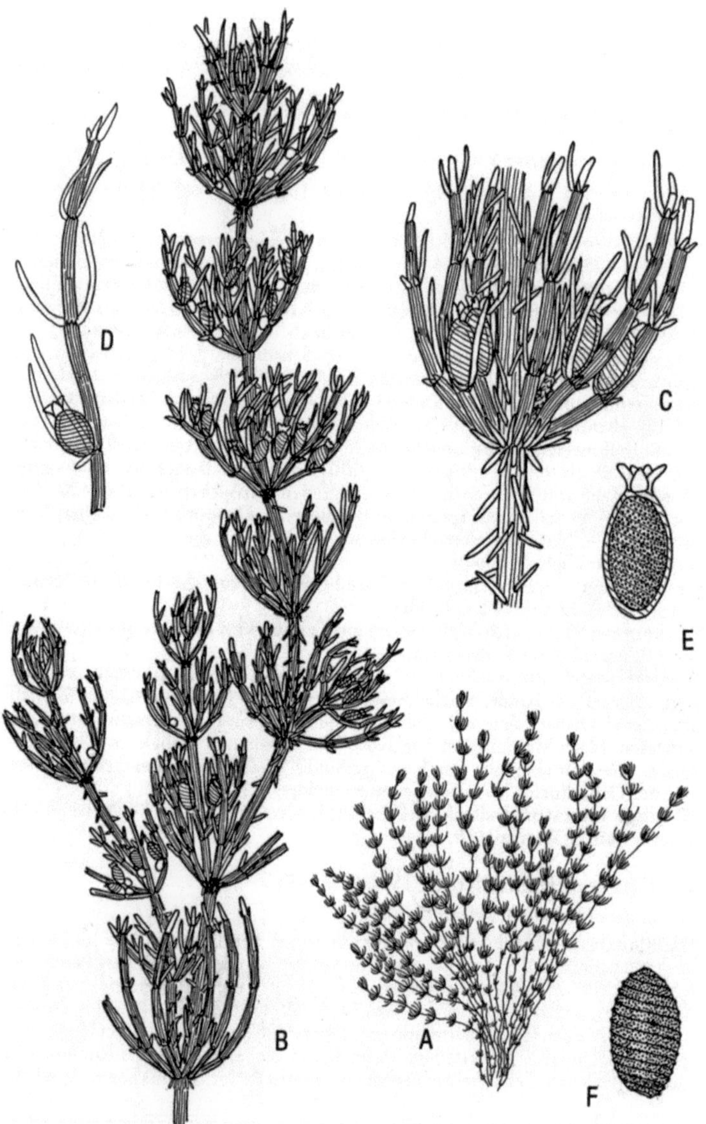

Fig. 47. *Chara muscosa* J. Groves et Bullock-Webster. A Habitus×1, B Sproß×6, C fertiler Quirl×12, D Ast×15, E Oogon×25, F Oospore×25.

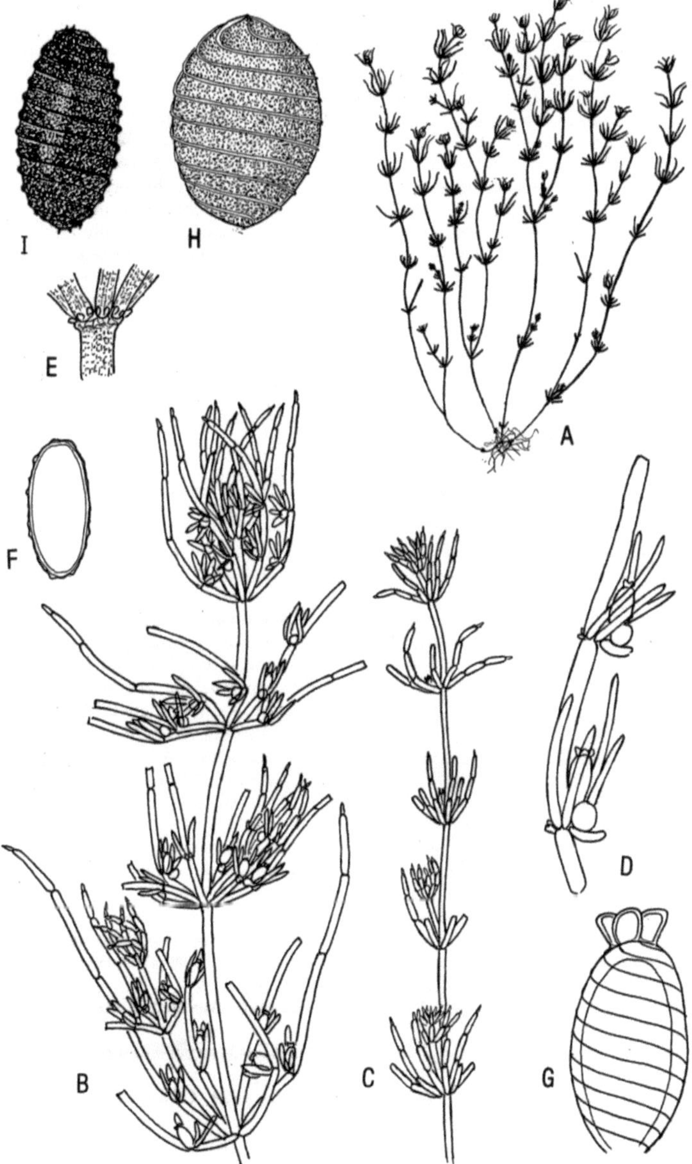

Fig. 48. *Chara ohridana* Kostić. A Habitus×0,5, B Sproßgipfel fertil×2, C Sproß steril×1,5, D fertiler Ast×6, E Quirl mit Längsstreifen als Andeutung der Rinde und Stipularen×5, F Sproßachse quer×12, G Oogon×30, H Oospore mit Kalkhülle×30, I Oospore×30.

fehlen. Stipularen unscheinbar. Im oberen Kranz zu zweit je Ast. Im unteren in verminderter Zahl, zum Teil zwischen die oberen gestellt. Auch fehlend, Äste zu 7–9 im Quirl. 1–2 blättchentragende, stets rindenlose Glieder. Beim Trocknen formstabil. 3–4-zelliges Endglied, im frischen Zustand nicht von den unteren zu unterscheiden, trocken zusammenfallend. Schon an der lebenden Pflanze leicht abbrechend: sekundärer Habitus einer kurzästigen Pflanze. Blättchen 6–8, die vier vorderen kräftig und länger als das Oogon. Die hinteren sehr kurz. Monözisch. Gametangien spärlich. Oogon ohne Krönchen 950 µm hoch, ca. 700 µm breit, stark verkalkt. 12–14 Windungen, Krönchen ca. 150 µm hoch, ca. 300 µm breit. Spitzen nach außen gebogen, vorn abgerundet. Oospore ca. 750 µm hoch, ca. 440 µm breit, 10–12 Rippen. Schwarz, reif mit fester Kalkhülle. Umriß ähnlich bei *Ch. contraria*. Antheridium ca. 500 µm Durchmesser. n = ?
Variabilität: Nicht bekannt. Nach vorläufigen Beobachtungen gering.
Verbreitung: Ochridsee in Mazedonien. Dort allgemein häufig.
Vorkommen: Im Ochridsee, einem *Chara*-Karstsee zusammen mit *Ch. tomentosa, Ch. aspera, Ch. globularis, Nitella syncarpa, N. hyalina*. Seit ihrer Entdeckung bis heute unverändert beobachtet, wahrscheinlich endemisch.
Wichtige Literatur: Kostić 1936, Stanković 1960.

29. Chara rudis A. Braun in Leonhardi 1882 (Fig. 49)

Chara hispida var. *major* f. *rudis* (A. Braun) R. D. Wood 1962
Kräftig, 50–70 cm hoch, schlanke, oft geschlängelte Äste. Internodien lang, Zahl der Äste gering, Silhouette leer. Rinde mit sehr dicken Nebenreihen. Hauptreihen nahezu überdeckt. Stacheln unscheinbar. Der *Chara hispida* ähnlich, weniger rauh als diese. Achse 1–2 mm Durchmesser, hin und her gebogen. Internodien bis 10 cm lang, länger als die Äste. Rinde diplostich aulacanth, extrem heterostich. Stacheln einzeln oder zu zweien in den Furchen der Rinde. Stipularen in beiden Reihen nahezu so lang wie die Stacheln, abgestumpft oder spitz. Äste zu 7–9 im Quirl, bis 5 cm lang, schlank. 4–6 berindete Glieder, jedes länger als das Oogon, auf der Rückseite des Astes sehr kurz. Monözisch, 3–4 Gametangien je Ast. Oogon ohne Krönchen 1 000–1 100 µm hoch, 600-700 µm breit. 12–14 Umgänge. Krönchen ca. 200 µm hoch, ca. 350 µm breit. Oospore dunkel rotbraun bis schwarz. 11–13 Rippen, 650–750 µm breit. Antheridium ca. 400 µm Durchmesser. n = ?
Variabilität: Die wenigen bekanntgewordenen Abweichungen betreffen die Länge der Äste und den Habitus. Ausschlaggebend ist allein die Rinde.
Verbreitung: Insgesamt nicht gut gesichert, weil *Ch. rudis* nicht immer von *Ch. hispida* f. *micracantha* unterschieden wird. Aus dem Mittelmeergebiet nicht bekannt. Verbreitet in Irland, in Mecklenburg und Brandenburg und in Rußland noch bei Archangelsk. Verbreitungskarten Olsen 1944 (Dänemark), Moore & Greene 1983 (Großbritannien und Irland).
Vorkommen: β-mesosaprobe Seen in Kalkgebieten. Aus dem Untergrund gespeiste Altwässer.
Aktuelle Situation: Unübersichtlich. Durch Gewässerverschmutzung wahrscheinlich gefährdet.
Wichtige Literatur: Groves & Bullock-Webster 1924, Olsen 1944, Dąmbska 1966 a, Moore 1986.

Fig. 49. *Chara rudis* A. Braun in Leonhardi. A Habitus×0,4, B Sproßgipfel×2, C fertiler Astabschnitt×4, D Sproßachse quer×15, E Rinde, Stacheln, Stipularen×6, F Oospore×20.

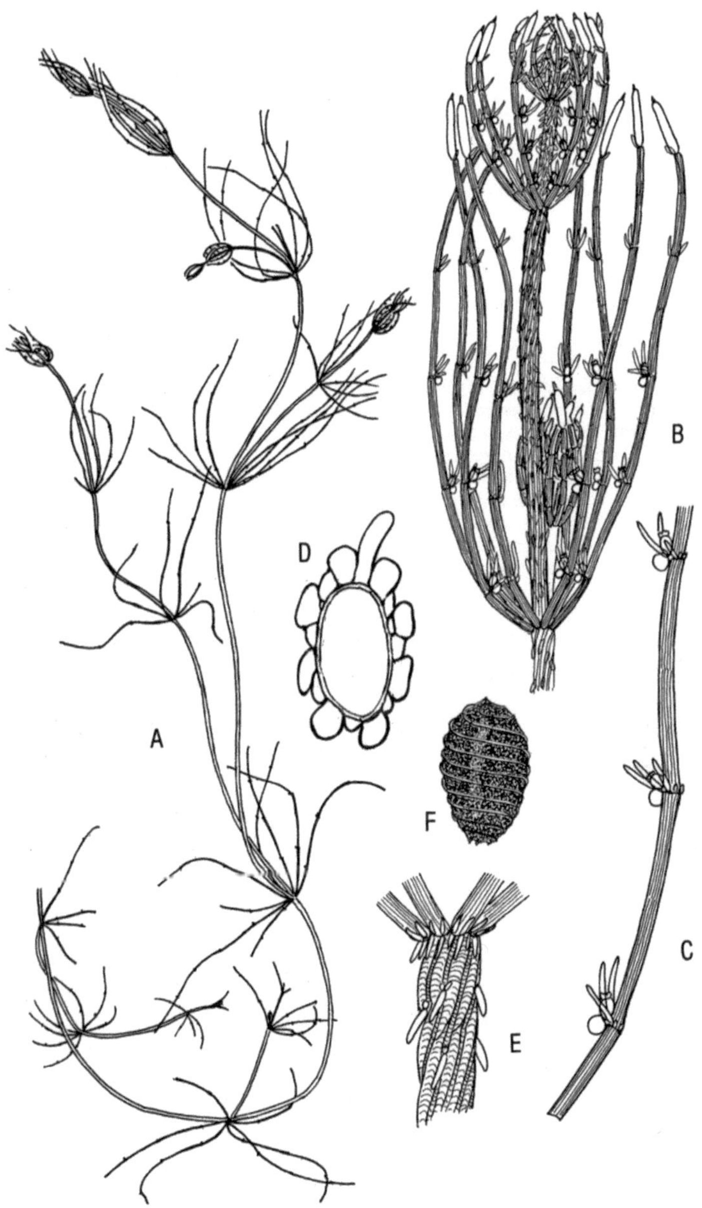

2. Nitellopsis Hy 1889

Achse und Äste ohne Rinde. Keine Stipularen. Selten mehr als 5 Quirle. In jedem Quirl ein Seitenast angelegt, kaum mehr als einer entwickelt. Äste ungeteilt mit 2–3 langen Gliedern. An den Knoten 1–2–(3) lange, früh abfallende Blättchen. Diözisch. Gametangien einzeln oder zu zweien an den Astknoten. Im Rhizoidbereich weiße sternförmige Sproßknollen: Durchmesser 2–4 mm. Habitus: weitläufig lockeres und steifes Astgewirr. Jüngere Äste oft mit deutlichem Knick an den Knoten im Gegensatz zu den gleichmäßig gerundeten *Chara*-Ästen. Einzeln stehengebliebene Blättchen können Astverzweigung vortäuschen. Mit einer Art.

1. **Nitellopsis obtusa** (Desvaux in Loiseleur-Deslongchamps) J. Groves 1919 (Fig. 50, 51)

Tolypellopsis stelligera (Bauer in Reichenbach) Migula 1890.

Große kräftige Pflanze mit wenigen Quirlen. Äste weitläufig abstehend. Blättchen nur an den oberen Ästen einzeln oder paarweise, oft fehlend. Oberster Quirl im Vergleich zum zweiten unproportioniert klein und schmal. Äste am Grunde oft kugelig angeschwollen. Am Grunde der Pflanze weiße sternförmige Sproßknollen. Achse 20–50 cm, maximal 2 m hoch. 1–2 mm Durchmesser. Internodien bis 20 cm lang. Seitentriebe meist verkümmert. Rinde, Stacheln, Stipularen fehlen. Äste mit 1–3 Gliedern, 5–12 cm lang, der Achse im Durchmesser gleich. Endzelle lang, zugespitzt. Blättchen paarweise an einem oder zwei Knoten, leicht abbrechend. Den Astgliedern ähnlich. Diözisch. Gametangien einzeln oder zu zweien nebeneinander, oft ohne tragendes Blättchen. Oogon ohne Krönchen 1 100 bis 1 400 µm hoch, 800–1 000 µm breit, kurz eiförmig bis kreiselförmig. 7–9 breite, nach außen gewölbte Umgänge. Bei der Reife in einen dick verkalkten Gyrogonit übergehend. Die angeschwollenen Enden der Spiralzellen einen Deckel bildend. In dieser Form subfossil erhalten. Krönchen fünfzellig, ca. 90 µm hoch, 120 µm breit. Klein und hinfällig. Oospore ca. 700 µm hoch, 600 µm breit, lang-oval mit 7–8 dünnen Rippen. Aus der Kalkhülle schwer freizulegen. Dunkelbraun bis schwarz. Antheridium ca. 1 000 µm Durchmesser. Dunkel grünlich-braun. Gametangien Frühsommer bis Herbst.

Variabilität: *Nitellopsis obtusa* ist eine scharf umgrenzte, wenig variable Sippe. Mangelhaft präparierte Exemplare können mit *Nitella translucens* verwechselt werden. Die var. *ulvoides* (Bretonin in Bruni) Migula 1897 zeichnet sich durch den auf 2–4 mm vergrößerten Sproßdurchmesser und erhöhte Zahl der Blättchen aus. Durch die Vermehrung der Quirle unter dem Sproßgipfel gewinnt sie eigene Struktur (Fig. 51).

Verbreitung: Die Aufmerksamkeit, die dieser Pflanze entgegengebracht wurde, erlaubt eine weitgehend vollständige Fundortsaufzählung: viele Seen auf dem Baltischen Landrücken von Schleswig-Holstein bis Masuren, weiter bis St. Petersburg und Südfinnland, dort auch in Brackwasser. Südschweden und Dänemark. In den Berliner Seen, im Norden der Mark Brandenburg, Mecklenburg, Seen von Miedzochód (Birnbaum) in Westpolen. Poznań, Seenplatte von

---

Fig. 50. *Nitellopsis obtusa* (Desvaux in Loiseleur-Deslongchamps) J. Groves. A Habitus×0,7, B 3 sterile Quirle×1,4, C weiblicher Quirl×3, D männlicher Quirl×3, E Anschwellungen am Grunde der Äste×3, F sternförmige Bulbille×7, G Oogon (nach Soulié-Märsche)×25, H Gyrogonit lateral und apikal×25, I Oospore×25.

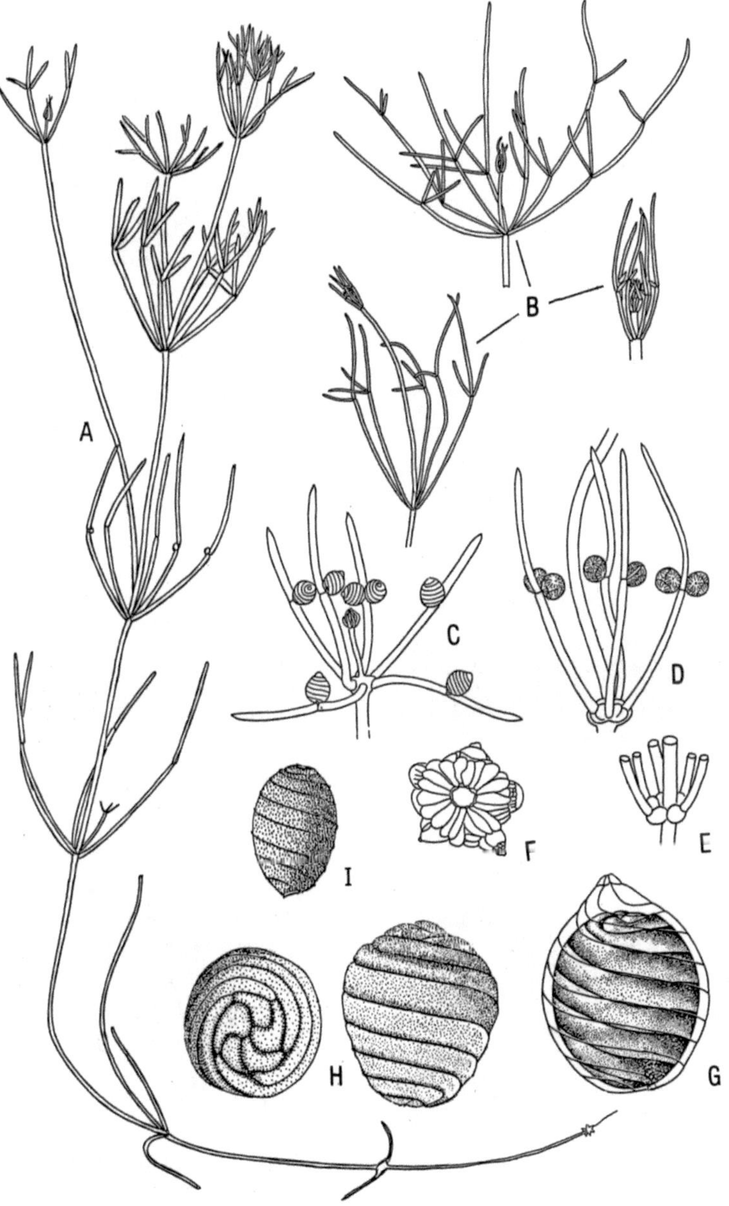

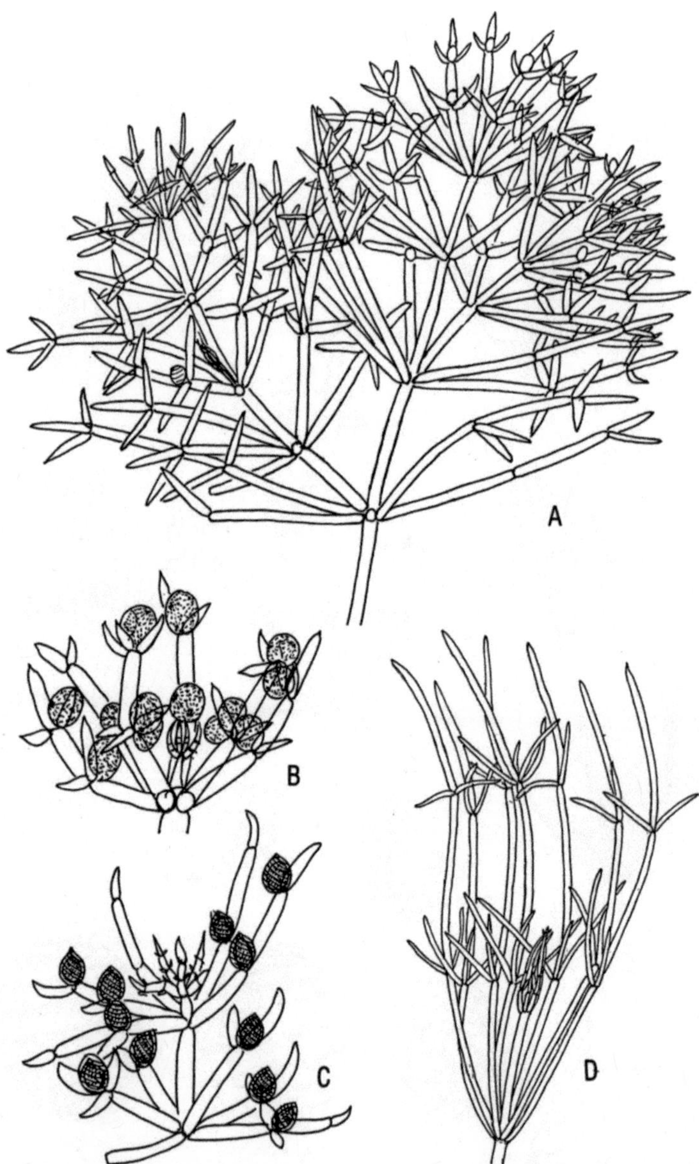

Fig. 51. *Nitellopsis obtusa* var. *ulvoides* (Bertolini in Bruni) Migula. A Sproß-
gipfel×1,5, B männlicher Sproß×3, C weiblicher Sproß×3, D Sproßgipfel der
Normalform aus Mitteleuropa×1,5.

Leczna-Włodawa bei Lublin, Balaton, Rumänien, Bulgarien, Bačina- und Skutarisee in Jugoslawien, Südrußland. Turkestan, Kaschmir, Birma, Japan. In NW-Europa spärlich: Laacher See in der Eifel, Niedersachsen im Dümmer, Ostfriesland im Groote Meer bei Emden. Neuerdings in einem Baggersee im Stadtgebiet Bremen. Niederlande verbreitet, Belgien, S-England. Ein Zentrum an der Loire mit Ausläufern zur Gironde. Mehrfach am Oberrhein und im Alpenvorland: Starnberger See, Langbürgener See, Chiemsee. Genfer See. In einem Kanal bei Dijon, im Département Isère, Rhône bei Lyon, Camargue. Spanien bei Saen, Portugal nahe der Atlantikküste.

Vorkommen: *Nitellopsis obtusa* galt lange Zeit als Bewohner β-mesosaprober Klarwasserseen, in denen sie in 5–10 m Tiefe exklusive Bestände bildete. Sie blieb nahezu steril. In den letzten Jahrzehnten ist sie in die Nähe des Wasserspiegels hochgestiegen. Zugleich finden sich in steigender Zahl Neusiedlungen in Baggerseen, z. B. in der Oberrheinaue. In ihnen erreichen die Pflanzen 2 m Höhe und bilden reichlich Oogonien. Da das Hochwasser kompostartiges Getreibsel und Boden einschwemmt, erhält *Nitellopsis* eine natürliche Düngung, die ihr offensichtlich förderlich ist. Sie erträgt auch anthropogene Eutrophierung relativ gut. Der Gesellschaftsanschluß wechselt mit der Wassertiefe und dem Trophiegrad. Unterhalb 5 m sind jeweils 2–3 andere Characeen spärlich in den *Nitellopsis*-Rasen eingestreut. Oberhalb 5 m steigt die Artenzahl einschließlich der Blütenpflanzen auf ca. sieben. Günstig sind die Siedlungsbedingungen für *Nitella*-Arten in Gesellschaften mit *Nitellopsis obtusa*. Sie sind als Begleiter von den Niederlanden bis zum Skutarisee mit vielen Arten vertreten, ohne höhere Mengenanteile zu erreichen. *Nitellopsis obtusa* kommt überwiegend in Süßwasser vor. An der finnischen Küste und in den Niederlanden wächst sie im oligohalinen Bereich bis ca. 1 350 mg/l Cl$^-$.

Aktuelle Situation: Ein spätes Beispiel des im Rückgang begriffenen Tiefwasser-Nitellopsidetums ist aus dem Stechlinsee bekannt, ein Störungsstadium im Parsteiner See erkennbar. Beispiele für Neuansiedlung bestehen im Starnberger See und Chiemsee, im Genfer See, dem Balaton und in einem betonierten Kanal im Golf von Tarent. Einen Musterfall dynamischen Verhaltens bietet der schwedische Flachsee Tåkern. Er war bis 1932 ein *Chara*-See, verlor nach Austrocknungs- und Frostkatastrophe seine Wasservegetation und besiedelte sich danach langsam mit wenigen Phanerogamen-Arten. Noch 1962 wurden keine Characeae gefunden. Danach stellte sich *Nitellopsis obtusa* ein, die vor 1932 im Tåkern unbekannt war. Gegenwärtig gehört sie neben *Chara tomentosa* zu den dominierenden Arten des Sees. Ebenso aktiv zeigte sich *Nitellopsis obtusa* im Dünengelände der Gemeinde Bom Sucesso in Portugal, wo sie aus einem See in Grundwasserbrunnen überwechselte und damit ihren Bestand vor der Eutrophierung bewahrte, die den See inzwischen veröden ließ.

Wichtige Literatur: Blaženzić & Cvijan 1980, Krause 1985, Melzer 1987, Soulié-Märsche 1989, Van Raam & Maier 1989.

3. **Lychnothamnus** (Ruprecht) Leonhardi em. A. Braun 1882

Äste ohne Rinde, Achse gelegentlich mit Rindenrudimenten an den Knoten. Stipularen in einer Reihe, schräg nach unten abstehend. 5–8 Quirle, in jedem ein Seitentrieb angelegt. Äste mit 4–5 Gliedern. Das unterste so lang wie die übrigen zusammen. An den Knoten je 3–5 lange Blättchen. Gametangien auf der Oberseite der Äste. Oogon jeweils zwischen zwei seitlich stehenden Antheridien. Mit einer Art.

1. **Lychnothamnus barbatus** (Meyen) Leonhardi 1863 (Fig. 52)

Chara barbata Meyen 1827

Unverwechselbares Gesamtbild durch die abstehenden Stipularen, die am Ende der Äste gehäuften langen Blättchen und die trichterförmig geordneten jungen Quirle. Achse 15–80 cm hoch, vom Grund an mehrfach verzweigt, 0,6–1,0 mm Durchmesser. Untere Internodien bis 10 cm lang, länger als Äste. Sproßknoten im Rhizoidbereich anschwellend und Adventivsprosse treibend: Überwinterungsorgane der mehrjährigen Pflanze. Rinde großenteils fehlend. An den Sproßknoten kurze unregelmäßige Zellreihen. Stacheln rudimentär, bis 2 mm lang. Stipularen in einfachem Kranz, zwei unter jedem Ast. 1–5 mm lang. Kräftig, zugespitzt, schräg nach unten abstehend. Äste 7–10 je Quirl, bis 3,5 cm lang, 3–5 Glieder ohne Rinde. Das unterste so lang wie die übrigen zusammen. Endglied einzellig, den Blättchen ähnlich. Blättchen 4–7 je Astknoten, länger als die Internodien, maximal 6 mm lang. Nach allen Seiten abstehend. Unter dem Oogon zwei kurze Blättchen, früh abfallend. Monözisch. Oogon zwischen zwei Antheridien. Diese früh verschwindend. Oogon 1 000–1 350 μm hoch, 600–800 μm breit, 7–9 breite, nach außen ohne Krönchen gewölbte Umgänge. Halsteil vorgezogen, Enden der Spiralzellen gelegentlich angeschwollen. Stark verkalkt. Krönchen einreihig-fünfzellig, klein im Verhältnis zum Oogon, ca. 45 μm hoch, ca. 130 μm breit, Zellen zusammenneigend. Bei der Reife mit dem Halsteil des Oogons abbrechend. Oospore 600–800 μm hoch, 500–700 μm breit. Schwarz mit 7–8 kräftig hervortretenden Rippen. Antheridium unscheinbar, ca. 350 μm Durchmesser, hinfällig. n = 14, 28.

Variabilität: *Lychnothamnus barbatus* ändert kaum ab. In Abhängigkeit von der Wassertiefe entstehen kurz gedrungene oder gestreckte Modifikationen. Beschrieben wurde die besonders kräftige f. *spinosa* (Amici) R. D. Wood 1962 aus Seen bei Mantua und Otranto in Italien. Seit langem unbestätigt.

Verbreitung: Weit zerstreut mit Schwerpunkten in der Mark Brandenburg und in Polen. Ehemals im heutigen Stadtbereich Berlin (Schöneberg: «auf überschwemmten Torfwiesen», Wilmersdorf) und weiter in die Uckermark (Plötzensee, Biesenthal, Parsteiner See). Überall verschollen. In Westpolen im Jezero Binow (Binowsee) bei Szcecin (Stettin), in Seen bei Sierakow und Miedzychod (Birnbaum), im Dominickie- und Kuznickie-See auf der Großpolnischen Seenplatte südlich der vorigen und bei Poznań (Posen). In Südostpolen bei Lublin in den Seen Zaglebocze und Rogoczno. Im vorigen Jahrhundert bekannt gewordene, verschollene Einzelfundorte in SO-Frankreich (Département Isère), Bayern (Würzburg), in der Slowakei (Bratislava). Aus mitteleuropäischer Sicht eine aussterbende Pflanze. Neubewertung durch aktuelle Funde im Südosten: Ungarn im Nádastoó (Komitat Szabolcz), Rumänien in Dünenseen unweit der Donau östl. Calafat, Kroatien im Küstenland in den Bačina-Seen nahe der Neretva-Mündung, Österreich im Klopeiner See (Kärnten), stets in Menge.

Vorkommen: Lychnothamnus ist auf hochgradig oligosaprobes Wasser angewiesen, das der Einwirkung des biosphärischen Kreislaufs wenig ausgesetzt war: Karstseen, breitflächige Quellaustritte. Wurde nur in kalkreicher Umgebung gefunden. In den durch Kultureinflüsse veränderten Klarwasserseen, z. B. im Parsteiner See, verschwunden.

Aktuelle Situation: Vom Aussterben bedroht. Kein Beispiel spontaner Neuansiedlung. Überlebenschancen in wenigen aus dem Untergrund gespeisten Seen.

Wichtige Literatur: Krause 1986 a.

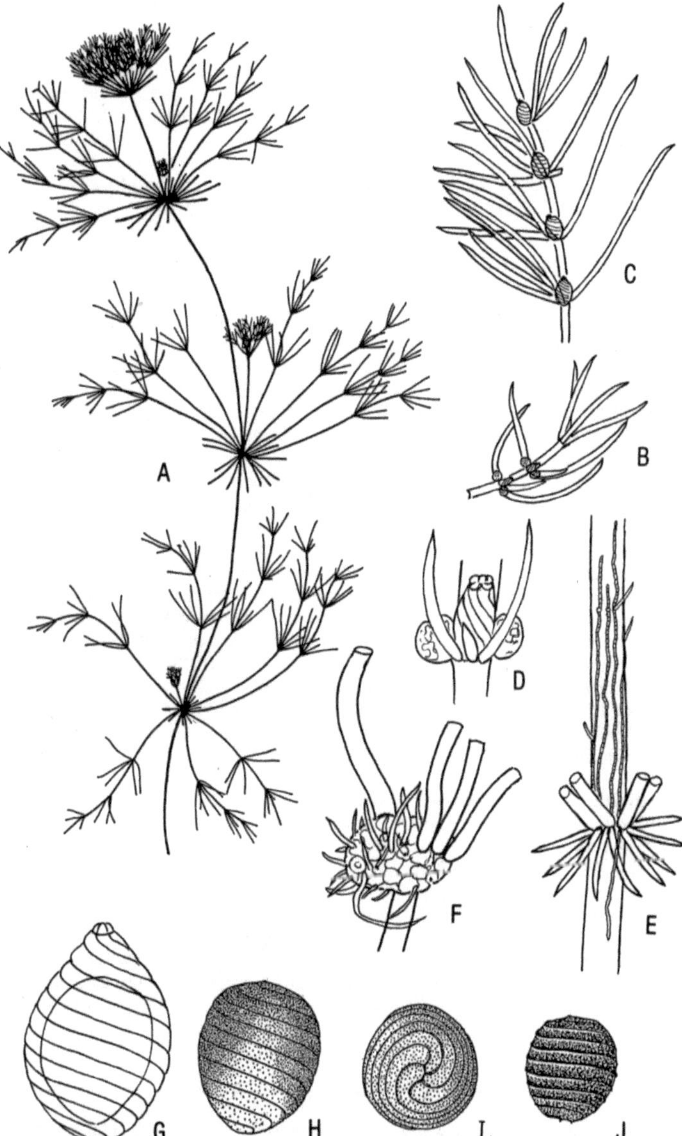

Fig. 52. *Lychnothamnus barbatus* (Meyen) Leonhardi. A Habitus×1,4, B junger Ast mit Gametangien×4, C älterer Ast mit Oogonien×4, D junges Oogon mit 2 Antheridien×20, E Rinde, Stacheln, Stipularen×20, F Bulbille×14, G Oogon, H Gyrogonit lateral, I Gyrogonit apikal, J Oospore. G–J×25.

4. Lamprothamnium J. Groves 1916

Achse und Äste ohne Rinde. Lange einreihige Stipularen. Mehr als 12 Quirle. Äste unverzweigt. Untere lang und schlaff an langen Internodien. Blättchen reduziert. Dazu oft ein bleibender Proembryo vom Aussehen eines überlangen Astes. Obere Äste sehr kurz und dichtgedrängt. 3–6 kurze Glieder und lange quirlartig gestellt Blättchen. Gametangien an 2–3 Astknoten. Das Antheridium oberhalb des Oogons oder daneben. Obere Quirle selten aufgelockert. Pflanzen meist nicht > 10 cm hoch. Wenig verzweigt.

1. Lamprothamnium papulosum (Wallroth) J. Groves 1916 (Fig. 53)

Chara alopecuroides Delile ex Braun 1847

Sproßgipfel ein dichtbuschiger «Fuchsschwanz» über einem kurzen, wenig verzweigten Sproß, oft von einem langen Ast (Proembryo) überragt. Bräunlich. Achse 2–12–(30) cm hoch, 0,3–0,8 cm Durchmesser. Untere Internodien 1–2 cm lang, obere sehr kurz. An den Rhizoiden gelegentlich weiße kugelförmige Bulbillen: 1 mm Durchmesser. Proembryo verlängert, ausdauernd. Rinde und Stacheln fehlen. Stipularen einreihig, länger als der Sproßdurchmesser, schräg abstehend. In gleicher Zahl wie die Äste im Quirl oder unregelmäßig vermehrt. Äste 6–8–(10) je Quirl. Obere 0,8–2 cm lang, steif, zum Sproß hin gebogen, untere bis 7 cm lang, biegsam. 3–6 Glieder, an den Knoten leicht eingeschnürt. Endglied kurz, spitz. Obere Äste zu einem langgezogenen Kopf zusammengedrängt. Blättchen 3–5, kräftig, länger als der Astdurchmesser, nach allen Seiten abstehend. Außerdem zwei kürzere, leicht abfallende Blättchen. Monözisch. Gametangien an den Astknoten, gelegentlich zusätzlich an der Astbasis. Oogon unter oder neben dem Antheridium, ohne Krönchen 750–950 μm hoch, 400–600 μm breit, 10–14 Windungen, verkalkt, Kalkhülle am Apikalende dünn, dort oft zerbrochen. Krönchen 90–130 μm hoch, ca. 200 μm breit. Umriß annähernd halbkugelförmig, Enden nicht abgespreizt. Oospore 600–700 μm hoch, 275–450 μm breit, lang oval, nahezu zylindrisch. 10–12 feine Rippen, schwarz. Antheridium 400–600 μm Durchmesser. Gametangien im Süden im Frühsommer, in der Ostsee bis zum Herbst. n = 25, 50, 56.

Variabilität: Die aus Spanien und Portugal beschriebenen Kleinsippen *Lamprothamnium toletanum* Prósper, *L. aragonense* Prósper, *L. carissoi* Gonçalves da Cunha weichen durch gestreckten Wuchs von der Normalform ab. Da sie von wenigen Stellen bekannt sind und ähnliche Formen in der Ostsee auftreten, werden sie ebenso wie die Zwergform *L. pouzolzii* Gray als Modifikationen bewertet. Auch *L. hansenii* Sonder kann nicht mehr als Spezies angesehen werden (vgl. S. 136).

Verbreitung: Europäische Küsten westlich der Oder: Vorpommern, Schleswig-Holstein, östliches Dänemark, schwedische Südküste, Kattegat, Südnorwegen. Atlantik von der Normandie bis zur Gironde, Südengland, im Westen

---

Fig. 53. *Lamprothamnium papulosum* (Wallroth) Groves. A Habitus × 0,7, B Sproßgipfel × 8, C Äste mit jungen und alten Gametangien × 9, D junges Oogon × 30, E reifes Oogon mit Kalkhülle, F wie E, Kalkhülle am Scheitel abgebrochen, G Oospore. E–G × 30. H Zwergpflanze × 1,4, I Pflanze mit verlängerten Internodien × 1,4, J Bulbillen × 8.

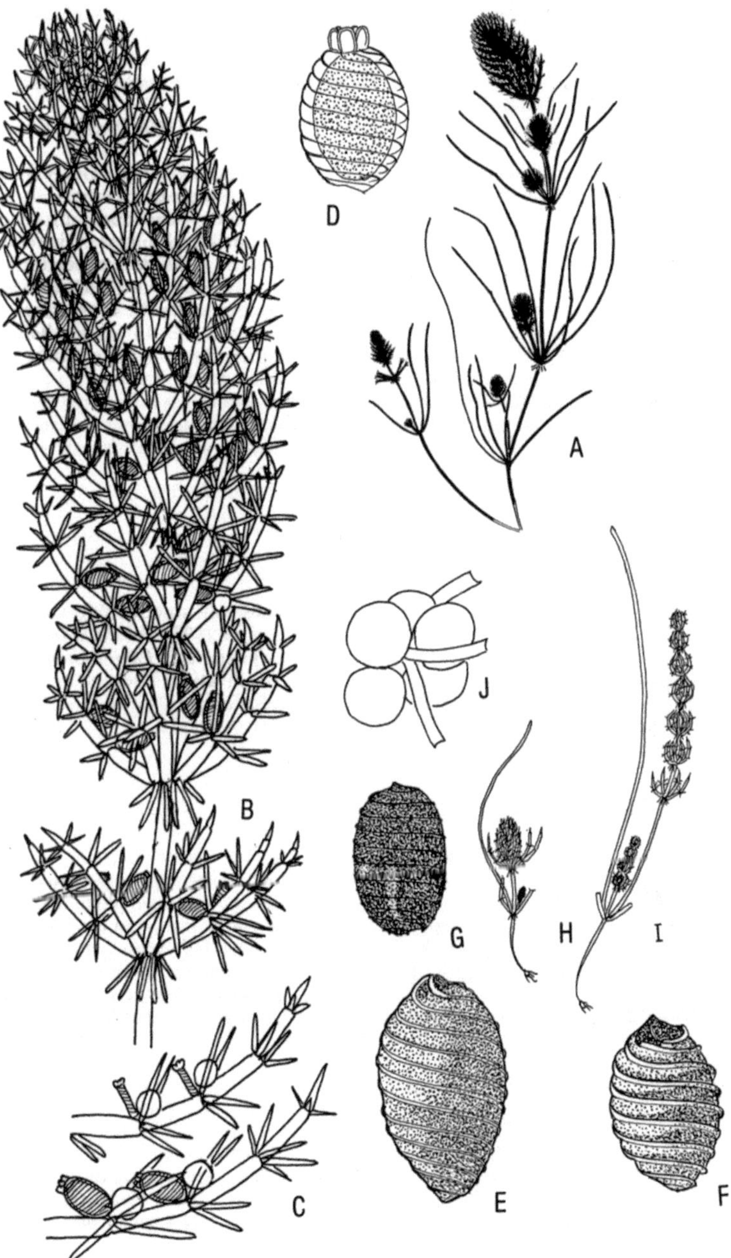

Portugals und Süden Spaniens. Überall mit großen Verbreitungslücken. Häufiger an der südfranzösischen Küste bis Toulon, Korsika. Vereinzelt in Italien, Korfu, ein Fund auf der Krim. Im spanischen Binnenland in Brackwasserseen der Provinzen Toledo und Saragossa. Mehrfach von Tunesien bis Marokko an der Küste und im Binnenland. Ein Fund aus Südafrika.

Verbreitungskarten Olsen 1944 (Dänemark), Corillion 1957 (Westfrankreich, Europa).

Vorkommen: Ausschließlich in Brack- und Meerwasser. Nicht im Gezeitenbereich. In der Ostsee in Buchten, am Atlantik und Mittelmeer vorzugsweise in Salinen, sonst in brackigen Wasserlachen innerhalb des Salicornietum fruticosae, auch in nassen Wagenspuren. Sonstige Kontakte: Ruppion, Charetum canescentis. Insgesamt Neigung zu Einartbeständen, teils dominierend, teils zerstreut über leerem Untergrund. Heliophil mit Optimum in 10–80 cm Wassertiefe über Sand. Schädigung durch Schlammablagerung. In der Ostsee im mesohalinen Bereich mit Untergrenze bei 4 400 mg/l Cl⁻. In Salinen höhere Konzentration als im Meer. Hier nach Entfernung des Pflanzenwuchses aus den Becken alljährlich Neuaufbau der Bestände aus den Diasporen.

Aktuelle Situation: Allgemein durch Zivilisationsfolgen, im Süden durch die Auflassung von Salinen, bedrängt. In der Ostsee noch vor kurzem auf Seeland (Dybsø Fjord) sowie in Südfrankreich relativ häufig, wiewohl auch hier durch die Zivilisation eingeengt. In Zentralspanien.

Wichtige Literatur: Olsen 1944, Corillion 1953 a, 1957, 1975.

Species excludenda.

2. **Lamprothamnium hansenii** Sonder 1890

Nur als Einzelfund bekannt. Als eine vom Typus weit abweichende Tiefwassermodifikation des *L. papulosum* anzusehen (Krause 1992). Die als *L. hansenii* beschriebene Pflanze vereinigt Merkmale der Gattungen *Lamprothamnium* und *Chara*. Dasselbe gilt für *L. succinctum* (A. Braun in Ascherson) Wood 1962 (*Chara succincta* Braun 1878) aus Nordafrika, Indien, Neukaledonien und Mauritius. Eine Stellungnahme gibt Ophel (1947).

5. **Nitella** Agardh 1824

Achse und Äste ohne Rinde. Keine Stipularen. Drei bis zwölf Quirle, an den Sproßspitzen oft zusammengezogen. In jedem Quirl zwei Seitensprosse angelegt. Äste an den Knoten gabelähnlich in annähernd gleichgestaltete Strahlen zweiter bis vierter Ordnung geteilt. Zahl der Endstrahlen bis in die Größenordnung 100. Keine Blättchen. Gametangien in den Teilungsstellen der Äste. Antheridium als modifizierter Strahl. Ein bis drei Oogonien unterhalb des Antheridiums. Habitus: weiche, oft frischgrün glänzende Pflanzen. Charakteristisch die einheitliche Teilung der Äste. Selten, höchstens in Form von Ringen um Achse und Äste verkalkt.

Mit 12 Arten in Europa.

Bestimmungsschlüssel der Arten

1a Äste tief gabelähnlich geteilt, mindestens zu 6 im Quirl. 2
1b Äste scheinbar ungeteilt. 2–3 unauffällige 0,2–0,3 mm lange Endstrahlen, früh abbrechend (Fig. 54 E). Oft nur 3–4 Äste im Quirl. Dickästige, weitläufige Pflanze; Sektion *Persoonia*. . . . . **1. N. translucens** (S. 138)

2 a Äste innerhalb des Quirls gleichgeformt 3
2 b In jedem Quirl lange und kurze Äste. Die langen mindestens doppelt so lang wie die kurzen (Fig. 1 C). Die langen dreimal übereinander geteilt, die kurzen einmal geteilt oder ungeteilt; Sektion *Decandollea* . . . . **2. N. hyalina** (S. 140)
3 a Endstrahlen der Äste einzellig. Oosporen 350–600 µm hoch, 350–500 µm breit. Krönchen früh abfallend; Subgenus *Nitella* (Anarthrodactylae) . . . 4
3 b Endstrahlen 2–5zellig. Endzelle eine kurze Stachelspitze (Fig. 3 C), früh abfallend. Oospore 200–350 µm hoch, 200–350 µm breit. Krönchen bleibend; Subgenus *Tieffallenia* (Arthrodactylae). 7
4 a Gametangien mit Schleimhülle, am Herbarpapier haftend. Endstrahlen in eine Spitze auslaufend. Diözisch; Sektion *Rajia* 5
4 b Gametangien ohne Schleimhülle. Endstrahl kurz konisch auslaufend oder abgerundet. Monözisch oder diözisch; Sektion *Nitella* 6
5 a Oogonien zu zweit oder dritt in Astgabeln, Schleimhülle undeutlich, am Herbarpapier haftend. Oospore braun mit breiten Flügelsäumen. Frühjahrspflanze . . . . **3. N. capillaris** (S. 142)
5 b Oogonien zu 2–4 nebeneinander an ungeteilten Ästen. Schleimhülle deutlich. Oospore schwarz mit feinen Rippen. Sommer- und Herbstpflanze . . . . **4. N. syncarpa** (S. 144)
6 a Monözisch. Antheridien zur Zeit der Sporenreife meist verschwunden. Oospore 500–575 µm hoch, 400–500 µm breit, dunkelbraun mit wulstigen Rippen. Oberster Quirl radiär trichterförmig gestellt (Fig. 1 B). Sommer bis Herbst. . . . . **5. N. flexilis** (S. 146)
6 b Diözisch. Oospore 400–500 µm hoch, 350–400 µm breit, dunkelbraun mit Flügelsäumen. Oberster Quirl oft seitlich gekämmt. Frühjahr . . . . **6. N opaca** (S. 148)
7 a (3 b) Dichte kleine Quirle zu vielen an fadendünnen Sprossen aufgereiht. Äste 2 bis 4mal geteilt. Zahl der Endglieder je Ast in der Größenordnung 100. Gametangien an der zweiten und dritten, nicht an der ersten Astgabelung. Monözisch 8
7 b Pflanzen anders geformt. Verteilung der Gametangien unterschiedlich . . 9
8 a Endstrahlen 2-(–3)zellig, an den Knoten nicht eingeschnürt. Äste und Strahlen regelmäßig radiär geordnet. In Europa verbreitet. . . . . **7. N. tenuissima** (S. 150)
8 b Endstrahlen 3–4(-5)zellig, an den Knoten eingeschnürt Äste und Strahlen wirr durcheinander. Portugal, SW-Frankreich . . . . **8. N. ornithopoda** (S. 152)
9 a Durchmesser der Achse selten <1 mm. Pflanze robust, außerhalb des Wassers formbeständig. Silhouette locker durchsichtig. Stark fruchtende Pflanzen mit dichten Köpfchen. Endzelle der Strahlen höchstens $^1/_4$ so breit wie die vorletzte Zelle. Oosporenwand unter dem Lichtmikroskop fein gefeldert (Gegensatz zu 12. *N. gracilis*) . . . . **9. N. mucronata** (S. 154)
9 b Durchmesser der Achse deutlich <1 mm. Pflanze zart, weich 10
10 a Endstrahlen 2-(3)zellig. Monözisch. In Europa verbreitet. 11
10 b Endstrahlen 3–4(-5)zellig. An den Knoten eingeschnürt. Diözisch. Portugal . . . . **10. N. dixonii** (S. 156)
11 a Gametangien an der untersten Verzweigung der Äste. Kleine, von herausragenden Strahlen umgebene Köpfchen. Darunter an jungen Pflanzen feinfädiges Astgewirr. Oospore mit 7–8 dunklen Rippen. Pflanzen selten höher als 3–5 cm . . . . **11. N. batrachosperma** (S. 158)
11 b Gametangien an allen Verzweigungen der Äste möglich. Keine dichten Köpfchen. Äste durchgehend deutlich in Quirle geordnet, gegen den Sproßgipfel dichter gestellt. Oospore mit 6–7 breiten Rippen. Oosporen-

wand unter dem Lichtmikroskop fein punktiert. Endzelle der Äste an der Basis etwa halb so breit wie die vorletzte Zelle. An getrockneten Pflanzen ist die Endzelle von der Schmalseite aus zu sehen. . **12. N. gracilis** (S. 160)

1. **Nitella translucens** (Persoon) Agardh 1807 (Fig. 54)

Mittelgroß bis groß. Gesamtbild durch die dicken, makroskopisch ungeteilten, in geringer Zahl gebildeten Quirläste bestimmt. Gametangien in gestielten Köpfchen. Aufsteigende Sprosse oft unvermittelt in die Horizontale gebogen. Im Aussehen robust, aber schon bei leichter Beschädigung formlos zusammenfallend. Glänzend und durchscheinend. Achse 1–3 mm Durchmesser. Internodien meist länger als die Quirläste, maximal 42 cm. Pflanze 30–120 cm hoch, oft in Langtriebe mit winzigen Quirlen auslaufend. Rinde, Stacheln, Stipularen fehlen. Äste zu (2)–4–(6) im Quirl, 1–8 cm lang. Unteres Glied den weitaus größten Teil des Astes bildend. An der Spitze winzige, 100–250 μm lange zweizellige Gabeläste, vielfach abgebrochen. Monözisch. Gametangien zu mehreren an 1–3 mm langen Ästen. Letztere zu dichten Köpfchen vereinigt. Auf 1–3 cm langen, oft nach unten gebogenen Sprossen. Oogonien unterhalb des Antheridiums zu zwei bis drei nebeneinander, ohne Krönchen 450–525 μm lang, 300–425 μm breit, 7–8 Umgänge. Hüllzellen an der Spitze nicht angeschwollen. Krönchen aus zwei übereinander liegenden Zellreihen, 40–50 μm hoch, an der Basis 70–80 μm breit, lange erhalten bleibend. Oospore nahezu kreisrund, 300–450 μm lang, 250–350 μm breit, braun, 5–6 scharf markierte Rippen. Membran fein netzartig gefeldert mit 16–20 Maschen zwischen zwei Rippen. Antheridium 250–375 μm Durchmesser, farblos. Gametangien Sommer bis Dezember. n = 18.
Variabilität: Kompakte und gestreckte Modifikation in Abhängigkeit von der Belichtung. In Grundwasserbrunnen mehr als 1 m hoch mit 20–30 cm langen Internodien. Taxonomisch bedeutungsvoll die selten gefundene var. *confervoides* Thuillier mit kurzen, schmächtigen Internodien und Ästen, habituell der *N. mucronata* ähnlich. Zwischen den Normalpflanzen wachsend, wahrscheinlich keine Modifikation. Die früher der *N. translucens* zugeordnete *N. brachytela* A. Braun neuerdings mit *N. mucronata* vereinigt.
Verbreitung: *N. translucens* bewohnt das küstennahe Westeuropa von Portugal über Westfrankreich, Großbritannien und Irland mit Ausstrahlungen bis Belgien, die Niederlande, das Altmoränengebiet Nordwestdeutschlands und Jütland. Ein Außenposten liegt im schwedischen Vättern. In Nordafrika ist sie aus dem Rif bekannt, das mit hohen Niederschlägen und kalkarmen Gesteinen ihren Ansprüchen entgegenkommt. Der alte Fundort Moosbrunn bei Wien weit außerhalb des atlantischen Gesamtareals wurde als var. *confervoides* bestätigt, die bisher nur aus der Umgebung von Köln und aus Portugal sicher bekannt ist. Alte Angaben aus Sizilien und Korsika bedürfen der Bestätigung. Arealkarten: Olsen 1944 (Dänemark); Corillion 1957 (Europa); Moore & Green 1983 (Großbritannien und Irland); Vahle 1990 b (Nordwestdeutschland).
Vorkommen: *Nitella translucens* dringt weit in den kalk- und elektrolytarmen Bereich vor. Die pH-Grenzwerte lauten 5,8 und 7,1. Sie bevorzugt das humose Braunwasser Westeuropas, das einen ökologischen Gegenpol zum Blauwasser der *Chara*-Seen bildet. Sie verkrustet nicht und bildet nur in Ausnahmefällen unscheinbare Kalkringe. Optimal gedeiht sie auf schlammigem Untergrund und auf Torf. Seltener steht sie auf Sand. In den Granitseen Westirlands, deren Wasser ihr zusagt, keimt sie in der kleinen Feinbodenmenge unter den Steinen, unter denen sie seitlich hervorwächst. Sie bleibt auf wenige, zugleich optimal entwickelte Individuen beschränkt. *Nitella translucens* ist halophob und fehlt den characeenreichen Gewässern hinter der Küste. Sie bildet Reinbestände

Fig. 54. *Nitella translucens* (Persoon) Agardh. A Pflanze mit Langtrieben×0,5, B kompakte Pflanze×0,5, C fertiler Sproß×0,5, D fertile Quirle×4, E verkürzte Endstrahlen der Äste×6, F Quirle der Langtriebe×6, G Gipfel der Langtriebe×6, H Oospore×50, I Astspitze mit Gametangien×15.

(Nitelletum translucentis Corillion 1957), meidet aber ebensowenig die Gesellschaft anderer Arten. In der Teichlandschaft der Dombes in Ostfrankreich bildet sie zusammen mit *N. flexilis*, *N. syncarpa* und *Chara braunii* eine Synusie unter dem Teppich des Trapo-Nymphoidetum. In Niedersachsen wurde sie zusammen mit *Baldellia ranunculoides*, *Potamogeton polygonifolius* und *Chara delicatula*, in Dänemark in einem *Lobelia-Isoetes*-See gefunden.

Aktuelle Situation: Durch Trockenlegung und Eutrophierung gefährdet. Zugleich in NW-Deutschland durch verstärkte Nachsuche mehrmals neu nachgewiesen.

Wichtige Literatur: Corillion 1957, Krause 1983, Vahle 1990 b.

2. Nitella hyalina (De Candolle) Agardh 1824 (Fig. 55)

Junge Quirle kugelig zusammengezogen, perlschnurartig aneinandergereiht, im Alter spreizend. In jedem Quirl längere und kürzere Äste. Mit Schleimüberzug am Herbarpapier haftend. Klein bis mittelgroß, außerhalb des Wassers formbeständig. Achse 15–30–(100) cm lang, 0,3–0,7 mm Durchmesser. Obere Internodien kurz, untere 2–4mal so lang wie die Äste. Äste in jedem Quirl ungleich lang (heterocloem). Die längeren als Halbkugel, die kürzeren ähnlich einem Stipularkranz schräg abwärts gestellt. Letztere teilweise dicht oberhalb, teils unterhalb der längeren entspringend. Die längeren mit 2–3–(4) Gabelungen und sehr zahlreichen Endgliedern, 1–2 cm lang. Endglied zweizellig, Endzelle eine kurze Stachelspitze. Die kurzen Äste 0,3–0,8 cm lang, ein- bis zweimal gegabelt oder ungeteilt. Junge Quirle dicht verschleimt. Rinde, Stacheln, Stipularen fehlen. Monözisch. Gametangien an den untersten, nicht an den übrigen Teilungen der Äste. Selten an den kurzen Ästen. Oogon ohne Krönchen 500–650 µm hoch, 375–400 µm breit. 8–10 Umgänge. Krönchen 45–60 µm hoch, ca. 60 µm breit, bleibend. Oospore 300–350 µm hoch, ca. 300 µm breit, 6–8 Rippen. Braun bis schwarzbraun. Wand netzartig punktiert. Antheridium 350–400 µm Durchmesser. Gametangien Frühsommer bis Spätherbst. n = 12, 16, 18.

Variabilität: *Nitella hyalina* ändert nicht nennenswert ab. Unter günstigen Wuchsbedingungen kann die Tiefwassermodifikation f. *maxima* A. Braun 1 m Länge erreichen.

Verbreitung: Kosmopolit. Auf allen Kontinenten wenige Fundorte. In Europa Schwerpunkt im Flußgebiet der Loire, in Dünenseen der Landes (Lac de Sanguinet, Lac d'Aurelhan) und der portugiesischen Westküste (Pinhal de Valado bei Nazaré, Barrinha de Mira). Vergleichbar das Naardermeer in den Niederlanden. Sonst spärlich an der Rhône bei Avignon und im Delta. Mehrfach im Genfer See, Lac de Morat, Zürich- und Bodensee. Neufund 1967 in einem Altrhein bei Freistett, Kreis Kehl. Pillersee (Tirol), Gardasee (Mincio bei Peschiera), Adria-Insel Cres, Skutari- und Ochridsee. Abgesondert an der finnischen Südküste, hier auch in Brackwasser. Verbreitungskarten Corillion 1957 (Welt, Frankreich).

Vorkommen: In Dünenseen wächst *N. hyalina* neben *N. translucens*, *N. gracilis*, *Chara fragifera*. Auch in den Teichen der Brenne in Zentralfrankreich steht sie auf Sand, hier ohne Begleitpflanzen. In den Voralpenseen tritt sie in Kontakt zum Charetum asperae, Ch. tomentosae, Najadetum intermediae auf hellem Kalkdetritus. Ebenfalls hellen Untergrund hat die Flachstelle des Altrheins, den *N. hyalina* im Landkreis Kehl bewohnt. Notwendige Voraussetzung für ihr Gedeihen ist offensichtlich hoher Lichtgenuß. Sie geht selten in mehr als 1 m Tiefe. *Nitella hyalina* kann unter ihrem Schleimüberzug mehrtägiges Trockenfallen überstehen. Trotz des Fehlens der Rinde ist sie eine stabile Pflanze. Der Schleim bewirkt starke Verschmutzung, die das Erkennen junger Exemplare erschwert.

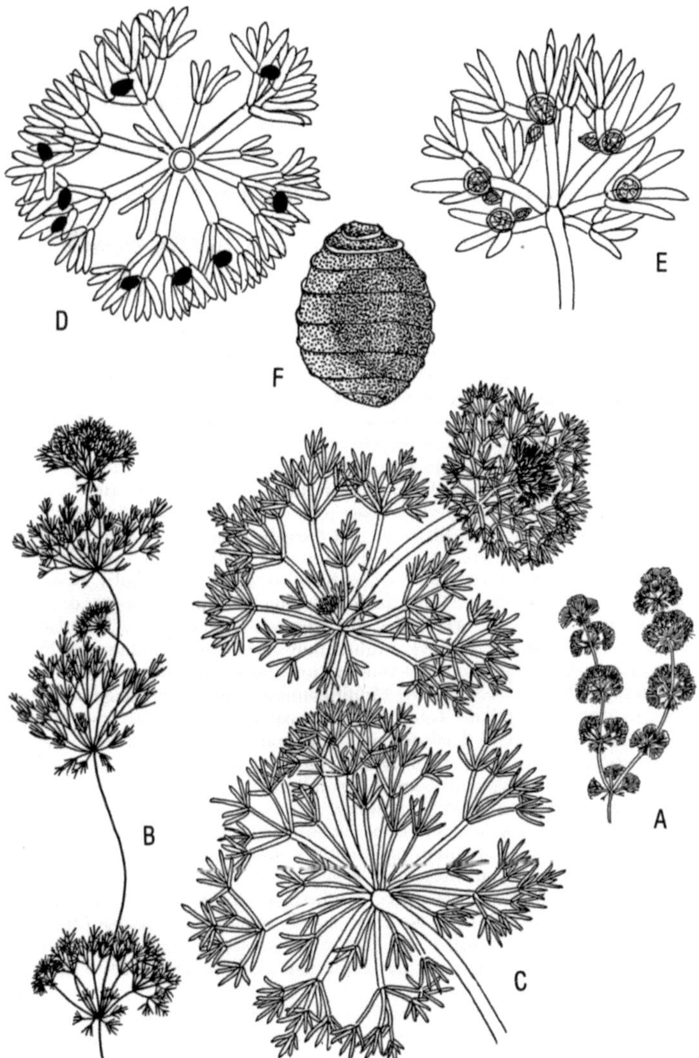

Fig. 55. *Nitella hyalina* (De Candolle) Agardh. A Jungpflanze×1,4, B ältere Pflanze×1,4, C Sproßgipfel×5, D Quirl mit den beiden Astformen×7, E voll ausgebildeter Ast×10, F Oospore×70.

Aktuelle Situation: Im Bodensee drastischer Rückgang. Um die Jahrhundertwende noch an vielen Stellen in Menge, jetzt spärlich im Gnadensee vor Hegne. Im Genfer- und Zürichsee nicht mehr nachweisbar. Im Altrhein bei Freistett durch Müllverkippung eingeengt. In einem Dünensee bei Nazaré in Portugal 1983 ein großer Bestand, die folgenden Jahre kümmerlich. Refugium in Grundwasserbrunnen der Gemeinde Bom Sucesso bei Figueira de Foz mit dichten Beständen von mehr als 1 m Höhe in dauernd erneuertem Wasser.

Wichtige Literatur: Migula 1897, Corillion 1946, 1957, Krause 1983.

3. **Nitella capillaris** (Krocker) J. Groves et Bullock-Webster 1920 (Fig. 56)

Nitella syncarpa var. *capitata* (Nees) Kützing 1845

Zarte Pflanze oft mit haarfeinen Ästen. Meist klein. Teilung der Äste ins Auge fallend, Silhouette relativ dicht. Sproßgipfel in der Gestalt eines flachen Bechers. Dunkle Oogonien zu mehreren an gegabelten Ästen. Gametangien mit Schleimhülle am Herbarpapier haftend. Achse 10–20–(40) cm hoch, 0,5–0,9 mm Durchmesser. Internodien so lang oder doppelt so lang wie die Äste. Vom Grunde an reich verzweigt, zwei Seitensprosse je Quirl. Äste zu 6 im Quirl, außerhalb der Köpfe 2–4 cm lang, sämtlich mit einer Teilung in Mittelstrahl und 2–3 Seitenstrahlen. Endstrahlen einzellig. In den Köpfen 0,2–0,4 cm lang. Köpfe zahlreich, relativ locker, 0,4–0,6 cm Durchmesser. Diözisch. Oogonien zu 2–4 gehäuft an den Astgabelungen. Antheridien einzeln stehend. Oogon ohne Krönchen 450–600 µm lang, 400–500 µm breit. 7–8 Windungen. Hüllzellen an der Spitze angeschwollen. Mit Schleimhülle. Krönchen 40–50 µm hoch, 60–70 µm breit, früh abfallend. Oospore 300–400 µm lang, 280–380 µm breit, 5–6 breit geflügelte Rippen. Dunkel bis schwarzbraun. Wand mit feinen Warzen besetzt. Antheridium ca. 600 µm Durchmesser. Frühjahrspflanze, Gametangien April–Mai. Im Juni/Juli zerfallend. n = 6.

Variabilität: Beschrieben wurden Modifikationen, die in der Länge der Äste, der Zahl der Köpfe und der Robustheit voneinander abweichen (f. *elongata, capituliger, dissoluta, laxa*). Kraß sind die Größenunterschiede zwischen Pflanzen aus eutrophem Wasser mit 30 cm Höhe und 1 mm Sproßdurchmesser und mager gewachsenen mit knapp 10 cm Höhe und haarfeinen Sprossen.

Verbreitung: Ähnlich wie *N. syncarpa* nicht auf bestimmte Landschaften konzentriert. Von den Niederlanden, Ostfriesland über Niedersachsen, Brandenburg bis Schlesien, Sachsen und Böhmen. Weiter nach Süden selten, fehlt der Oberrheinebene mit Ausnahme weniger Orte in der Pfalz. Vereinzelt in der Schweiz. Vorarlberg, Kärnten. Außerhalb Mitteleuropas verbreitet in Frankreich und im südlichen Portugal von Estremoz über Castro Verde zur Serra de Mesquita. Spärlich im südlichen Norwegen und Schweden, in Südengland, dem Nordwesten der Iberischen Halbinsel, Ungarn, Griechenland.

Vorkommen: *Nitella capillaris* besiedelt mit Vorliebe Kleingewässer mit geringem Phanerogamenbewuchs. Ihre Reifezeit liegt im Frühjahr. Kurz danach ist sie unauffindbar. Oft bildet sie Einartbestände aus zerstreuten Individuen, die sich alljährlich erneuern. Im südlichen Portugal bewohnt sie die vom Winterregen gefüllten, im Mai trockenfallenden Rinnen in scherbig verwittertem Schiefergestein als nahezu einziger Makrophyt. In den Dünenseen der Landes wächst sie in lockeren Beständen mit *N. translucens, N. flexilis, N. opaca, Chara fragifera.* Sie kann die Lückigkeit des übrigen Bewuchses während der Frühjahrsmonate nutzen. In niederländischen Marschgräben war sie im April und Mai gut vertreten, aber verschwunden, als die *Stratiotes*-Fazies des Hydrocha-

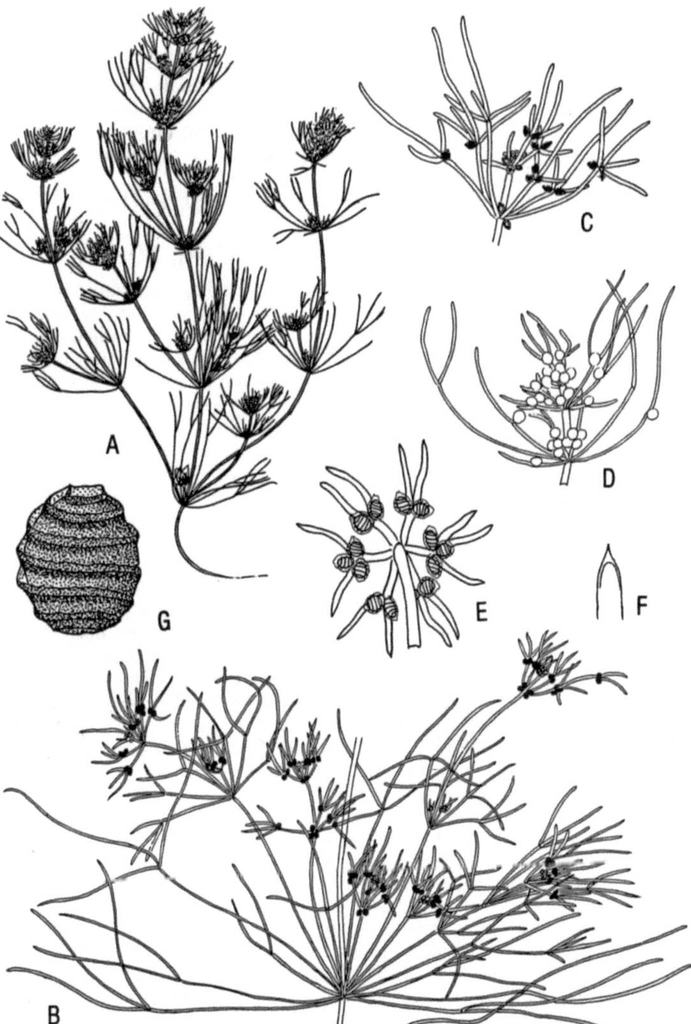

Fig. 56. *Nitella capillaris* (Krocker) J. Groves et Bullock-Webster. A gedrängte Wuchsform×0,7, B aufgelöste Wuchsform×4, C weiblicher Sproßgipfel×5, D männlicher Sproßgipfel×5, E weiblicher Quirl×14, F Astspitze×15, G Oospore×60.

ridetum zur Entwicklung gekommen war. Sie bevorzugt sandiges, kalkarmes Substrat.
Aktuelle Situation: *Nitella capillaris*, die in Floren von vielen Fundorten angegeben wird, gehört heute zu den seltenen Arten. Neufunde sind bekannt aus frisch ausgehobenen Gräben der Marsch (Niederlande), der Geest (Ostfriesland) und einem Ackerpfuhl (Soll) in Mecklenburg. An ihren für den Menschen wenig einladenden portugiesischen Standorten wird sie auf absehbare Zeit nicht gefährdet sein.
Wichtige Literatur: Holtz 1903, Corillion 1957, Krause 1983, Maier 1972.

4. Nitella syncarpa (Thuillier) Chevallier 1827 (Fig. 57)

Glatt, schlank. Äste wenig geteilt, Silhouette durchsichtig. Auffällige Schleimhülle um die kugelförmigen Köpfe. An der charakteristischen Stellung der Oogonien (siehe unten) mit bloßem Auge zu erkennen. Gelegentlich ringförmig verkalkt. Achse 10–40–(70) cm hoch, Durchmesser bis 0,7 mm. Internodien 2–12 cm lang, meist länger als die Äste. Rinde, Stacheln, Stipularen fehlen. Äste außerhalb der Köpfe 3–8 cm lang, zu 6–8 im Quirl. Einmal in 2–4 Endstrahlen geteilt oder der Mittelstrahl allein. Endstrahlen deutlich dünner als der Strahl 1. Ordnung, einzellig. Zellwand am zugespitzten Ende verdickt. Nicht selten kurze akzessorische Äste im Quirl. Äste in den Köpfen 0,1–0,3 cm lang, geteilt oder durch Unterdrückung der Nebenstrahlen ungeteilt erscheinend. Köpfe 2–5 mm Durchmesser, mit deutlich sichtbarer Schleimhülle, am Herbarpapier haftend. Ihre Äste mit zunehmender Reife verlängert. Diözisch. Oogonien zu 2–4 am Knoten ungeteilter Äste. Antheridien einzeln in den Astgabeln. Gametangien überwiegend in den Köpfen. Oogon ohne Krönchen 500–700 µm hoch, 400–525 µm breit, 7–9 Windungen. Hüllzellen am Ende angeschwollen. Anfangs bunt, Hüllzellen gelb, Kern braun. Krönchen ca. 50 µm hoch, 85 µm breit, früh abfallend. Oospore 300–450 µm lang, 270–400 µm breit. Kurz oval bis nahezu kreisförmig, 6–8 niedrige unscheinbare Rippen. Glänzend schwarz, Wand glatt. Antheridium 400–700 µm Durchmesser. Sommer bis Herbstpflanze. Gametangien ab Juli. n = 12, 16.
Variabilität: Die entscheidenden Merkmale der Gametangien nicht veränderlich. Auffällige Modifkationen f. *capituligera*, f. *longifolia*. Auch eine Tiefwasserform mit kurzen steifen Ästen.
Verbreitung: Vom südlichen Schweden durch Mitteleuropa bis zu den Alpen. Auch im Westen verbreitet, spärlich im Osten. Meist in zerstreuten unscheinbaren Beständen. Aus Norwegen, Dänemark, Großbritannien und Irland nicht bekannt. Auf dem an Characeae reichen Baltischen Höhenrücken spärlich zwischen Schleswig-Holstein und Masuren. Ein Fund in den Niederlanden. Früher stark vertreten in Brandenburg. Auch in Sachsen und Thüringen mehrfach. In der Oberrheinaue häufig. Sonst Voralpenland, Schweiz, Frankreich im Jura, Rhônetal und im Westen. Jenseits der Alpen nur an der nördlichen Adria. Auf der Iberischen Halbinsel auf den Nordwesten und die Pyrenäen beschränkt. Spärlich in Mittel- und Südpolen, der Tschechoslowakei, Ungarn, dem größten Teil des ehem. Jugoslawiens, aber häufig im Skutarisee. Einmal in Rumänien. Außerhalb Europas nicht bekannt. Verbreitungskarte Corillion 1957 (Europa).
Vorkommen: *Nitella syncarpa* wächst vorwiegend im Flachwasser, z. B. seichten Seebuchten, Wasserlöchern der Kiesgruben, den Grundwasserabflüssen der Oberrheinaue. Sie geht auch in die Tiefe der Schweizer und französischen Juraseen. Aus dem Bodensee wird ein Fund aus 30 m Tiefe angeführt. Sie bewohnt überwiegend schlammigen Untergrund, auch Flachmoortorf. In Westfrankreich steht sie auf Sand. Die pH-Amplitude beträgt 6,5 bis 8. Gesellschaftsanschluß findet sie im Nitellion flexilis zusammen mit *N. gracilis*, *N. translucens*,

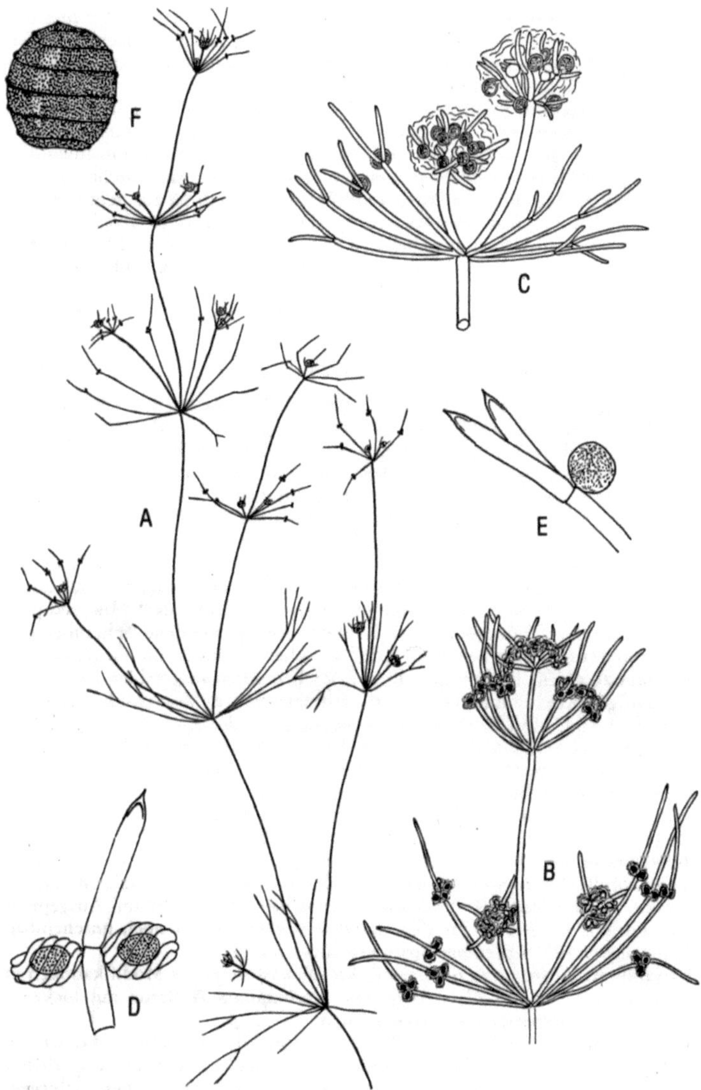

Fig. 57. *Nitella syncarpa* (Thuillier) Chevallier. A weibliche Pflanze×1,1,
B Sproßgipfel weiblich×8, C Sproßgipfel männlich×8, D weiblicher Ast×20,
E männlicher Ast×20, F Oospore×40.

Chara braunii und im Nitellion syncarpo-tenuissimae mit *N. tenuissima* und *N. batrachosperma*. Im Skutarisee steht sie vereinzelt, aber in allgemeiner Verbreitung im Nitellopsidetum obtusae. Oft im Schlamm versteckt und nur an den hellen Schleimkugeln ihrer Köpfe erkennbar.

Aktuelle Situation: Reinbestände, wie sie von Baumann (1911) im Bodensee gefunden wurden, sind nur noch selten zu erwarten. Andererseits taucht *N. syncarpa* in den verschiedensten Landschaften überraschend auf. Enge Bindung an den Wuchsort ist meist nicht zu erkennen. Daß sie besteht, zeigt ein Beispiel aus Oberschwaben. Migula (1897) gibt *N. syncarpa* aus dem Schweigfurter Weiher bei Bad Schussenried an. Dessen derzeitiger Trophiezustand macht offenes Überleben unwahrscheinlich. Die Pflanze wuchs 1977 in einem 2 km entfernten frisch entkrauteten Fischteich, aus dem sie bald wieder verschwunden ist.

Wichtige Literatur: Migula 1897, Corillion 1957.

5. **Nitella flexilis** (Linné) Agardh 1824 (Fig. 58)

Glatt, schlank. Klein bis mittelgroß. Aufbau aus Internodien und Quirlen übersichtlich. Silhouette auf Länge des Sprosses gleichbleibend. Außerhalb des Wassers annähernd formbeständig. Achse 10–40 cm hoch, Durchmesser 0,5–1,2 mm. Internodien so lang oder doppelt so lang wie die Äste. Zahlreiche relativ kurze Seitensprosse. Rinde, Stacheln, Stipularen fehlen. Äste meist zu 6 im Quirl, 1,5–7 cm lang. Einmal in den weiterlaufenden Hauptstrahl und zwei nahezu gleich lange Seitenstrahlen geteilt. Letztere leicht abfallend, Ast dann scheinbar ungeteilt. Ansatzstelle der Nebenstrahlen durch leichten Knick bezeichnet. Endstrahlen einzellig mit kegelförmig stumpfem oder schwach zugespitztem Ende. Zellwand unter der Spitze verdickt. Unter dem Mikroskop an den Endstrahlen beiderseits eine farblose, steil gewundene Schraubenlinie (Interferenzstreifen) erkennbar. Äste der oberen Quirle im Gegensatz zu *N. opaca* zu einem Trichter geordnet. Köpfchen selten ausgebildet, aus locker-weitläufigen Ästen zusammengesetzt. Blättchen fehlen. Monözisch. Gametangien ohne Schleimhülle, an der Verzweigungsstelle der Äste. Antheridium auf dem Ende des Hauptstrahles, darunter zwei bis drei Oogonien. Wenn die Nebenstrahlen fehlen, Antheridium auf der Spitze des Astes balanzierend. Oogonium ohne Krönchen 600–800 µm lang, 550–700 µm breit, 8–9 Windungen. Spiralzellen am oberen Ende angeschwollen. Krönchen 40–60 µm hoch, 70–110 µm breit, früh abfallend. Oospore 500–600 µm lang, 425–500 µm breit, dunkelbraun bis schwarz, 5–7 wulstige Rippen. Größte Oospore der heimischen *Nitella*-Arten. Sporenwand glatt oder mit relativ großen rauhen Warzen besetzt. Antheridium 500–1000 µm Durchmesser, grünlich-braun. Ausgeprägt protandrisch: Oogonien zur Zeit der Antheridienreife oft noch unscheinbar. Gametangien Juli–September. Spätjahrpflanze. n = 12.

Variabilität: Gedrungene oder gestreckte Wuchsformen als Modifikationen in Abhängigkeit von der Wassertiefe. Die f. *subcapitata* A. Braun mit lockeren Köpfchen aus gespreizt abstehenden Ästen.

Verbreitung: *Nitella flexilis* ist über den größten Teil Europas verbreitet. Im Süden der Iberischen Halbinsel, Italiens und des Balkans kommt sie spärlicher vor. Ihre Hauptgebiete liegen in den herzynisch-armorikanischen Gebirgen: Bayerischer Wald, Schwarzwald, Pfälzer Wald, Vogesen, Bretagne und den atlantischen Küsten Frankreichs, Englands, Schottlands und Irlands, verbreitet ist sie in den Niederlanden und auf der nordwestdeutschen Geest von Ostfriesland bis in die Lüneburger Heide. Weiter zerstreut und relativ selten wurde sie in der Mark Brandenburg und auf dem Baltischen Höhenrücken gefunden. Von Schlesien bis zur Dombes im östlichen Frankreich ist sie besonders in

Fig. 58. *Nitella flexilis* (Linné) Agardh. A Normalform×1,4, B Tiefwasserform×1, C Sproßgipfel der Normalform×10, D Sproßgipfel der f. *subcapitata* Braun×10, E Endzelle eines Astes×30, F junge Gametangien×15, G reifes Oogon×15, H Oospore×40.

Fischteichen verbreitet. Die nördlichsten Funde kommen aus Finnisch-Lappland und Nordnorwegen bei Hammerfest und Kirkenes. Ein Fund auf Island. Aus dem Nordwesten der ehemaligen Sowjetunion ist sie ebenfalls bekannt.
Vorkommen: In *Isoetes*-Seen bis mehrere Meter Tiefe. In küstennahen Braunwasserseen von Irland bis Frankreich zusammen mit *Nitella opaca, N. capillaris, N. translucens, N. batrachosperma, Chara delicatula.* In mitteleuropäischen Fischteichen unter Schwimmblattdecken von *Potamogeton natans, Polygonum amphibium* oder *Trapa natans.* Auf der nordwestdeutschen Geest in den Oberläufen der Bäche in Gesellschaft von *Callitriche platycarpa, Ranunculus aquaticus* s. lat., *Elodea canadensis.* In der Bretagne in einer meterlangen Fließwasserform. Auch im Pfälzer Wald in Bächen. In der kalkreichen Oberrheinaue auf die Gewässer über den silikatischen Ablagerungen der Schwarzwaldflüsse Dreisam, Elz, Kinzig beschränkt. Hier im Ranunculetum fluitantis und Sparganietum ramosi. *Nitella flexilis* steht nicht selten zwischen Blütenpflanzen. Reinbestände treten in Seen in größerer Tiefe auf.
Aktuelle Situation: Das Vorkommen im eutrophierten Ranunculetum fluitantis deutet auf relativ hohe Unempfindlichkeit gegen gesteigerten Saprobiegrad. Sie ist gebietsweise noch eine der häufigsten Characeae.
Wichtige Literatur: Migula 1897, Cedercreutz 1933, Olsen 1944, Corillion 1957, Krausch 1964, Langangen 1972, Melzer 1987.

6. Nitella opaca (Bruzelius) Agardh 1824 (Fig. 59)

Nitella flexilis (Linné) Agardh var. *flexilis* f. *opacoides* R. D. Wood 1962

Dichte Köpfchen über langen, einmal geteilten Ästen. Oberste Quirle der Sproßspitzen auffallend seitwärts «gekämmt». Pflanzen klein bis mittelgroß, im Tiefwasser langgestreckt. Achse 5–30–(100) cm hoch, Durchmesser 0,5–0,8 mm. Internodien so lang wie die Äste, im Tiefwasser mehrmals länger. Meist 2 Seitensprosse im Quirl. Rinde, Stacheln, Stipularen fehlen. Äste 6-8 im Quirl, eine Teilungsstelle mit 2-3 einzelligen Endstrahlen. Diese kurz zugespitzt ohne Verdickung der Zellwand. Köpfchen aus wenigen, ineinander geschobenen Quirlen bestehend. Blättchen fehlen. Diözisch. Gametangien in der Verzweigungsstelle der Äste, ohne Schleimhülle. Oogonien einzeln oder zu zweien nebeneinander, ohne Krönchen 600–700 µm lang, 500–600 µm breit, 7–9 Windungen. Hüllzellen anfangs gelb gefärbt, an der Spitze angeschwollen. Krönchen aus zwei Zellreihen, 40 µm hoch, 70 µm breit, früh abfallend. Oospore 350–450 µm lang, 300–400 µm breit, dunkel- bis schwarzbraun. 6–7 kräftige Rippen mit rotbraunen Flügelsäumen. Sporenwand glatt oder mit Warzen besetzt. Antheridium 650–700 µm Durchmesser, durch Größe und Farbe makroskopisch auffallend. Gametangien April, Mai. Pflanze im Sommer verschwindend. n = 16, 12.
Variabilität: Wuchsformen ohne taxonomischen Wert entstehen durch wechselnde Längenverhältnisse zwischen Internodien und Ästen. Vom Normalbild weicht die f. *conglobata* Migula 1897 mit langen Internodien und sehr kurzen, kugelähnlich zusammenneigenden Ästen ab.

Fig. 59. *Nitella opaca* (Bruzelius) Agardh. A Flachwasserform × 0,7, B Sproßgipfel × 2, C Tiefwasserform × 0,7, D Sproßgipfel mit gekämmten Ästen × 2, E Sproßgipfel einer Fließwasserform × 6, F weiblicher Ast × 6, G die isolierten Quirle eines Köpfchens × 6, H junges Oogon × 20, I Oospore × 40, J Astspitze × 20.

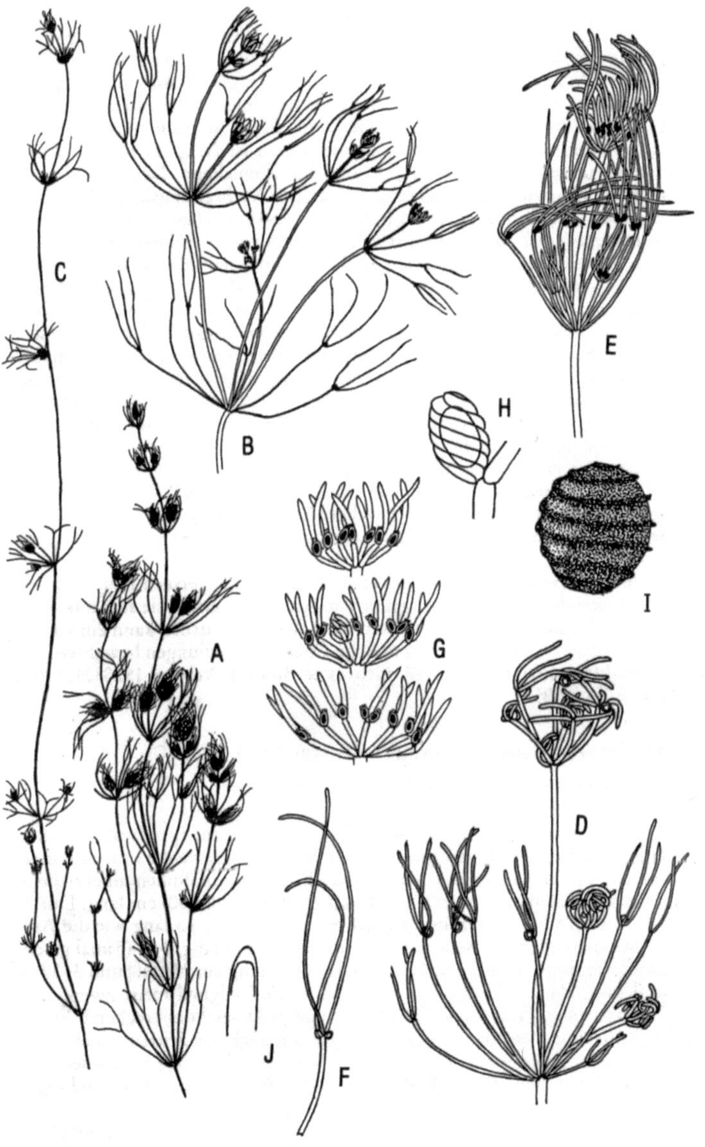

Verbreitung: Das Areal reicht vom nördlichen Skandinavien über Schleswig-Holstein, Brandenburg, die Oberrheinaue, den Schwarzwald, das Alpenvorland bis in die Engadiner Seen und den Schweizer Jura. In Irland und Großbritannien ist *N. opaca* eine der häufigsten Characeae, ebenso im westlichen Frankreich. Im Süden wurde sie vereinzelt in Sardinien und Zentralspanien angetroffen. In Portugal erreicht sie den Atlantik. Nach Südosten lockern sich die Funde in Westpolen auf. Aus dem Landesinnern ist *N. opaca* nicht bekannt. Spärliche Fundmeldungen kommen aus der ehemaligen Tschechoslowakei, Österreich, Ungarn, eine aus dem Skutarisee. Verbreitungskarte Moore & Greene 1983 (Großbritannien und Irland), Olsen 1944 (Dänemark).

Vorkommen: *Nitella opaca* wächst in den Grundwasserabflüssen und Baggerseen der Oberrhein-, Iller-, Lechaue und der Münchener Ebene. In ihnen steht sie im Chareto-Tolypelletum zusammen mit *Tolypella glomerata*, *Chara aspera*, *Ch. hispida*, *Ch. contraria*. In nordeuropäischen Granitgebieten bewohnt sie *Lobelia-Isoetes*-Seen, z. B. den Vättern in Schweden und den Kallavesi in Finnland. Ihnen sind Feldsee und Titisee im Schwarzwald anzuschließen. Die Zytologie deutet auf die Existenz zweier Rassen mit unterschiedlicher Standortswahl. Pflanzen aus einem *Lobelia-Isoetes*-See hatten n = 12, solche aus kalkhaltigem Wasser n = 16 Chromosomen. Die meisten Funde stammen aus weniger als 2 m Wassertiefe. Die Pflanze wächst aber in Baggerseen noch bei 12 m und erreicht im Vättern die Rekordtiefe von mehr als 30 m. Sie gehört zu den wenigen Characeae, die außer in ruhigem Wasser auch in kräftiger Strömung vorkommen. Ihre von der Lärchen-Arven-Stufe bis in die Oberrheinebene reichende Verbreitung weist auf geringe Abhängigkeit von der Temperatur.

Aktuelle Situation: Häufiges Auftreten in jungen Baggerseen deutet auf die Fähigkeit, Standortsverluste auszugleichen. Auf Dauer erhält sie sich nur, wenn der See von Grundwasser durchflossen wird. Wo dies zutrifft, kann ein viel besuchtes Freibad im Tiefwasser artenreiche Characeensiedlungen bewahren.

Wichtige Literatur: Migula 1897, Groves & Bullock-Webster 1920/24, Olsen 1944, Corillion 1957.

7. **Nitella tenuissima** (Desvaux) Kützing 1843 (Fig. 60)

Nitella tenuissima ssp. *tenuissima* var. *tenuissima* f. *tenuissima* sensu R. D. Wood 1962

Fadendünne Sprosse mit kleinen kugelähnlichen Quirlen, Sproßspitze ein kurzer Trichter auf einem langen Internodium. Spärlich verzweigte Einzelpflanzen verworren durcheinander wachsend, den Boden moosähnlich überziehend. Quirle meist verschleimt und verschmutzt. Achse 10–20–(60) cm lang, Durchmesser 0,18–0,25 mm. Internodien bis 4 cm lang, 2–5mal so lang wie die Äste. Rinde, Stipularen fehlen. Äste zu 6 im Quirl, bis 6 mm lang, 3–4–(5)mal geteilt. Durchmesser der Quirle 3–10 mm. In jeder Gabelung ein Mittel- und 3–5 Nebenstrahlen. Zahl der Endglieder im Quirl > 100. Endglied meist zwei-, gelegentlich dreizellig. Endzelle kurz, schmal zugespitzt, leicht abbrechend. Monözisch. Gametangien an der zweiten, gelegentlich auch der dritten, nicht an der ersten Gabelung des Astes. An der zweiten oft ausschließlich Oogonien. Oogon ohne Krönchen 375–425 µm lang, 275–370 µm breit, 7–9 Windungen. Krönchen 30–50 µm lang, 40–55 µm breit, bleibend. Oospore 200–300 µm hoch, 175–220 µm breit, 7–8 feine Rippen, rötlich, Wand netzartig gefeldert. Antheridium 130–200 µm Durchmesser, hinfällig, an älteren Ästen verschwunden. Gametangien Sommer bis Herbst. Pflanzen oft steril. n = 18.

Variabilität: Gering, hauptsächlich Größenunterschiede. Habituell abweichend f. *elongata* Migula 1897 mit aufgelockerten Quirlen.

Verbreitung: In großen Teilen Europas selten. Kein Nachweis für Schleswig-Holstein, Dänemark, Norwegen, Finnland. Je ein Fund in den Niederlanden, Schweden, Ungarn. Spärlich in Belgien, Großbritannien und Irland, Polen, der europäischen ehemaligen UdSSR. Mit acht Funden relativ häufig in Branden-

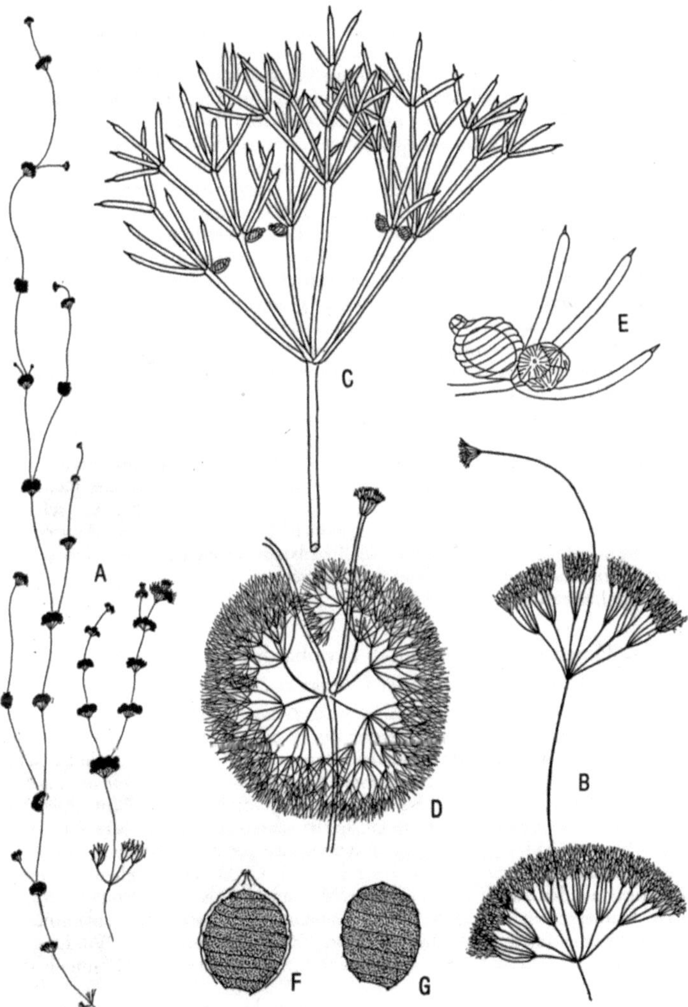

Fig. 60. *Nitella tenuissima* (Desvaux) Kützing. A Habitus aus tiefem und flachem Wasser×0,7, B Sproßgipfel ×14, C Quirlast×30, D Quirl in Aufsicht×15, E Gametangium×40, F Oogon×60, G Oospore×60.

burg zwischen der Uckermark und der Lausitz. Verbreitet im Alpenvorland, z. B. Freising, Donaumoos, oberschwäbische Würmmoräne. Mehrfach in der Schweiz. Häufungszentrum in der Oberrheinaue zwischen Breisach und Karlsruhe. Hier 26 Funde zwischen 1960 und 1984, abwärts bis Düsseldorf. Verbreitet in großen Teilen Frankreichs mit Häufung im Pariser Becken und dem Département Charente-Inférieure nördlich der Pyrenäen. Mehrmals weit zerstreut in Zentralspanien und Portugal. Südlich der Alpen selten, aber in den spärlich vorhandenen zusagenden Gewässern in großen, wuchskräftigen Kolonien: Karstquelle des Lamalou bei Montpellier. Auch aus Griechenland angegeben. Die Lücken im Areal können nicht auf unvollständige Kenntnis zurückgeführt werden. *N. tenuissima* ist eine unverkennbare Pflanze.

Vorkommen: *Nitella tenuissima* bewohnt vorwiegend Flachwasser, auch Torfstiche, Lehmgruben, Gräben, ausdauernde Regenlachen. Sie geht kaum tiefer als 5 m. Am Oberrhein ist sie neuerdings in Baggerseen übergewechselt. Im Badesee des Freizeitzentrums Stollhofen südlich Rastatt hielt sie sich mindestens 10 Jahre. In geschlossenem Rasen wuchs sie 1980 in einem Baggersee im Donaumoos bei Ingolstadt. An ihrem südlichen Außenposten Lamalou gehört sie einer artenreichen Exklave mitteleuropäischer Arten zusammen mit *Chara hispida*, *Ch. contraria*, *N. opaca*, *Tolypella glomerata* an. Sie ist basiklin mit einer Amplitude der pH-Werte zwischen 6,5 und 8. Dementsprechend verkalkt sie oft und muß mit verdünnter Säure (Essig) freigelegt werden. Sie neigt dazu, sich mit Diatomeen und Detritus zu bedecken. Gesellschaftsanschluß besteht zum Nitellion syncarpo-tenuissimae.

Aktuelle Situation: In der Oberrheinaue, deren vom Grundwasser durchflossenes kalkführendes Geröll einen festgefügten Characeenstandort bildet, wird *Nitella tenuissima* nach der Zerstörung natürlicher Standorte immer wieder in Baggerseen auftauchen, solange sich der Oosporenvorrat im Boden nicht erschöpft. Besonders günstige Bedingungen findet sie, wenn in einer Aue schwaches Gefälle die Ablagerung von Flachmoortorf ermöglicht. In der Moorsiedlung Karlshuld im Donaumoos bei Ingolstadt erreichte der «Wald» aus *N. tenuissima* in einem Baggersee 80 cm Höhe.

Wichtige Literatur: Migula 1897.

8. **Nitella ornithopoda** Braun in Leonhardi 1863 (Fig. 61)

Nitella tenuissima ssp. *ornithopoda (A. Braun in Leonhardi) R. D. Wood 1962.*

Auf dünnen Sprossen perlschnurartig aufgereihte, gedrängte oder aufgelöste Quirle. Unter schwacher Vergrößerung durch die wirre Stellung der Äste von der streng symmetrischen *N. tenuissima* unterschieden. Pflanzen klein bis sehr klein. Achse 5–15 cm hoch, 0,3–0,5 mm Durchmesser. Internodien so lang bis doppelt so lang wie die Quirle. Verzweigung spärlich. Äste 6–7 im Quirl bis 0,8 cm lang. 2–(3)mal geteilt. An den Querwänden eingeschnürt. Strahl 1. Ordnung höchstens halb so lang wie der Ast, meist kürzer. 5–6 Strahlen 2. Ordnung einschließlich des Zentralstrahls. 3–4 Strahlen 3. Ordnung. Endglieder 3–4zellig, länger als der zugehörige Hauptstrahl. Endzelle als Stachelspitze. Monözisch. Gametangien an der 2. und 3. Gabelung der Äste. Mit Schleimhülle. Oogon ohne Krönchen 400–450 µm lang, 300–350 µm breit, 7–9 Windungen. Krönchen ca. 35 µm hoch, nicht abfallend. Oospore ca. 300 µm hoch,

---

Fig. 61. *Nitella ornithopoda* A. Braun in Leonhardi. A Habitus×1,4, B Habitus×6, C steriler Sproßgipfel×20, D fertiler Ast×20, E älterer Quirl×20, F Oospore×50.

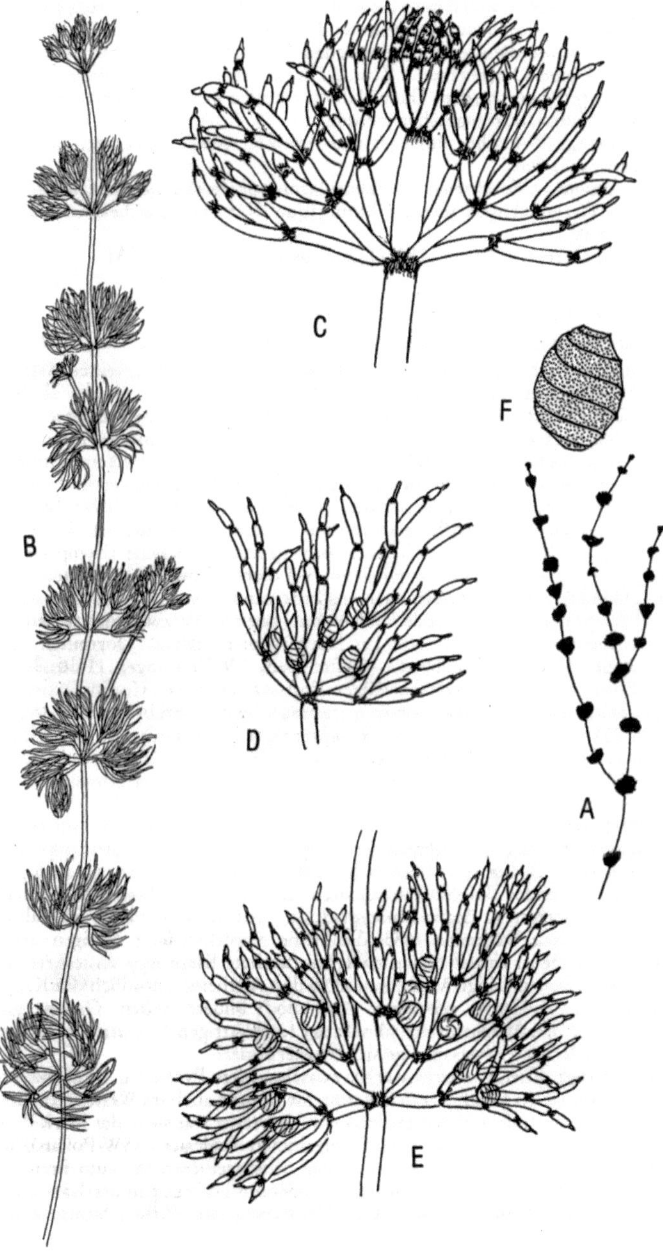

200–250 µm breit, dunkelbraun bis schwarz. 6–7 Rippen. Wand fein punktiert. Antheridium 250–350 µm Durchmesser. Frühjahrspflanze. n = 25, 50, 56.
Variabilität: Von dieser selten gefundenen Art sind f. *moniliformis* Migula mit dichten kleinen Quirlen und f. *laxa* A. Braun 1867 mit aufgelöst stehenden Ästen beschrieben worden. Dem Habitus zufolge kann die zweite als Lichtmangel-Modifikation angesehen werden.
Verbreitung: Westliches Portugal und Azoren, wenige Fundorte, einmal in Südwestfrankreich.
Vorkommen: In Frankreich in einem Flachmoor. In Portugal in Quellgewässern des Granitgebirges Serra de Monchique. Unzureichend bekannt, derzeit verschollen.
Wichtige Literatur: Braun 1882, Gonçalves da Cunha 1935, 1951.

9. **Nitella mucronata** (A. Braun) Miquel 1840 (Fig. 62)

Nitella mucronata ssp. *mucronata* var. *mucronata* sensu R. D. Wood 1962

Mittelgroß, stark verzweigt und breitbuschig, die mehrfach geteilten Äste gespreizt. Glänzend dunkel- bis schwärzlich grün. Robuster als die ähnliche *N. gracilis.* Achse 0,8–1,2 mm Durchmesser, 15–30 cm hoch, standfester als bei *N. gracilis.* Internodien annähernd so lang wie die Äste. In jedem Quirl ein langer und ein kurzer Seitensproß. Rinde, Stacheln, Stipularen fehlen. Äste zu 6 im Quirl, 1–8 cm lang. Ein- oder zweimal in 3 oder 4 Strahlen geteilt. Endglied zweizellig, mitunter unscheinbar kurz (f. *brevifurcata* Migula 1897). Endzelle eine kurze Stachelspitze, die an ihrer Basis wesentlich schmaler ist als die vorletzte Zelle. Oberste Äste in Trichterform geordnet. Manche Exemplare mit kugel- bis zapfenförmigen Köpfchen aus 3–5 dicht aneinander gerückten Quirlen. Diese mit ihren Verzweigungen eng miteinander verwoben. Monözisch. Je ein Paar Gametangien an den ersten und zweiten Verzweigungsstellen der Äste. Keine Schleimhülle, nicht am Herbarpapier haftend. Oogonium ohne Krönchen 450–550 µm hoch, 320–400 µm breit, 7–9 Windungen. Hüllzellen an der Spitze oft zu einem schnabelartigen Fortsatz verlängert. Coronula zweireihig, klein, spät abfallend. Oospore graubraun bis schwarzbraun, 350–450 µm hoch, 235-300 µm breit, 6–8 deutlich ausgeprägte Rippen mit schmalen Flügelsäumen. Wand unter dem Lichtmikroskop netzartig gefeldert. Antheridium 240–300 µm Durchmesser, unscheinbar, an älteren Ästen verschwunden. Gametangien Sommer bis Herbst. n = 18.
Variabilität: Aus den zahlreich beschriebenen Wuchsabweichungen ist die f. *heteromorpha* hervorzuheben, deren oberste Quirle zu Köpfchen zusammengezogen sind. Da sie stets überreich Gametangien trägt, kann sie analog zu übereinstimmenden Befunden an anderen Arten als ein zu besonderer Fruchtbarkeit gesteigertes Entwicklungsstadium gedeutet werden. Ihr ähnelt *N. wahlbergiana* Wallmann 1833, die kleine Köpfchen über wenigen langen Ästen trägt. Sie ist eine in Skandinavien verbreitete Kleinsippe unsicherer Abgrenzung. Eine auffällige Modifikation in den Altrheinen nördlich des Kaiserstuhls hatte einseitig gebogene Äste und bildete selten Gametangien (Fig. 62 C). Zarte Wuchsformen ähneln der feinblättrigen *N. gracilis.* Die Wand der reifen Oospore ist das einzige sichere Merkmal.
Verbreitung: *Nitella mucronata* ist zwischen den Pyrenäen, Finnland und Ungarn von vielen Fundplätzen bekannt. Sie kommt auch im Westen der Iberischen Halbinsel und in Südostengland vor. Verbreitet war sie in der Mark Brandenburg, sonst in Sachsen, den Teichgebieten Schlesiens (SW-Polens), der Oberrheinebene. Lücken bestehen in den Silikatgebirgen bis zum Französischen Zentralmassiv und zur Bretagne. Außenposten liegen in der Karstquelle des Lez bei Montpellier, in Irland, Norwegen, der Türkei. Sonst kommt

Fig. 62. *Nitella mucronata* (A. Braun) Miquel. A Normalform×0,7,
B f. *heteromorpha* Migula×1,4, C Fließwasserform×1,4, D Sproßgipfel zu
A×7, E Sproßgipfel zu C×7, F fertiler Ast×14, G Endzelle eines Astes×30,
H Oogon×50, I Oogon mit «Schnabel»×50, J Oospore×60.

N. mucronata in Marokko, Algerien und Ägypten vor. Verbreitungskarten Olsen 1944 (Dänemark), Corillion 1957 (Frankreich).
Vorkommen: Vorzugsweise in 1–2 m, vereinzelt bis 25 m Tiefe. Meist in Gewässern mit hoher Produktion organischer Substanz über schlammigem Boden: Wald-, Park- und Fischteiche mit Laubeinwehung, z. B. in der Eilenriede bei Hannover. Verbreitet in den Altwässern des Rheins und der Loire. In Tümpeln und Gräben der Flachmoore. *N. mucronata* gehört dem relativ basiphilen Nitellion syncarpo-tenuissimae an, dessen Arten den pH-Bereich 6,8–7,3 bevorzugen, während das Optimum des Nitellion flexilis zwischen pH 5,8 und 6,3 liegt. Sie ist relativ unempfindlich gegen Eutrophierung. Die Einleitung verschmutzten Rheinwassers in die Altrheine förderte die oben erwähnte Sonderform zu Massenbeständen, die ein bis zwei Jahre aushielten und danach verschwanden. Die Eutrophierung hatte offensichtlich eine unharmonische, ins Gegenteil umschlagende Wuchsförderung hervorgerufen. In der Oberrheinebene tritt *N. mucronata* als einziger Charophyt in das Callitrichetum obtusangulae ein, das die Grundwasserabflüsse beherrscht, sobald diese in einer Ortschaft Abwässer aufgenommen haben. Talabwärts dringt sie noch in *Potamogeton pectinatus* und *Ceratophyllum demersum*-Fazies vor.
Aktuelle Situation: Das Überleben hängt wie bei anderen Characeae vom Ausgleich zwischen der Zerstörung alter und der Besiedlung neuer Standorte ab. Insgesamt überwiegt der Rückgang.
Wichtige Literatur: Olsen 1944, Corillion 1957, Krause 1980.

10. Nitella dixonii H. et J. Groves 1915 (Fig. 63)

Nitella tenuissima ssp. *ornithopoda* f. *dixonii* R. D. Wood 1965; *N. mucronata* ssp. *bonaerensis* var. *dixonii* (H. et J. Groves) Wood 1962

Klein und feinästig, der *N. gracilis* ähnlich. Äste teils kurz und dicht, teils lang und locker gestellt. In Mitteleuropa bisher nicht gefunden. Achse 0,4–0,5 mm Durchmesser, 5–20 cm hoch. Internodien kürzer oder länger als Äste. Äste mit 1–3 Teilungen. Strahlen ungleich lang. Endstrahlen drei- bis vierzellig, an den Knoten eingeschnürt. Endzelle eine Stachelspitze (mucro), nur an den jüngsten Strahlen erhalten. Ältere Äste oft bis auf den Primärstrahl abgebrochen, für eine *Nitella* ungewöhnlicher Habitus. Monözisch. Gametangien an allen Astknoten möglich. Oogon ohne Krönchen ca. 500 µm hoch, ca. 400 µm breit. 10 Windungen. Krönchen 25 µm breit. Oospore schwarz, ca. 325 µm hoch, 250 µm breit, 7–9 kräftige Rippen. Antheridium in der Größe unterschiedlich, 285-400 µm Durchmesser. n = ?
Variabilität: Nach dem spärlichen Herbarmaterial nicht bekannt. Pflanzen aus einem Brunnenbecken auf der Serra de Monchique in Südportugal sind aus Knotenauswüchsen hervorgegangen und untypisch buschig verzweigt. An den obersten, normalen Quirlen erweisen die 4-zelligen Endstrahlen und die Monözie die Spezieszugehörigkeit.
Verbreitung: Westportugal von der Algarve bis Porto. Selten gefunden. Mehrere ältere Fundgewässer zerstört.
Vorkommen: Auf der Serra de Monchique in Brunnenbecken.
Aktuelle Situation: An der unscheinbaren Pflanze nicht abzuschätzen.
Wichtige Literatur: Groves 1915, Gonçalves da Cunha 1934, 1942.

Fig. 63. *Nitella dixonii* H. et J. Groves. A kompakte Pflanze weiblich ×1,4, B fertiler Ast zu A×3, C gestreckte ältere Pflanze, männlich×1,4, D–F Äste zu C×1,4, G vierzellige Endstrahlen der Äste×6, H überalterte Pflanze, nur Strahlen 1. Ordnung erhalten×2.

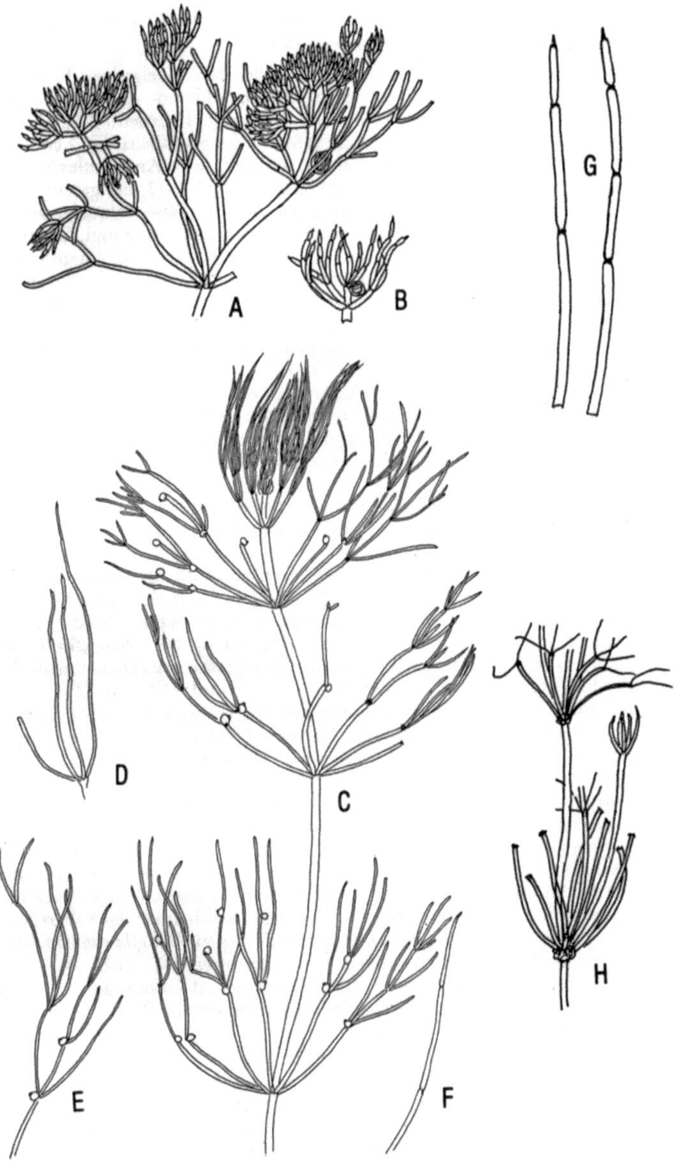

11. Nitella batrachosperma (Reichenbach) A. Braun 1847 (Fig. 64)

Nitella gracilis var. *confervacea* Brébisson 1849.

Selten höher als 5 cm. Äußerst feinästig, unscheinbar. «Igelartige» Köpfchen über fadendünnen grundständigen Ästen. Oft im Schlamm verborgen. Achse 200–300 μm Durchmesser, vom Grund an verzweigt. Internodien 0,5–1,5 cm lang. Äste zu 6–8 im Quirl, die unfruchtbaren an der Sproßbasis bis 2 cm lang, einmal geteilt, zart. Wirr durcheinander stehend, der Ansammlung einer Fadenalge ähnlich. Fruchtbare Äste 0,2–0,4 cm lang, 1–2–(3)mal geteilt. Endglieder zweizellig, Endzelle kurz, zugespitzt, an ihrer Basis schmaler als die vorletzte. Oberste Quirle zu dichten Köpfchen zusammengedrängt. Diözisch. Gametangien an der ersten, selten an der zweiten Astgabelung. Oogon ohne Krönchen 375–450 μm hoch, 275–350 μm breit, 8–10 Windungen. Krönchen 25–50 μm hoch, 40–50 μm breit. Oospore 250–350 μm hoch, 200–250 μm breit. 7–9 geflügelte Rippen. Graubraun bis schwarz. Wand fein punktiert. Antheridium 120–220 μm Durchmesser. Gametangien Sommer bis Herbst. n = 18.

Variabilität: In Abhängigkeit von der Produktivität des Standortes bestehen bedeutende Größenunterschiede. Pflänzchen mit 2–5 cm Höhe aus irischen hocholigotrophen Seen über Granit sind ebenso typisch wie solche mit 20 cm und einer schwer zu zählenden Menge an Sprossen aus einem Basalknoten in einem eutrophen Karpfensee. Mehrere schwer zu fassende Sonderformen sind beschrieben.

Verbreitung: Von der Westküste Portugals über Frankreich und Mitteleuropa bis Gotland, Südwest-Finnland und zum Norden des Bottnischen Meerbusens. Westküste Irlands und Schottlands. Fehlt in Belgien, den Niederlanden, Dänemark und südlich der Ostsee von Schleswig-Holstein bis Masuren. Mehrfach im Stadtbereich Berlin, z. B. Weißensee. Brodowiner See in der Mark Brandenburg. Wohl vielfach übersehen. Neuerdings bei Bad Schussenried (Baden-Württemberg) mehrfach. Oberrheinaue von Breisach bis Mannheim. Im Osten und Süden Frankreichs vereinzelt: Teich der Bresse comtoise (Département Jura), Lac de Virieu (Ain), Carcassonne, Lac de Lourdes (Hautes Pyrénées). Mehrfach im Flußgebiet der Loire und in den Dünenseen der Landes. Spanien selten, Portugal in einem Dünensee bei Nazaré. In Südosteuropa im Skutarisee. Verbreitungskarte: Corillion 1957 (Frankreich); Moore & Greene 1983 (Großbritannien und Irland).

Vorkommen: *Nitella batrachosperma* bewohnt Seen, Teiche, Kiesgruben, Gräben, Wasserlöcher. Sie erreicht kaum mehr als 2 m Tiefe. Vorzugsweise besiedelt sie schlammigen Untergrund, kommt aber auch über Sand vor. In Frankreich wächst sie im Nitellion flexilis zusammen mit *Nitella translucens, Chara fragifera, Ch. braunii*, in Irland mit *N. translucens, N. opaca, Chara delicatula*. Sie geht auch in das basikline Nitellion syncarpo-tenuissimae der Oberrheinaue. Im *Trapa*-Weichwasser des Skutarisees bildet sie mit *Nitella syncarpa* und *Chara globularis* eine Bodensynusie aus luxurierenden, auch hier vom Schlamm bedeckten Exemplaren. In Irland steht sie auf Granitsand in isolierten Zwergpflanzen, auf lokalen Ansammlungen von organischem Feinmaterial in lockeren Räschen.

Fig. 64. *Nitella batrachosperma* (Reichenbach) A. Braun. A aus einem kalkarm-oligotrophen See×1,4, B aus einem kalkreich-mesotrophen See×1,4, C Sproßgipfel zu A×20, D Sproßgipfel zu B×8, E Quirl mit Oogonien×10, F Struktur eines Kopfes×10, G alter Quirl mit Seitensprossen×10, H junge Äste×14, I Oospore×60.

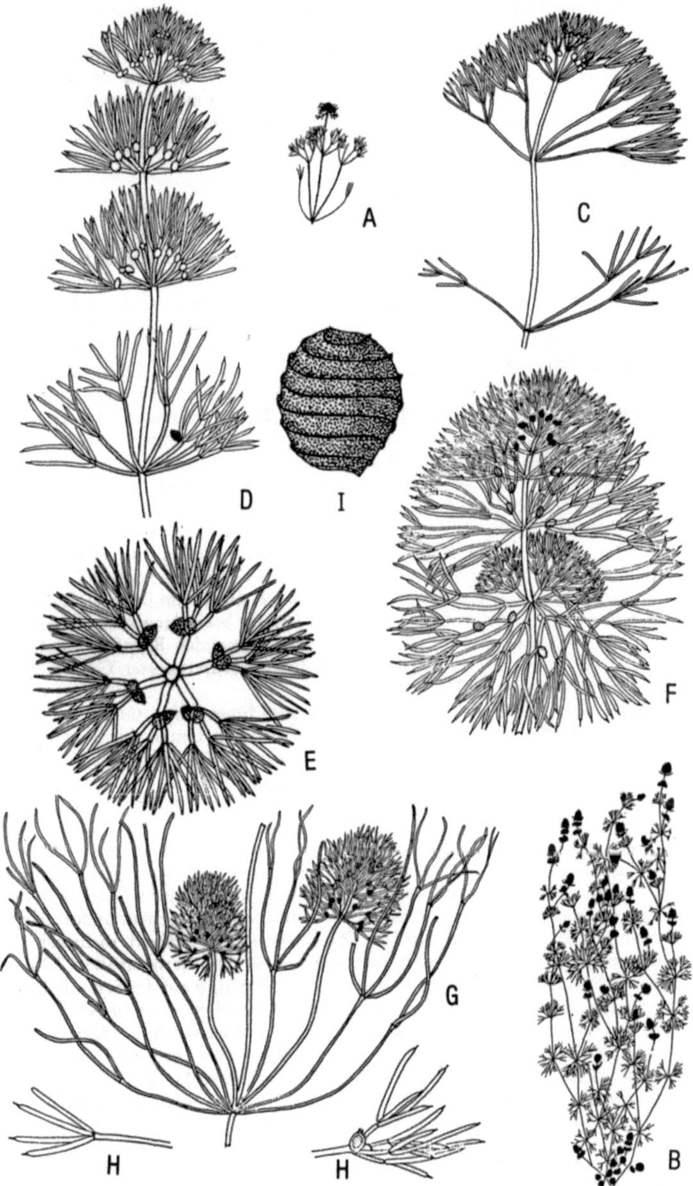

Aktuelle Situation: In den ungestörten Seen zwischen Montenegro und Irland hält sich *N. batrachosperma* in Dauersiedlungen. Im Lough Kindrum wurde sie 1916 und 1986/87 nachgewiesen. Andererseits taucht sie unvermittelt in neu entstandenen Gewässern auf. Wegen ihrer Winzigkeit wird sie oft erst beim Sortieren einer Aufsammlung bemerkt. Schon ein zentimeterlanges Bruchstück ist vor dem Hintergrund einer weißen Schüssel unverkennbar.
Wichtige Literatur: Holtz 1903, Hy 1914, Corillion 1950a, 1957, Krause 1980, Blaženžić & Blaženžić 1983b.

12. **Nitella gracilis** (Smith) Agardh 1828 (Fig. 65)

Klein und feinästig, weich. Vielgestaltig, aber der Name «Zierlicher Glanzarmleuchter» stets zutreffend. Obere Quirle entweder zusammengezogen, von den langen Ästen der unteren Knoten abgesondert oder mehrere Köpfchen perlschnurartig übereinander oder alle Äste weitläufig verteilt. Achse 0,3–0,5 mm Durchmesser, 8–20 cm hoch, zart. Internodien teils länger, teils kürzer als die Äste. Rinde, Stacheln und Stipularen fehlen. Äste zu 5–6 im Quirl, zwei oder drei Teilungsstellen. Strahlen ungleich lang. Äste weich, verworren, Struktur der Quirle erst nach Auseinanderlegen unter Wasser erkennbar (Unterschied zu *N. mucronata*). Oberster Quirl in Form einer Kugelkalotte. Strahlen letzter Ordnung zwei- bis dreizellig. Endzelle kurz, ihre Breite an der Basis zwei Drittel der vorletzten Zelle, selten schmaler, zugespitzt. An getrockneten Pflanzen ist die Endzelle von der Schmalseite zu sehen. Diözisch. Gametangien an allen Astgabeln möglich, oft auf eine «Etage» beschränkt. Keine sichtbare Schleimhülle, aber am Herbarpapier haftend. Antheridien hinfällig, nur an den obersten Quirlen zu finden. Oogon ohne Krönchen 450–525 µm hoch, 300–350 µm breit, 8–9 Windungen. Krönchen 30–50 µm hoch, 50–60 µm breit. 10 Zellen in zwei Reihen, spät abfallend. Oospore 250–300 µm breit, lang oval bis nahezu kreisförmig. Hellbraun mit 6–8 schwach hervortretenden Rippen. Wand fein punktiert (Mikroskop!). Antheridium 200–300 µm Durchmesser. Gametangien Sommer bis Herbst. n = 17, 18, 34.
Variabilität: Längenabweichungen der Äste und Internodien, ungleich weitgehende Teilung der Äste. Köpfchenbildung verursacht Unterschiede im Habitus, die unter dem Binokular an Gewicht verlieren. Taxonomisches Interesse gewinnt die f. *motelayana* Hy, deren Endstrahlen in mehr als drei Zellen geteilt sind. Dadurch kommt Annäherung an *N. ornithopoda* zustande, mit der sie ein südwesteuropäisches Areal gemeinsam hat.
Verbreitung: Kosmopolit. In Europa zwischen den Pyrenäen, dem Süden der Britischen Inseln und Südskandinavien. Besonders verbreitet in Frankreich. Viele Funde aus der Mark Brandenburg, Sachsen und Schlesien. Spärlich in den Charetalia-Seen des Baltischen Höhenrückens und des Alpenvorlandes. Abgesondert am Ende des Bottnischen Meerbusens. In Rußland mehrfach bis Nowosibirsk. In den Alpen im Schwarzen See auf dem Berninapaß in 2200 m Höhe. In Spanien im äußersten Nordwesten. In Portugal auf der Serra de Monchique und im Dünengebiet der Provinz Beira Litoral. Spärlich in Norditalien, ehem. Jugoslawien, Rumänien. Wenige Funde in Marokko und Algerien. Verbreitungskarten Olsen 1944 (Dänemark), Corillion 1957 (Europa), Stefureac & Teculescu 1967 (Rumänien), Blaženžić 1984 (ehem. Jugoslawien).
Vorkommen: *Nitella gracilis* bewohnt in Mitteleuropa elektrolytarmes Wasser über Sand, Sandstein, Torf. Besiedelt werden vorzugsweise Gräben, Wasserlöcher in Mooren, Lachen auf überschwemmten Wiesen, Anschürfungen. Offenbar ist sie nicht so selten, wie die älteren Funde vermuten lassen. Neue Nachweise sind: frisch ausgehobene Wildtränke in einem Kiefernwald in der Oberpfalz, Wasserlachen im Caricetum elatae bei Regensburg, Himmelsteich

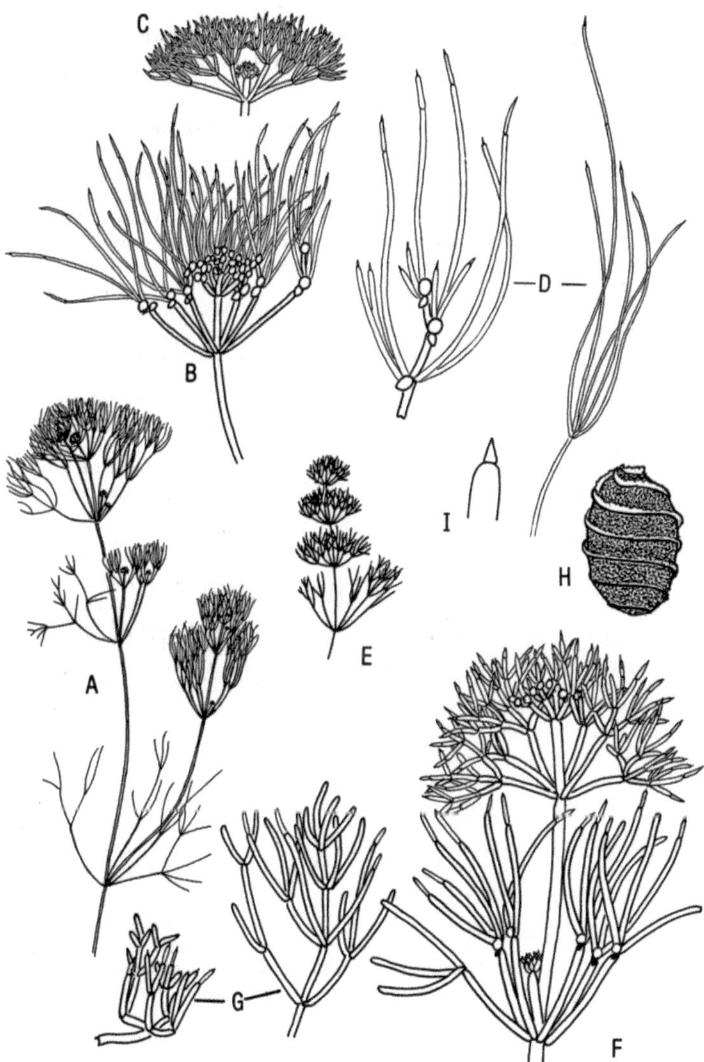

Fig. 65. *Nitella gracilis* (Smith) Agardh. A gestreckte Wuchsform×1,4, B Sproßgipfel zu A×3, C oberster Quirl zu A×15, D Äste zu A×14, E kompakte Wuchsform×1,4, F Sproßgipfel zu E×10, G Äste zu E×14, H Oospore×50, I Endzelle eines Astes×50.

auf einer Hügelkuppe bei Rottweil, Spuren eines Kettenfahrzeugs in der Wahner Heide bei Köln. Auch Fischteiche in Sandgebieten werden besiedelt, z. B. unweit Dexendorf in der Oberpfalz und in der Lüneburger Heide. Im weiteren Areal ist *N. gracilis* nicht an Kleingewässer gebunden. Im Flachwasser westeuropäischer Dünenseen kann sie mit verstreuten Einzelpflanzen den einzigen Bewuchs bilden oder sich mit *N. flexilis, N. translucens, N. capillaris, Chara fragifera* vergesellschaften. In Ost- und Südosteuropa ist sie im ganzen selten, erreicht aber hohe Stetigkeit im Nitellopsidetum obtusae des Skutarisees in Montenegro. Geographisch wie ökologisch abgesondert ist die Siedlung im Thermalabfluß Ochiul Mare bei Oradea in Rumänien, wo sie zusammen mit *Nymphaea lotus* var. *thermalis* in sulfat- und bikarbonatreichem Wasser wächst. Auf dem Granitgebirge Serra de Monchique in Südportugal bewohnt sie die wenige Kubikmeter fassenden Sammelbecken für Quellwasser unter Bedingungen, die in einem großen See nicht ausgeglichener sein könnten.

Aktuelle Situation: In den zum Wäschewaschen benutzten Quellwasserbekken hat der zunehmende Gebrauch synthetischer Waschmittel den reichen Characeenbestand in wenigen Jahren vernichtet. In den Seen des ehemaligen Jugoslawien ist *N. gracilis* derzeit nicht gefährdet. In Mitteleuropa wird sie sich voraussichtlich in neu entstandenen Kunstgewässern weiterhin ansiedeln.

Wichtige Literatur: Migula 1897, Corillion 1957, Stefureac & Teculescu 1967, Blaženžić 1984.

Species excludenda:

Nitella spanioclema Groves & Bullock-Webster in Bullock-Webster 1919. Artberechtigung seit jeher umstritten. Nach neuen Beobachtungen aus Knotenauswüchsen der *Nitella flexilis* entstanden und dieser als Modifikation unterzuordnen (Krause 1992).

6. Tolypella (A. Braun) A. Braun 1850

Achse und Äste ohne Rinde. Keine Stipularen. Quirle dimorph. Die unteren in geringer Zahl gebildet, lang, höchstens wenig geteilt, locker gestellt. Zahl der Seitensprosse unbestimmt, mehr als zwei, zu unregelmäßiger Verzweigung führend. Nicht selten verlängerte Proembryonen. Obere Äste kurz, verzweigt und miteinander verknäult. Gegliedert in einen langen mehrzelligen Mittelstrahl und mehrere kurze, ihrerseits verzweigte Seitenäste nahe der Astbasis. An deren Knoten die in großer Zahl gebildeten Gametangien. Ein Antheridium von zwei oder mehr Oogonien flankiert. Habitus: Unverkennbar die dichten, schwer zu entwirrenden Knäuel an den Sproßgipfeln, die überlangen Proembryonen und das Auftreten von mehr als zwei Seitensprossen im Quirl. Pflanzen extrem zerbrechlich. Mit 6 Arten in Mitteleuropa, zwei weiteren im subarktischen Europa (siehe S. 176–179).

Bestimmungsschlüssel der Arten

1 a   Endzelle der Äste abgerundet, zylindrisch. Keine Stachelspitze. Krönchen des Oogons abfallend. Süß- und Brackwasser; Sektion *Tolypella* (Obtusifolia, Allantoideae) 2

1 b   Endzelle eine kurze Stachelspitze, deutlich schmaler als die vorletzte Zelle, konisch zugespitzt. Überwiegend Süßwasser; Sektion *Rothia* (Acutifolia, Conoideae) 5

2 a   Monözisch. 3

2 b   Diözisch. Antheridium 800–1 000 µm Durchmesser, rötlich, in großer Zahl gebildet. Wasserblüte. Weibliche Pflanzen unscheinbar. Süd- und Südwesteuropa in Salzwasser. . . . . 1. **T. hispanica** (S. 163)

3 a Oospore mit 8–9 Rippen, Antheridium 220–450 µm Durchmesser. Pflanze 10–30 (–50) cm hoch. In Europa verbreitet, Süß- und Salzwasser. **4**

3 b Oospore mit 6 Rippen, Antheridium 500–550 µm Durchmesser. Pflanze 5–12 cm hoch. W-Frankreich, Iberische Halbinsel . . . . **2. T. salina** (S. 165)

4 a Oospore 300–375 µm hoch, 250–320 µm breit, regelmäßig ellipsoidisch, an der Pflanze wenig auffallend. In Süß- und Brackwasser verbreitet . . . .
. . . . **3. T. glomerata** (S. 165)

4 a Oospore 400–475 µm hoch, 350–450 µm breit, an der Basis abgeflacht («Bienenkorb»), an der Pflanze durch Menge und Schwarzfärbung auffallend. Ostsee, Mittelmeerküste, Iberische Halbinsel . **4. T. nidifica** (S. 168)

5 a Sterile Äste meist mit 2 oder 4 Seitenästen. Pflanze zart, Sproßdurchmesser ca. 1 mm. . . . . **5. T. intricata** (S. 171)

5 b Sterile Äste ungeteilt. Pflanze robust, massig. Sproßdurchmesser nicht selten > 2 mm. . . . . **6. T. prolifera** (S. 174)

1. Tolypella hispanica Nordstedt 1889 (Fig. 66)

Durch Knäuel und Verzweigung als *Tolypella* gekennzeichnet. Meist nur 10–15 cm hoch. Dichte Büschel, vom untersten Knoten an vielfach verzweigt. Große ziegelrote Antheridien, manchmal als Wasserblüte. Nur Südeuropa und Nordafrika. In Brackwasser. Achse 10–15–(30) cm lang, 0,7–1 mm Durchmesser. Mehrere Hauptknoten mit zahlreichen, nochmals geteilten Nebensprossen. Internodien kürzer als Äste. Rinde, Stacheln, Stipularen fehlen. Sterile Äste ungeteilt, bis 5 cm lang, spärlich gebildet. An fertilen Ästen ein Knoten nahe am Grunde mit verzweigten Seitenästen. Zahlreiche längere oder kurze akzessorische Äste. Endzelle des Hauptstrahls abgerundet. Knäuel in großer Zahl. Diözisch. Männliche Pflanzen durch die grellrot gefärbten Antheridien hervorgehoben, die weiblichen an Zahl übertreffend. Gametangien an den Knoten und am Grunde der Äste und an den akzessorischen Ästen (Fig. 66 C, D, E,). Oogon ohne Krönchen ca. 450 µm hoch, 300–400 µm breit, 7–9 Windungen. Krönchen 30 µm hoch, ca. 60 µm breit. Oospore ellipsoidisch bis spindelförmig, braun. 250–300 µm hoch, 150–300 µm breit, 6–7 kräftig markierte Rippen. Antheridium 700–1 000 µm Durchmesser, intensiv ziegelrot, in großer Zahl gebildet. Hauptentwicklung März bis Mai, im Sommer verschwunden. n = 10.
Variabilität: Die Größe wechselt in weiten Grenzen. In einem frischen Erdausstich hatten die freistehenden Pflanzen aus ihrem Basalknoten jeweils ca. 30 Sprosse von ca. 15 cm Lange getrieben. Jeder trug 8–10 Quirle mit 1,5–2 cm Durchmesser. Pflanzen zwischen dichtstehender *Chara aspera* erreichten 6–8 cm Höhe und bildeten 5–6 Quirle mit 0,4–0,6 cm Durchmesser. Bedeutend sind die Unterschiede in der Gestalt des Oogons.
Verbreitung: Mehrmals in Spanien in den Provinzen Cadix, Málaga und Toledo. Südküste von Portugal (Faro). Periodische Kleingewässer an der Mittelmeerküste von den Pyrenäen bis östlich Toulon, Balearen, Süditalien, Attika. Nordafrika in weiter Zerstreuung von Marokko bis Tunis. Verbreitungskarten Corillion 1957; Comelles 1982.
Vorkommen: Nur aus Brackwasser bekannt. Vergängliche Flachgewässer: Senken im Salicornietum fruticosae, Gräben, Erdanschürfungen. Im Ranunculetum baudotii, Chareto-Tolypelletum mit *T. glomerata* und *T. nidifica*. Unbeständig. Individuenreiche Siedlungen schon nach einem Jahr nicht immer auffindbar.
Aktuelle Situation: Im Département Hérault zwischen Agde und Sète bis zur Gegenwart erhalten. In den letzten 30 Jahren durch die Freizeitnutzung des Geländes zurückgedrängt. Gräben mit klarem Wasser, wie sie in älteren Schil-

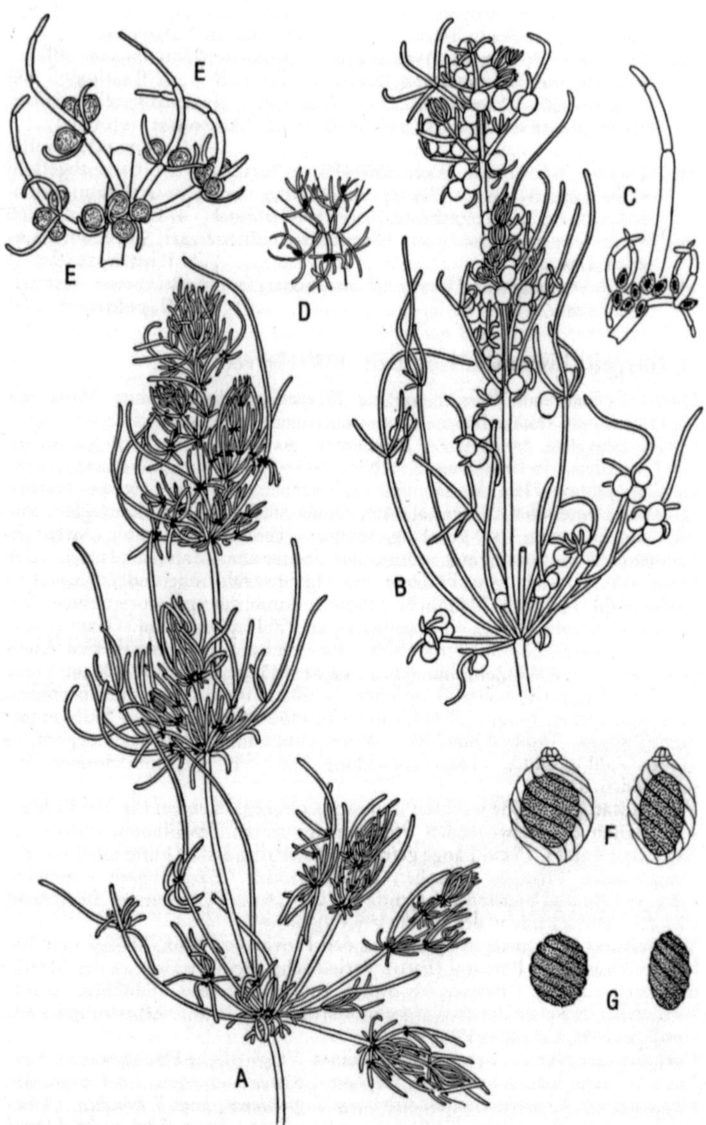

Fig. 66. *Tolypella hispanica* Nordstedt. A Habitus weiblich × 4, B männlich × 4, C weiblicher Ast × 6, D akzessorische Äste am Grund eines Quirls × 6, E männlicher Quirl × 6, F Oogonien × 40, G Oosporen × 40.

derungen erwähnt werden, kaum noch zu finden. Refugien in wassergefüllten Vertiefungen an Baustellen und sonstigen Erdausstichen.
Wichtige Literatur: Corillion 1957, 1961 a, Corillion & Guerlesquin 1963, Comelles 1982.

2. **Tolypella salina** Corillion 1960 (Fig. 67)

Sehr kleine, kaum verzweigte Pflanze. Gesamthöhe < 10 cm. Achse 0,25–0,5 mm Durchmesser. Rinde, Stacheln, Stipularen fehlen. Äste: steril kurz, spärlich, nur akzessorisch. Fertile 0,4–1 cm lang, drei- bis vierzellig mit kurzem Basalglied. Endzelle abgerundet. Unterster Knoten mit 2–3 kurzen, eingebogenen Seitenästen. Diese nochmals verzweigt. Hoher bleibender Proembryo. Monözisch. Gametangien an der Basis und an den Knoten der Seitenäste. An jedem Knoten ein Antheridium und 3–6–(8) Oogonien. Beide Gametangien oft gestielt. Oogon ohne Krönchen 400–600 µm hoch, 430–480 µm breit. 7–8 Umgänge. Krönchen zehnzellig-zweireihig, an der Basis 120–150 µm breit, 75–120 µm hoch. Endzellen zusammenneigend. Oospore kastanienbraun mit glatter Wand. Kurz ellipsoidisch bis kreisrund, 270–370 µm hoch, 260–310 µm breit. Mit sechs schwach hervortretenden Rippen. Antheridium 480–550 µm Durchmesser. n = 50.
Tolypella salina unterscheidet sich von *T. glomerata* durch die geringe Zahl der Rippen an der Oospore (6 gegen 8–9), die Größe des Antheridiums (450–625 gegen 225–425 µm) und die hohe Zahl der Chromosomen.
Variabilität: nicht bekannt.
Verbreitung: Je ein Fundort in SW-Frankreich und in Spanien.
Vorkommen: Flache, periodisch austrocknende Gewässer mit erhöhtem Salzgehalt. In lockeren Beständen zusammen mit *Lamprothamnium papulosum* oder *Chara canescens*. Halb im Substrat verborgen. Schnellwüchsige Frühjahrspflanze. Oosporenreife Mai. In Spanien 1980 und 1984 gefunden. Gewässer in der Zwischenzeit trocken. Französischer Standort zerstört.
Wichtige Literatur: Corillion 1960, 1975, Comelles 1986 b.

3. **Tolypella glomerata** (Desvaux in Loiseleur-Deslongchamps) Leonhardi 1863 (Fig. 68)

Tolypella nidifica var. *glomerata* (Desvaux in Loiseleur) R. D. Wood 1962.
Als *Tolypella* an den verschnörkelten Knäueln und an der Verzweigung kenntlich: jeweils mehr als zwei Seitensprosse aus einem Quirl. Zerbrechlich verkalkt. Überwiegend im Flachwasser. Achse 3–20–(50) cm hoch, 0,2–1 mm Durchmesser. Teils fächerförmig verzweigt, teils weitläufig auseinandergezogen (Fig. 68 A, E). Internodien bis 17 cm lang, oft halbkreisförmig gebogen. Rinde, Stacheln, Stipularen fehlen. Sterile Äste ungeteilt, zu 6 im Quirl. 3–8 cm lang, drei- bis fünfzellig. Endzelle abgerundet, wenig kürzer als die vorletzte Zelle. Kurze akzessorische Äste gleichen Aussehens. Fertile Äste zu 5–8–(10) im Quirl. 0,2–1 cm lang. Ein Knoten nahe der Basis mit einem rückseitigen und zwei seitlichen Nebenästen. Hauptstrahl oberhalb des Knotens dreizellig mit abgerundeter Endzelle. Letztere ebenso lang wie die vorletzte oder wenig kürzer, zylindrisch. Fruchtbare Quirle zu Knäueln von 0,4 × 0,9 bis 0,8 × 1,3 cm Durchmesser verschlungen. Pflanze von mehreren Proembryonen überragt. Monözisch. Gametangien an den Verzweigungen der Äste. Ein Antheridium zwischen zwei Oogonien oder drei Oogonien nebeneinander. Oogonium ohne Krönchen 350–600 µm hoch, 300–500 µm breit, 9–10 Windungen. Krönchen 10 zellig-zweireihig, 35–50 µm hoch, 65–100 µm breit, früh abfallend. Oospore 225–400 µm hoch, 200–350 µm breit, kräftige Rippen. Braun bis dunkelbraun,

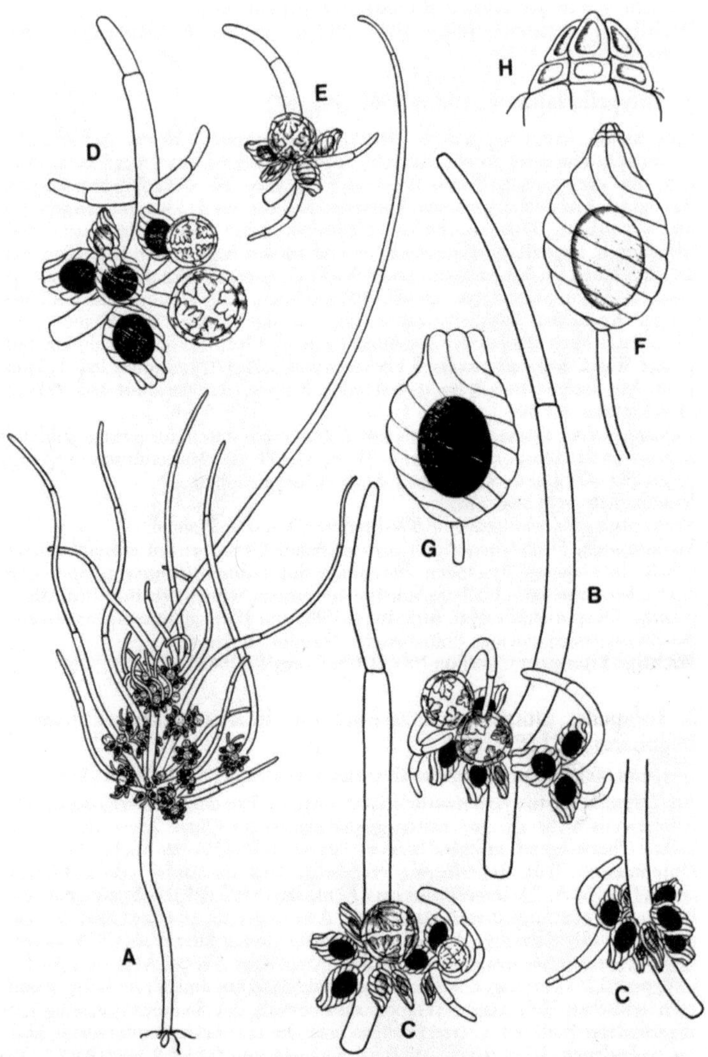

Fig. 67. *Tolypella salina* Corillion. A Habitus, Pflanze 4 cm lang, B C D Äste, je 4–5 mm lang, E akzessorischer Ast an der Basis der Quirläste, 1,5 mm lang, F G unreifes und reifes Oogon, ca. 550 µm hoch, H Krönchen, 120-160 µm breit, 75-120 µm hoch (aus Comelles 1986 b).

Fig. 68. *Tolypella glomerata* (Desvaux in Loiseleur-Deslongchamps) Leonhardi. A Habitus×1,4, B Sproßgipfel×4, C fertile Quirläste×10, D steriler Ast×6, E proliferierende Wuchsform×0,7, F Sproßgipfel einer Tiefwasserform×4, G Oogon×40, H Oospore×40.

kurz ellipsoidisch. In Scheitelansicht kreisrund. Antheridium 325–435 µm Durchmesser, nicht selten kurz gestielt. Gametangien Frühjahr oder Herbst. n = 15, ca. 20.

Variabilität: Größe und Habitus werden vom Standort und vom Alter stark beeinflußt. Im kalkreichen Wasser der Oberrheinaue erreicht *T. glomerata* 50 cm Höhe und bildet Köpfe von 1 cm Länge. In irischen Granitseen lauten die Maße 5 cm und 4 mm. In den Brackgewässern der Mittelmeerküste sind Sprosse mit 2 mm Durchmesser und Köpfe mit 2 cm Länge normal. Unverändert bleibt das Gesamtbild einer in die Breite strebenden Pflanze mit vielen Sprossen. Schon junge Exemplare zerbrechen zu einzelnen Internodien mit wenigen anhängenden Ästen und Köpfen. An der gattungstypischen proliferierenden Wuchsform bringt jeder Sproßknoten mehrere kurze und einen langen Seitensproß hervor, die sich zu einer langen, vielfach verschlungenen Pflanze zusammensetzen (Fig. 68 E). Im Tiefwasser wächst *T. glomerata* schmal in die Höhe und bildet aufgelöste Köpfe (Fig. 68 F).

Verbreitung: Von Irland bis Sardinien. Östlich der Linie Öland-Mähren-Istrien nicht nachgewiesen. In den characeenreichen Landschaften Brandenburg, Schleswig-Holstein, Südschweden selten gefunden. Verbreitungszentrum in den Flußauen des Alpenvorlandes. Hier Neusiedlungen in Baggerseen. Reich vertreten in den Kleingewässern der französischen Mittelmeerküste mit Ausstrahlung zum Atlantik bis in die Niederlande. Auf der Karsthochfläche der Burren in Irland und im Alvar auf Öland in abgedichteten Regenpfützen. In Spanien und auf Sardinien in quellnahen Flüßchen und temporären Flachgewässern. Verbreitungskarten Olsen 1944 (Dänemark), Maier 1972 (Niederlande), Corillion 1975 (Westfrankreich).

Vorkommen: *Tolypella glomerata* bevorzugt kalkreiche Umgebung. Vorkommen in kalkarmen Landschaften deutet auf lokalen Kalkeinfluß. Im irischen Granitsee Shannagh Lough wächst sie auf einem Uferstreifen, in den Dünensand eingeweht ist. Meist steht sie in Flachwasser in weniger als 2 m Tiefe. Neuerdings wurde sie in Seen und Baggerseen des Voralpengebietes in 12 m Tiefe angetroffen. Sie gedeiht am besten in frisch ausgetretenem Grundwasser oder frisch gefallenem Niederschlagswasser. In Erdanschürfungen und Baugruben kann sie Bestände bilden, die schnell verschwinden, wenn sich das Wasser nicht erneuert. In Baggerseen mit Grundwasserdurchlauf ist sie beständig. Der Baggersee im Freizeitzentrum Kirchberg an der Iller ist in dieser Beziehung ein Lehrstück. Er hat, schon am Ufer sichtbar, kräftigen Grundwasserdurchfluß, der es dem Chareto-Tolypelletum ermöglicht, sich trotz eines Heeres von Badenden und Surfern auf Dauer zu halten. Im Gewässer ist *T. glomerata* weit seltener anzutreffen als die reichlich gebildeten Oosporen erwarten lassen. Da diese aus dem Boden ausgewaschen und identifiziert werden können, läßt sich nachweisen, daß die Pflanze durch begrabene Diasporen vollständiger repräsentiert wird als durch ausgekeimte Exemplare.

Aktuelle Situation: Die stark ausgeprägte Fähigkeit, nach langer Ruhezeit zu keimen, ermöglicht es der *T. glomerata*, Standortsverluste mindestens teilweise auszugleichen. Im Voralpenland, am Oberrhein und im Languedoc ist sie noch immer nicht selten.

Wichtige Literatur: Migula 1897, Olsen 1944, Corillion 1950 b.

4. Tolypella nidifica (O. Müller) A. Braun 1856 (Fig. 69)

Tolypella nidifica var. *nidifica* f. *nidifica* sensu R. D. Wood 1962

Sproß schlank hochstrebend, im oberen Teil bäumchenartig verzweigt und gehäuft mit Knäueln besetzt. 10–12 cm, seltener bis 20 cm hoch. Knäueläste wirr abstehend. Große schwarze Oosporen in überquellender Menge. Unverkalkt.

Fig. 69. *Tolypella nidifica* (O. Müller) A Braun. A Habitus×0,7, B Sproßgipfel×4, C Äste×6, D Oogon×30, E Oospore×30, F var. *occidentalis* Corillion, proliferierend, Habitus×1,4, G Jungpflanze zu F×0,7, H Äste zu F×8, I Oospore zu F×30.

In der Ostsee an der Untergrenze des Characeen- und Phanerogamenbewuchses. Achse 0,3–0,6 mm, selten 1 mm Durchmesser. Wenige, 3–10 cm lange Internodien als Basis, darüber Zweigsystem mit Knäueln. Proembryo ausdauernd, die Pflanze überragend. Rinde, Stacheln, Stipularen fehlen. Sterile Äste ungeteilt mit 4–5 Zellen. Fertile Äste zu 6–8 im Quirl. Jeweils mit 1–(2) Knoten nahe der Basis, daran einfache oder verzweigte Seitenäste mit Gametangien. Hauptstrahl drei- bis fünfzellig mit abgerundeter Endzelle. Bis zum Ende gleich breit, seltener verschmälert. Monözisch. Gametangien an den Knoten der Äste und Seitenäste, an der Astbasis und an einzelligen kurzen Adventivästen. Mehrere Oogonien und ein Antheridium nebeneinander. Oosporen nach Menge und Größe auffällig. Oogon ohne Krönchen 500–700 µm hoch, 450–650 µm breit, 8–10 Umgänge. Hülle dünn, unscheinbar. Krönchen zehnzellig-zweireihig, ca. 75 µm hoch, ca. 100 µm breit. Oospore schwarz, auch «dunkel weinrot». Kurz ellipsoidisch mit abgeflachter Basis, einem Bienenkorb vergleichbar, 400–500 µm hoch, 350–450 µm breit. 7–9 deutlich hervortretende Rippen. Bei der ssp. *occidentalis* 300–350 µm hoch, ca. 300 µm breit. Antheridium 450–550 µm Durchmesser, früh verschwindend. n = 42, ca. 20, ca. 25.

Variabilität: Die Pflanzen aus der Ostsee, die in Mitteleuropa *T. nidifica* allein vertreten, variieren wenig. In Südwesteuropa ist sie durch die ssp. *occidentalis* Corillion vertreten, die kleinere Oosporen bildet als die Normalform. Sie wächst in Flachgewässern, in denen sie unter Konkurrenzdruck ein verbogenes, wegen der langen Proembryonen grotesk wirkendes Aussehen annehmen kann (Fig. 69 F). Die ssp. *normaniana* Corillion 1957 erreicht höchstens 2 cm Länge. Sie besteht aus einem einzigen Knäuel, der bereits an den untersten Ästen Gametangien bildet.

Verbreitung: Buchten der Ostsee von Dänemark und Schleswig-Holstein bis zum Finnischen Meerbusen und Mittelschweden. Spärlich am Kattegat und in Südnorwegen. Ostfriesland zweifelhaft. Zwei Funde in SO-England. Die ssp. *occidentalis* mehrfach an der französischen Mittelmeerküste, sehr vereinzelt auch am Atlantik. Auch in Binnengewässern der Provinzen Toledo in Spanien und Alentejo in Portugal. Hier in isolierten Kleingewässern Populationen von sehr unterschiedlichem Aussehen. Die ssp. *normaniana* in Nordnorwegen im Bjerenfjord und Ranenfjord. Vereinzelt in Nordafrika. Verbreitungskarten Olsen 1944 (Dänemark); Corillion 1957 (Europa); Moore & Greene 1983 (England).

Vorkommen: In der Ostsee bildet *T. nidifica* in 2–5 m Wassertiefe eine Gesellschaft, die durch *Ruppia rostellata* mit dem Ruppion, durch *Furcellaria fastigiosa* und andere Rhodophyceen mit dem Zostero-Furcellarietum des Tiefwassers verbunden ist. Sie gewinnt dadurch mehr als andere Characeae den Charakter einer Meerespflanze. Die Salinität der Wohngewässer in der mittleren Ostsee wird mit 0,8% angegeben, im Norden Dänemarks werden 2% erreicht. Um die Jahrhundertwende wuchs *T. nidifica* noch in 5–15 m Tiefe. Wahrscheinlich hat die inzwischen verminderte Transparenz des Wassers das Höherwandern veranlaßt. Zugleich vermag *T. nidifica* Konkurrenzverschärfung vorübergehend zu ertragen. Im Dybsø Fjord auf Seeland bildet sie unter einem schweren Teppich fädiger Grünalgen Unmengen verzwergter, aber fruchtbarer Pflänzchen. Die ssp. *occidentalis* bewohnt temporäre Flachgewässer unweit der Mittelmeerküste, in denen sie im Ranunculetum baudotii und Chareto-Tolypelletum wächst. Hier verschwindet sie im Frühsommer, während die Normalform in der Ostsee bis zum Spätherbst aushält. Die ssp. *normaniana* steht im innersten Winkel zweier Fjorde, wo sie bei Ebbe trocken fällt. Das Wechselbad kann sie ertragen, weil sie winzig klein und trotzdem fruchtbar ist.

Aktuelle Situation: In der Ostsee ist *T. nidifica* seit den Tagen der frühen Erforscher ebenso wie alle Characeae drastisch zurückgegangen, aber nicht verschwunden.
Wichtige Literatur: Migula 1897, Olsen 1944, Corillion 1957.

5. **Tolypella intricata** (Trentepohl ex Roth) Leonhardi 1863
(Fig. 70, 71)

Tolypella intricata var. *intricata* f. *intricata* sensu R. D. Wood 1962
Mittelgroß, bis 50 cm hoch. Bäumchenartiger Wuchs mit einer langen basalen Internodiumzelle als «Stamm», darüber mehrere Seitensprosse als «Krone». Mindestens einige der unfruchtbaren Quirläste mit 2–4 blättchenartigen Verzweigungen. Verkalkt, zerbrechlich, meist fragmentarisch erhalten. Achse 1–2 mm Durchmesser. Untere Internodien bis 12 cm lang, obere stark verkürzt. Unterster, manchmal auch zweiter Hauptknoten mit mehreren gleich langen Seitensprossen. Rinde, Stacheln, Stipularen fehlen. Unfruchtbare Äste zu 6–8 und mehr im Quirl, 2–8 cm lang, 3–5 Zellen. An einem, gelegentlich an 2 Knoten je 2–4 Seitenstrahlen. Endzelle 50–80 µm lang, viel kürzer als die übrigen Zellen des Astes, konisch zugespitzt. Fruchtbare Äste 0,4–0,8 mm lang. 1–2–(3) Knoten nahe der Basis mit jeweils mehreren Seitenästen. Diese nochmals, zum Teil weitläufig verzweigt. Hauptstrahl 5–7-zellig, verlängert. Endzelle kurz, schmal. Knäuel 0,5–2 cm lang, aus wenigen, aber schwer zu entwirrenden Ästen bestehend. Monözisch. Gametangien in großer Zahl an den Knoten der fruchtbaren Äste und an der Astbasis. Oogonien zu mehreren nebeneinander neben einem Antheridium. Dieses bisweilen gestielt. Oogonien ungleich groß, ohne Krönchen 450–800 µm lang, 350–500 µm breit, 10–13 Windungen. Krönchen 30–80 µm hoch, 50–80 µm breit, bleibend. Beide Zellreihen annähernd gleich hoch. Oospore ellipsoidisch, 300–600 µm lang, 270–400 µm breit. Braun, reif mit dünner Kalkhülle. 7–9 feine Rippen. Antheridium 200–400 µm Durchmesser. *T. intricata* ist therophytisch kurzlebig. In Westeuropa keimt sie im Herbst oder zeitigen Frühjahr, bildet Gametangien ab März und verschwindet im Sommer. Am Oberrhein keimt sie, sobald das Sommerhochwasser des Stroms einsetzt, fruchtet im Herbst und endet mit dem winterlichen Tiefstand. Die größten Exemplare bewahren oft noch die ausgekeimte Oospore, immer den Primärknoten der Keimpflanze. n = 10, 12.
Variabilität: *Tolypella intricata* ändert ihre Größe in ungewöhnlichem Ausmaß (Fig. 71). In frisch angelegten Erdanschürfungen kann sie bei 3 cm Höhe und fünf dichtgedrängten Knäueln stehen bleiben. Normal nimmt sie die Gestalt eines ca. 20 cm hohen Bäumchens an. Besonders wuchskräftige Exemplare treiben aus einem oder mehreren Knoten sekundäre Hauptachsen, die sich ihrerseits verzweigen und ausläuferartig in die Breite streben. Offensichtlich nutzt *Tolypella intricata* günstige Ernährung ebenso zu außergewöhnlichem Wachstum aus, wie sie ungünstige Bedingungen in Zwergexemplaren übersteht. Infolge ihrer Zerbrechlichkeit wird sie oft in Bruchstücken geborgen.
Verbreitung: Große Teile Nordwest- und Mitteleuropas von der Biskaya bis Dänemark und Südschweden. Bei St. Petersburg. Im Südosten bis Rumänien und Griechenland. In SW-England und Irland. Nicht in den Verbreitungszentren der Nitelletalia, z. B. Schwarzwald, Vogesen, armorikanisches Massiv. Nachweis der unbeständigen Pflanze vom Zufall abhängig. Beispiel: unansehnlicher, halb verwachsener Graben in der gewässerlosen Kultursteppe östlich Szolnok in Ungarn. Beim ersten Besuch *T. intricata* in Menge. Im folgenden Jahr Graben trocken, Oosporen im Boden. In der Aue des Oberrheins vor der Kanalisierung nicht selten, jetzt noch vereinzelt anzutreffen. Auch im Rhein-

Fig. 71. *Tolypella intricata* (Trentepohl ex Roth) Leonhardi. A Habitus proliferierend ×0,7, B aus einer Regenwasserlache ×0,7, C Jungpflanze ×4.

Fig. 70. *Tolypella intricata* (Trentepohl ex Roth) Leonhardi. A Habitus ×0,7, B Sproßgipfel ×3, C fertiler, vielmals verzweigter Ast ×8, D Gametangien ×10, E großes Oogon ×30, F kleines Oogon ×30, G Oospore ×30.

delta. Verbreitet und relativ beständig an der oberen Loire und deren Neben-flüssen. Ehemals auf Überschwemmungswiesen an der Weichsel bei Thorn. Verbreitungskarten Olsen 1944 (Dänemark), Corillion 1957 (Frankreich).

Vorkommen: *Tolypella intricata* bewohnt neu entstandene Kleingewässer, z. B. frisch gefüllte Gräben, Regenwasserlachen, Erdausstiche, periodische Tümpel. Sie steht oft zwischen Phanerogamen in Wasser mit hohem Anteil verrotteter Pflanzensubstanz. In den periodisch gefüllten Druckwassertümpeln des Rhein-auenwaldes, die durch Fallaub und Getreibsel mit «Kompost» angereichert, zu-gleich alljährlich aus dem Untergrund mit frischem Wasser gefüllt werden, sind die hohen Ansprüche der *Tolypella intricata* an die Nährstoffversorgung er-füllt, ohne daß sich die Saprobie ins Ungemessene erhöht. Der Schwebezu-stand zwischen den zwei antagonistischen Wirkungen ist in Abhängigkeit von der Wasserführung des Rheins von Jahr zu Jahr Schwankungen unterlegen. Hier ist eine Ursache für das jahrelange Ausbleiben der Pflanze zu suchen, dem ein überraschendes Massenauftreten folgt. Wie zäh Characeae sich an einem angestammten Wuchsort halten können, zeigt das Vorkommen in der Großen Ungarischen Tiefebene in einem Graben, der weit und breit von Mais- und Weizenäckern umgeben ist. Die Erklärung ergibt sich, sobald zum Be-wußtsein kommt, daß die Ebene bis zur Mitte des vorigen Jahrhunderts das Hochwasserbett der Theiß bildete. *T. intricata* wächst noch immer an einer Stelle, die vor 100 Jahren zu ihrem natürlichen Lebensraum gehörte.

Aktuelle Situation: Aussicht, *T. intricata* zu finden, besteht am ehesten in einem *Tolypella*-Jahr und dann nur während weniger Wochen.

Wichtige Literatur: Migula 1897, Olsen 1944, Corillion 1957, Krause 1980.

6. **Tolypella prolifera** (Ziz ex A. Braun) Leonhardi 1863 (Fig. 72)

Tolypella intricata var. *intricata* f. *prolifera* (Ziz ex Braun) R. D. Wood 1962

Der *Tolypella intricata* weitgehend ähnlich. Voll ausgewachsene Exemplare wuchtiger als diese. Durch die ungeteilten sterilen Äste ausgezeichnet. Achse 1,5–3,5 mm Durchmesser, bis 70 cm hoch. Im Verhältnis zur Größe wenig ver-zweigt. Internodien 15–25 cm, im Höchstfall 45 cm lang. Unfruchtbare Äste unverzweigt, junge Exemplare im Vergleich zur filigranartig gegliederten *T. intricata* schlicht erscheinend. Fruchtbare Äste mit vielfach verzweigten Ne-benästen nahe der Basis, Knäuel bis 3,5 cm lang. Monözisch. Gametangien in Größe und Form wie *T. intricata*, an den Nebenästen und an der Astbasis in großer Menge. Krönchen 50–70 µm hoch, zweireihig. Obere Zellreihe höher als untere. Vegetationszyklus wie bei *T. intricata*, von der Wasserführung der Standorte abhängig. n = 10.

Variabilität: Ebenso wie *Tolypella intricata* kann *T. prolifera* sehr unterschied-liche Größe erreichen. Unvollständige Exemplare sind nicht von *T. intricata* zu unterscheiden.

Verbreitung: Weit zerstreut und unbeständig: Nordwest- und Mitteleuropa, Südostengland, ein Ausläufer nach Irland (Dublin). Je ein Häufungszentrum an der unteren Loire und am Oberrhein zwischen Breisach und Mannheim-Lud-wigshafen. Rheinabwärts bei Worms, Mühlheim, Düsseldorf bis ins Delta. Sonst an weit auseinander liegenden eng lokalisierten Plätzen: Ostfriesland (Groote Meer), Niederlande, Belgien, Halbinsel Cotentin in N-Frankreich, Ba-sel, Umgebung von Genf, Potsdam, Frankfurt/Oder, Inowrazlaw, Böhmen, Wien, Salziger See und Zöschen bei Halle, Skutarisee, Lagi di S. Egidio in Apu-lien. Verbreitungskarte: Corillion 1957 (Europa).

Vorkommen: Gräben, Erdanschürfungen, Torflöcher, Druckwassertümpel in kalkreicher Umgebung. Besonders in Stromtälern. Nicht in Seen und in der Strömung. Im lichten Röhricht und zwischen Phanerogamen. Am Oberrhein

Fig. 72. *Tolypella prolifera* (Ziz ex A. Braun) Leonhardi. A jung×0,7, B reif×0,7, C–E unterschiedlich stark verzweigte fertile Äste×5, F steriler Ast ×4, G Oogon×30, H Krönchen×60, I Oospore×30.

mit *Elodea canadensis, Potamogeton lucens, P. berchtoldii, Cladophora crispata.* Am Niederrhein mit *Stratiotes aloides* in einem Graben, in den klares uferfiltriertes Wasser einfließt. In den Standortsansprüchen mit *T. intricata* übereinstimmend.

Aktuelle Situation: Am Rhein und an der Loire Verluste an naturnahen Standorten. Am Oberrhein noch in einem Waldtümpel bei Plitterdorf, Kreis Rastatt. Bei Xanten in einem nicht eingedeichten Teil der Rheinaue in einem Ausstich. Am Rhein-Mündungsarm Lek bei Zwolle.

Wichtige Literatur: Migula 1897, Van Raam & Maier 1990.

7. Tolypella canadensis Sawa 1973 (Fig. 73)

Nitella mucronata f. *haplophylla* Hasslow 1939

Juvenile sterile Exemplare länger ausdauernd als sonst bei *Tolypella*, nicht selten dominierend. Sprosse 4–10 cm hoch, 250–350 µm Durchmesser, zu mehreren aus Bulbillen entspringend. Viele kurze Adventivsprosse. Äste zu 5–6 im Quirl, meist ungeteilt, mit 2–3 langen Gliedern und 1–2-zelligem kurzem Endglied. Obere Internodien annähernd so lang wie die Äste, untere mehrmals länger. Habitus einer schmächtigen *Nitella*. Die proliferierende *Tolypella*-Verzweigung mit mehreren gleichwertigen Seitensprossen oft nur angedeutet. Fertile Äste meist ungeteilt, selten mit zwei kurzen Seitenstrahlen. Monözisch. Gametangien einzeln oder zu wenigen am Sproßknoten, dem unteren Astknoten und dessen Seitenstrahlen. Oogonien gestielt, ohne Coronula 475–625 µm hoch, 400–500 µm breit, 8–9 Windungen. Hellbraun. Coronula zweireihig, 30–50 µm hoch, 30–60 µm breit. Antheridium gestielt, 325–375 µm Durchmesser. An den Knoten oder terminal auf einem kurzen Ast zwischen den Oogonien. Ausgeprägt protandrisch. Im arktischen Gebiet Oosporen selten reifend. $n = 8$.

Variabilität: In strömendem Flachwasser gedrungen, reiche Gametangienbildung (f. *hasslowii* Langangen). In der Tiefe gestreckt, geringe Fertilität (f. *glomdalensis* Langangen).

Verbreitung: Entdeckt in Kanada im Oberen See (Sawa 1973). Danach gefunden in Nordnorwegen und Nordschweden (Langangen 1993 b; Langangen & Blindow 1995). Vorher unerkannt in Herbarien aus Grönland und Nordskandinavien (Hansen & Langangen 1995). Die einzige bekannte Characee mit Verbreitungsschwerpunkt nördlich des Polarkreises.

Vorkommen: In Skandinavien in oligotrophen Seen über Feinsand mit sehr geringem Anteil an humoser Substanz, vorzugsweise in der Umgebung des Abflusses, auch in starker Strömung. Die büscheligen Pflanzen oft rasenbildend. Begleiter *Nitella flexilis, N. opaca, Ranunculus peltatus, Dicranella palustris.* Langdauernde Hemmung der Lebensvorgänge im arktischen Winter, offenbar die Hauptursache für die spärliche Ausbildung reifer Oosporen und die Reduktion der Verzweigung. – In Kanada (Lake Superior, Lake Huron, ca. 45° n. Br.) über Schlammgrund mit *Chara globularis, Ch. aspera* und Characeen amerikanischer Verbreitung.

Anmerkung: Die Annäherung an die *Nitella*-Wuchsform und das Perennieren aus Bulbillen bezeichnet eine Sonderstellung innerhalb der Gattung. Ebenso ungewöhnlich ist die Toleranz gegenüber einem extrem unproduktiven Standort. In Mitteleuropa finden die *Tolypella*-Arten ihr bestes Gedeihen im mesotrophen Bereich. Eine weitere Besonderheit besteht in der engen Begrenzung des Areals. Sie hat eine Parallele an *T. normaniana* und *T. salina.*

Wichtige Literatur: Sawa 1973, Langangen 1993 b, Langangen & Blindow 1995, Hansen & Langangen 1995.

Fig. 73. *Tolypella canadensis* Sawa. A sterile Pflanze ×2, B–D fertile Köpfchen in versch. Entwicklungsstadien ×10, E Sproßgipfel einer fertilen Pflanze ×5, F steriler Ast ×12, G Oogon ×40.

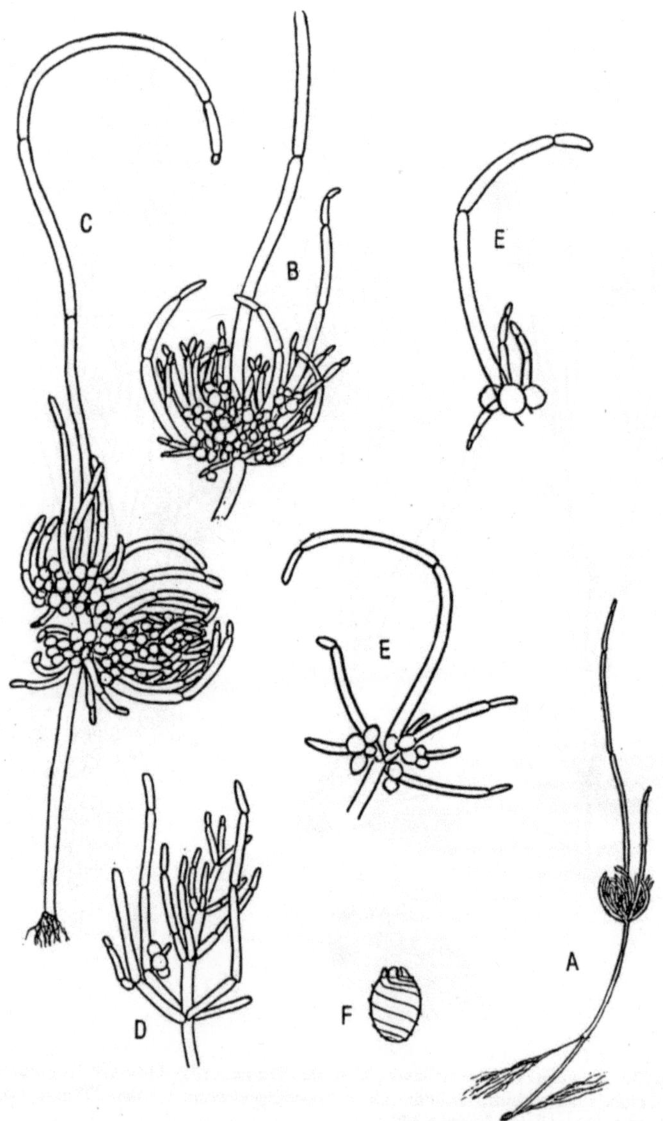

Fig. 74. *Tolypella normaniana* Nordstedt. A Habitus, Pflanze mit Keimspore × 1, B Pflanze zu einem einzigen Knäuel zusammengezogen × 3, C Pflanze aus drei Knäueln × 3, D Verzweigung eines Knäuels, Gametangien entfernt × 5, E fertile Äste, Gametangien unreif × 10, F Keimspore zu A × 30.

8. Tolypella normaniana Nordstedt 1868 (Fig. 74)

Pflänzchen 1–4 cm hoch, aus einem einzigen oder wenigen dicht gedrängten Knäueln bestehend, vom bleibenden Proembryo weit überragt. Interne Verzweigung teils sehr gering, teils mehrere Sprosse aus einem Vorkeimknoten. Die 5–12 mm langen Äste stark nach innen gebogen. Monözisch. Hohe Fertilität bereits an den Ästen des Proembryo-Quirls. Gametangien schon im Sommer in großer Zahl gebildet, ungleich groß. Oogonien erst im Spätjahr reifend. Oogonien 300–500 µm hoch, 270–400 µm breit. Oospore dunkelbraun bis schwarz, 230–300 µm hoch, 230–300 µm breit, 6–8 scharfe Rippen. Antheridium 250–400 µm Durchmesser, zum Teil gestielt. Überwinterung mit Oospore. n = ca. 20.

Variabilität: Vereinzelt bis 10 cm hoch, Internodien verlängert. Wuchsform in Aquarienkultur bleibend.

Verbreitung: Vier Lokalitäten im norwegischen Nordland nahe nördlich und südlich des Polarkreises. Verbreitungskarte Langangen 1994.

Vorkommen: Im innersten Winkel von Fjorden im Gezeitenbereich, mitunter in geschlossenem Bestand. Die Ebbe in Resttümpeln oder auf feuchtem Boden überdauernd. Erstfund 1868, neuerdings mehrfach bestätigt.

Anmerkung: Der im Abstand von 120 Jahren wiederholte Nachweis erhebt *T. normaniana* über die Einmalfunde anderer Characeen, die als eigene Sippen beschrieben und wieder fallengelassen wurden. Der Zwergwuchs bringt eine besondere Harmonie zwischen der Pflanze und dem characeenfeindlichen Standort zum Ausdruck. Die Pflänzchen finden zwischen Steinbrocken immer noch Feuchtigkeit zum Überleben. Ihre Wuchsform ist nicht vergleichbar mit den Zwergpflanzen, die andere Characeen in beständigem Flachwasser bilden.

Wichtige Literatur: Migula 1897, Langangen 1994.

Anhang

Erkennen subfossiler Oosporen

Die Oosporen der Gattung *Chara*, die einander gleichen «wie ein Ei dem anderen», konnten bisher trotz großer Bemühungen (Horn & Rantzien 1956, Nötzold 1975) nicht befriedigend nach morphologischen Merkmalen bestimmt werden. In quartärgeologischen Arbeiten werden sie als *Chara* sp. angeführt (Ammann & Tobolski 1983, Jacomet 1985). Feinstrukturen sind inzwischen mit dem Rasterelektronenmikroskop (REM) dargestellt worden (John & Moore 1987; John et al. 1990). Sie bieten der Alltagsarbeit des Prähistorikers keine Hilfe. Auch der Habitus der Oosporen ist inzwischen deutlicher zur Anschauung gebracht worden (Soulié-Märsche 1989). Die REM-Bilder sind den Aufnahmen mit dem Lichtmikroskop an Tiefenschärfe weit überlegen. Doch sind auf ihnen Farbe und Oberflächenkonsistenz nicht zu erkennen. Diese Merkmale sind für einige Spezies wichtig. Überdies läßt sich der Arbeitsaufwand, sobald umfangreiches Fundmaterial durchgearbeitet werden muß, nur mit dem Binokular bewältigen; die Präparation für das REM kostet sehr viel Zeit und Geld. Entgegen früheren Erfahrungen kann man auch mit dem Binokular zu sicheren Bestimmungen kommen, vorausgesetzt, man stützt sich auf breites Vergleichsmaterial. Oosporen wurden bisher spärlich aus Herbarien ausgelesen. Sie können durch Auswaschen und fraktioniertes Sieben aus dem Boden unter Characeen-Reinbeständen in beliebiger Menge gewonnen werden (Soulié-Märsche 1989). Wenn sie zu vielen nebeneinander liegen, schärft sich der Blick für die Gemeinsamkeit ebenso wie für die Variabilität innerhalb einer Spezies. Überdies bieten sie Gewähr für vollständige Reife, die Herbarexemplare nicht immer erreicht haben. Fig. 76 zeigt Grundformen von Spezies, die in quartären Seeablagerungen zu erwarten sind. Als Vorlage dienten Individuen, die sich in Ansammlungen von mehreren hundert Exemplaren als repräsentativ erwiesen hatten. Sie machen nach Größe, Umriß, Zahl und Stärke der Rippen, zum Teil auch nach der Farbe das Erkennen aussichtsreich. Eng umgrenzte Maßangaben sind wegen der Größen- und Formunterschiede innerhalb der Spezies nicht angebracht. Allenfalls lassen sich Größenklassen unterscheiden, die eine Vorordnung der Aufsammlung ermöglichen. Weitere Merkmale engen den Kreis des Unbekannten nochmals ein (Krause 1986 b). Vorausgeschickt sei, daß *Nitellopsis* und *Lychnothamnus* als dick verkalkte Gyrogonite in den Boden gelangen. Auch sonst tragen die im Substrat liegenden vollreifen Oosporen oft eine Kalkhülle, die zum Bestimmen nutzbar ist.

Bestimmungsschlüssel der in postdiluvialen Seeablagerungen zu erwartenden Oosporen der Chareae

1a Breit birnen- oder kreiselförmig. Sehr groß (1 000–1 400 µm hoch, 600–1000 µm breit), durch die dauerhafte weiße Kalkhülle zusätzlich auffällig (Fig. 75 A, B). **2**

1b Spindel- bis walzenförmig. Am Scheitel mitunter leicht abgeflacht. Kalkhülle teils dauerhaft, teils zerbrechlich **3**

2a Birnenförmig, 7–9 breite, schwach vorgewölbte Umgänge. Diese am Scheitel verbreitert, einen deutlich abgegrenzten Deckel bildend. Oospore lang ellipsoidisch-spindelförmig. 700–900 µm hoch, 550–700 µm breit. 6–8 feine Rippen. Braun bis schwarz. Subfossil im Bodensee nachgewiesen (Fig. 75 A) . . . . **Nitellopsis obtusa**

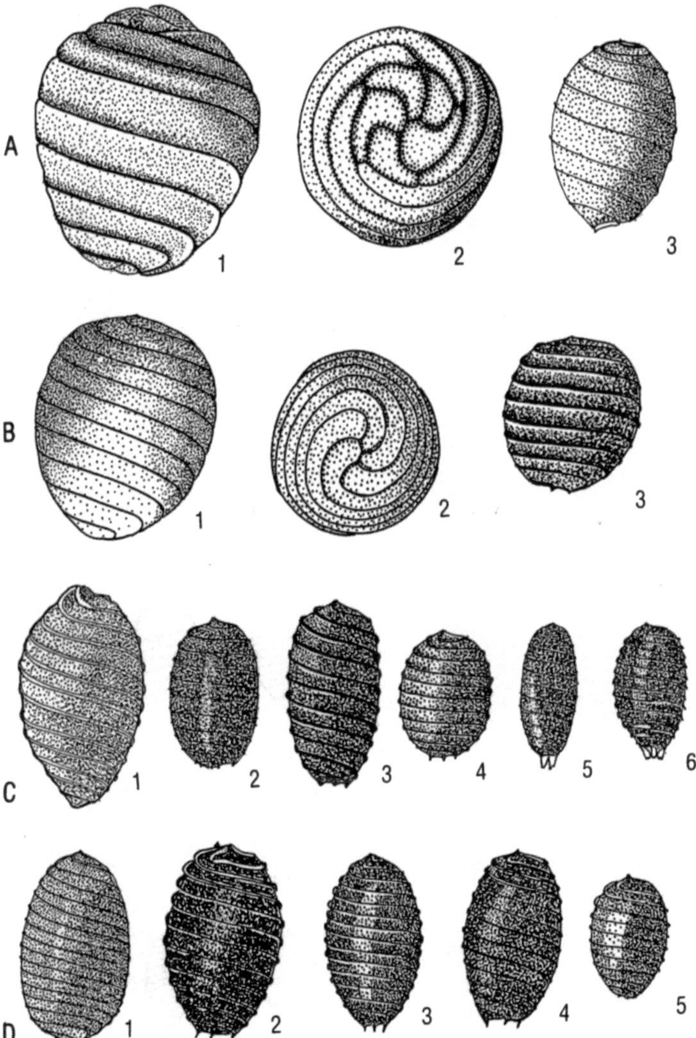

Fig. 75. Oosporen der Chareae, typische Ausbildung. Reihe A: *Nitellopsis obtusa* (Desvaux in Loiseleur-Deslongchamps) J. Groves: 1 Gyrogonit seitlich, 2 Gyrogonit apikal, 3 Oospore. Reihe B: *Lychnothamnus barbatus* (Meyen) Leonhardi, wie vorige. A B×35. Reihe C: 1 *Lamprothamnium papulosum* (Wallroth) J. Groves Gyrogonit, 2 Oospore, 3 *Chara braunii* Gmelin, 4 *Ch. fragifera* Durieu de Maisonneuve, 5 *Ch. canescens* Desvaux et Loiseleur in Loiseleur-Deslongchamps , 6 *Ch. aspera* Detharding ex Willdenow. Reihe D: 1 *Ch. tomentosa* Linné, 2 *Ch. hispida* Linné, 3. *Ch. globularis* Thuillier, 4 *Ch. contraria* A. Braun ex Kützing, 5 *Ch. vulgaris* Linné. C D×30.

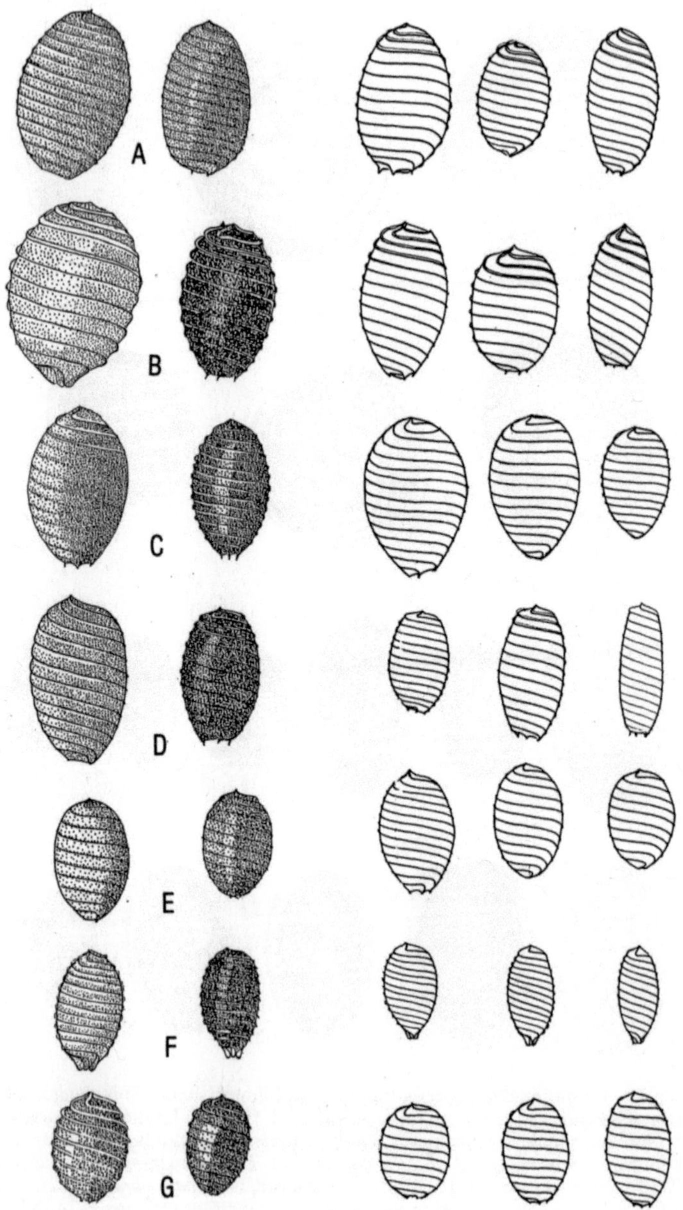

2 b Breit ellipsoidisch, gegen die Basis verschmälert. 7–10 wenig vorgewölbte Umgänge. Diese am Scheitel nicht verbreitert, kein Deckel. Kalkhülle an subfossilen Exemplaren oft mit unregelmäßiger Bruchfläche abgesprengt. Oospore ellipsoidisch, 600–800 μm hoch, 500–700 μm breit. 7–9 kräftige Rippen. Schwarz. Subfossil häufiger als aktuell (Fig. 75 B). . . . . **Lychnothamnus barbatus**

3 a (1 b) Groß. 900–1200 μm hoch, ca. 650 μm breit. Lang ellipsoidisch **4**

3 b Mittelgroß. 700–1 000 μm hoch, ca. 550 μm breit. Lang ellipsoidisch bis schmal ellipsoidisch. **5**

3 c Klein. 500–700 μm hoch, 300–450 μm breit. Lang bis kurz ellipsoidisch . **6**

4 a Scheitel und Basis halbkreisförmig abgerundet. 14–16 dichtgestellte dünne Rippen. Basalklauen unscheinbar. Hell gelbbraun, selten schwarzbraun. An leeren Exemplaren rückseitige Rippen durchschimmernd. Kalkhülle dünn, transparent, in Ringen brechend. Subfossil häufig (Fig. 76 A, 75 D1) . . . . **Chara tomentosa**

4 b Basalende leicht verschmälert (Kreisel), Scheitel abgeflacht (Schulter). 11–14 kräftige Rippen, die obersten verstärkt, oft mit 1–3 Dornen besetzt. Am Basalende Klauen. Glänzend schwarz mit fester, unregelmäßig brechender Kalkhülle. Kreiselform und Schulter nicht immer deutlich ausgebildet, dann von *Ch. globularis* nicht zu unterscheiden (Fig. 75 D2, Fig. 76 B). . . . . **Chara hispida**

5 a (3b) Lang ellipsoidisch. Pole weder abgeflacht noch verschmälert. 11–14 kräftige Rippen, die obersten nicht stärker als die unteren. Deutliche Klauen. Glänzend schwarz mit fester, unregelmäßig brechender. Kalkhülle. Von schwachen *Chara hispida*-Exemplaren nicht zu unterscheiden. (Fig. 75 D3, Fig. 76 C). . . . . **Chara globularis**

5 b Lang ellipsoidisch, nicht selten schmal bis nahezu stäbchenförmig. An den Polen abgeflacht. Oft bedeutende Formunterschiede an einer Pflanze. 11–14 dünne Rippen, schwach ausgeprägte Klauen. Dunkelbraun bis schwarz. Dünne, leicht brechende Kalkhülle. Subfossil häufig (Fig. 75 D4, Fig. 76 D). . . . . **Chara contraria**

6 a (3 c) 250–400 μm breit. Langgestreckt, am Scheitel leicht abgeflacht, gegen die Basis verschmälert. 12–14 niedrige Rippen. Auffallende, nahe beieinander stehende Klauen. Glänzend schwarz mit dünner, leicht brechender Kalkhülle. Subfossil verbreitet, meist in geringer Zahl (Fig. 75 C6, Fig. 76 F). . . . . **Chara aspera**

6 b 300–500 μm breit. Kurz ellipsoidisch, gegen die Basis schwach verschmälert. 12–14 feine Rippen. Klauen schwach ausgeprägt. Braun, selten schwarz. Zarte Kalkhülle. Aus einer bronzezeitlichen Siedlung nachgewiesen (Fig. 75 D5, Fig. 76 G). **Chara vulgaris**

6 c 350–450 μm breit. Lang elliptisch mit abgerundeten, annähernd symmetrischen Polen. 10–15 dünne Rippen. Klauen undeutlich. Glänzend schwarz. Dicke glatte Kalkhülle. Oosporen erst in geringer Zahl verfügbar. Erkennbarkeit unsicher. In Alpenseen zu erwarten (Fig. 76 E). . . **Chara strigosa**

Fig. 76. Form- und Größenabweichungen der Oosporen aus mitteleuropäischen Seenablagerungen. Jeweils von links nach rechts mit Kalkhülle, ohne Kalkhülle, drei extreme Ausbildungsformen. A *Chara tomentosa* Linné, B *Ch. hispida* Linné, C *Ch. globularis* Thuillier, D *Ch. contraria* A. Braun ex Kützing, E *Ch. strigosa* A. Braun, F. *Ch. aspera* Detharding ex Willdenow, G *Ch. vulgaris* Linné.

Bestimmungsschlüssel der in postdiluvialen Seeablagerungen gefundenen oder zu erwartenden Oosporen der Nitelleae.

Nitella und *Tolypella* treten in Seeablagerungen in geringer Zahl, aber nicht selten auf. Bei ihnen macht eher der Erhaltungszustand, weniger die morphologische Unterscheidung Schwierigkeiten.

1 a Scheitelansicht lang oval, spindel- bis nahezu kugelförmig. 6–8, selten 9 weitgestellte Rippen. **2**

1 b Scheitelansicht kreisrund, Seitenansicht kurz ellipsoidisch mit abgerundeten Polen. 8–10 enggestellte Rippen. 225–400 µm hoch, 200–300 µm breit. Braun bis dunkelbraun. Grautönung durch zarte Kalkhülle. Mehrfach subfossil nachgewiesen (Fig. 77 H) . . . . **Tolypella glomerata**

2 a Groß. 350–600 µm hoch, 300–500 µm breit. Subgenus *Nitella* (Anarthrodactylae) **3**

2 b Klein. 200–350–(400) µm hoch, 175–350 µm breit. Subgenus *Tiefallenia* (Arthrodactylae) **5**

3 a 500–600 µm hoch, 400–500 µm breit. Groß und klobig, schwach spindelförmig. Rippen als 6–7 glatte Wülste ohne Flügelsäume. Wand schwarzbraun, glänzend. Subfossil in Seen mit kalkarmem Untergrund, z. B. in Eifelmaaren (Fig. 77 A). . . . . **Nitella flexilis**

3 b 350–450 µm hoch, 300–400 µm breit. Annähernd kreisrund. **4**

4 a Rippen kräftig, an der Pflanze mit breiten rötlichen Flügelsäumen. Diese im Boden verschwindend. Wand braun bis schwarzbraun, glänzend. Subfossil zu erwarten (Fig. 77 B). . . . . **Nitella opaca**

4 b Rippen als sehr feine Linien auf glänzend schwarzer Wand. Keine Flügelsäume. Subfossil nachgewiesen (Fig. 77 C) . . . . **Nitella syncarpa**

5 a (2b) Mittelgroß, 250–350 µm hoch, 225–350 µm breit. Kräftige Rippen. Braun bis schwarzbraun, Grautönung. **6**

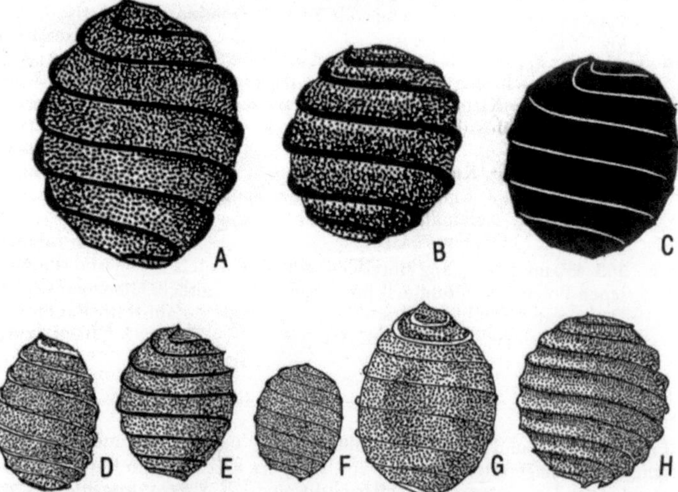

Fig. 77. In mitteleuropäischen Seenablagerungen zu erwartende Oosporen der *Tribus Nitelleae*. A *Nitella flexilis*, B *N. opaca*, C *N. syncarpa*, D *N. mucronata*, *N. gracilis*, E *N. batrachosperma*, F *N. tenuissima*, G *N. hyalina*, H *Tolypella glomerata*. Alle ×60.

5 b Deutlich kleiner als 5 a, 225–300 µm hoch, 175 µm breit. Annähernd kreisrund. 7–8 sehr feine Rippen ohne Flügelsäume. Rötlichbraun. Subfossiles
Vorkommen nicht ausgeschlossen (Fig. 77 F) . . . . **Nitella tenuissima**

5 c Deutlich größer als 5 a, 350–400 µm hoch, ca. 300 µm breit. Spindelförmig, 7–9 kräftige Rippen. Flügelsäume an den obersten Umgängen. In
Schweizer Seen subfossil (Fig. 77 G) . . . . **Nitella hyalina**

6 a 6–7 niedrige, aber deutliche Rippen, ausgefranste Flügelsäume. Subfossiles
Vorkommen nicht ausgeschlossen (Fig. 77 D) . . . . ·
. . . . **Nitella gracilis, Nitella mucronata**

6 b 7–9 kräftige, relativ enggestellte Rippen. Subfossiles Vorkommen nicht
ausgeschlossen (Fig. 77 E) . . . . **Nitella batrachosperma**

Mit *Nitellopsis obtusa, Lychnothamnus barbatus, Chara tomentosa, Ch. contraria, Ch. aspera* ist die Mehrzahl der in postglazialen Seenablagerungen zu erwartenden Oosporen bestimmbar. Dies gilt auch für *Ch. hispida* trotz unsicherer Abgrenzung gegen *Ch. globularis*, weil letztere nach aktuellem Befund in
α- und β-oligosaproben Seen höchstens spärlich auftritt. Unsicherheit besteht
gegenüber der in Alpenseen zu erwartenden *Ch. strigosa* (Krause 1986 b,
Soulié-Märsche 1989).

Nachtrag zur Gattung Chara

Chara fibrosa Agardh ex Bruzelius

Im Jahr 1997 berichtet Langangen über das Vorkommen einer für die europäische Flora neuen *Chara*-Art. Es handelt sich um *Chara fibrosa* Ag. ex Bruz.
Die Pflanze wurde im Jahr 1886 von Avetta in Reisfeldern von St. Anna in der
Nähe Modenas (Italien) gefunden. Avetta (1898) hatte die nur 3 cm hohen
Pflänzchen als nov. spec. *Chara pelosiana* Avetta beschrieben. Er diskutierte
die nahe „Verwandtschaft" zu *Ch. scoparia* Bauer (= *Ch. baueri* A. Br.) und
noch bei Wood & Imahori (1965) wird *Ch. pelosiana* als Form von *Ch. baueri*
behandelt. Langangen entdeckte Belegmaterial von *Ch. pelosiana* im Herbar
des Botanischen Museums in Oslo und konnte eine eindeutige Zuordnung zu
Ch. fibrosa vornehmen. *Ch. fibrosa* ist eine tropisch-subtropische Art, die aus
Afrika, Südasien, Australien und neuerdings auch aus Saudi-Arabien bekannt
wurde (Angaben aus Langangen 1997, im Druck). Obwohl der Fund aus dem
Jahr 1886 den bisher einzigen Beleg für Europa darstellt, könnte nach der Meinung Langangens ein Wiederauffinden in ähnlichen Biotopen in der Nähe Modenas oder auch Turins durchaus wahrscheinlich sein. Auf jeden Fall scheint
eine Erwähnung im Nachtrag dieser Flora gerechtfertigt.

**Beschreibung der im Jahr 1886 gesammelten Pflanzen (nach Langangen
1997):** Monözisch. Pflanzen nur 3 cm lang, stark inkrustiert. Sproßdurchmesser
bis 400 µm. Internodien bis 1 cm lang. Rinde diplostich, tylacanth. Stacheln an
jungen Internodien reichlich, an alten weniger häufig. Stacheln einzeln, spitz,
z. T. kurz, z. T. bis 900 µm lang, teilweise zweimal so lang wie der Sproßdurchmesser. Kürzeste Stacheln abstehend, längere abwärts gerichtet. Stipularkranz
gut entwickelt, einreihig, 1–2 Stacheln pro Ast (am Material schlecht zu erkennen), bis 1 mm lang. 6–8 Äste im Quirl (schwer zu zählen), bis 4,5 mm lang und
mit 3–4 (5?) Gliedern. Endglied mit 4–5 gleichlangen, 600 µm langen, rindenlosen Blättchen. Endglied 600 µm lang. Alle Äste rindenlos. Gamentangien an den
2–3 untersten Astknoten (branchlet-nodes) vorhanden. Pflanzen reichlich
fruchtend, wenige (oder keine) reifen Oosporen. Oogonien 420 µm (unreif?) bis
650 µm (mit Coronula) lang, 270–380 µm breit. Coronula 100 µm – 150 µm
lang, an der Basis 100–160 µm breit. Oosporen (reif?) 370–400 µm lang, 250 µm
breit mit niedrigen Rippen. Braun. Antheridien 240-250 µm Durchmesser.

Literaturverzeichnis

Agardh, C. A.: Systema Algarum. Berling, Lund, pp. XXXVIII, 312 (1924).

Allorge, P.: Une excursion phytosociologique aux lacs de Biscarosse (Landes). Bull. Soc. Bot. France, 1923: 693–717 (1923).

Ammann, B. & K. Tobolski: Vegetation development during the late Late-Würm at Lobsigensee (Suiss plateau). Rev. Paléobiol. 2: 163–180 (1983).

Amonkar, S. V.: Freshwater algae and their metabolites as a means of biological control of mosquitoes. Thesis, University of California, Riverside, California. pp. 119 (1969).

– & A. Banerji: Isolation and characterization of the larvicidal principle of garlic. Science 174: 1343–1344 (1971).

Andrews, M., S. McInroy & J. A. Raven: Culture of *Chara hispida*. Brit. Phycol. J. 19: 277–280 (1984).

Anthoni, U., C. Christophersen, J. Ogard Madsen, S. Wium-Andersen & N. Jacobsen: Biologically active sulfur compounds from the green Alga *Chara globularis*. Phytochemistry 19: 1228–1229 (1980).

Avetta, C.: Nuova specie di *Chara* (*Chara Pelosiana* mihi). Malpighia 12: 229–235 (1898).

Bary, A. de: Über den Befruchtungsvorgang bei den Charen. Monatsber. Kgl. Preuß. Akad. Wiss. Berlin 1871: 227–239 (1871).

– Zur Keimungsgeschichte der Charen. Bot. Z. 33: 378–385, 394–402 (1875).

Baumann, E.: Die Vegetation des Untersees (Bodensee). Archiv für Hydrobiologie und Planktonkunde, Suppl. 1: 1–554 (1911).

Beilby, M. J.: Electrophysiology of giant algal cells. Methods in Enzymology 174: 403–443 (1989).

Belajeff, W.: Über Bau und Entwickelung der Spermatozoiden der Pflanzen. Flora, Erg.Bd. zu Jahrgang 1884, 18: 1–48 (1884).

Bessenich, K.: Über Beziehungen zwischen dem Vegetationspunkt und dem übrigen Pflanzenkörper bei *Chara*. Jb. Wiss. Bot 62: 214–243 (1923).

Björkman, S. O.: On the distribution of *Chara tomentosa* L. round the Baltic and some remarks on its specific epithet. Bot. Not. 1947: 157–196 (1947).

Blaženžić, J.: The distribution and ecology of species *Nitella gracilis* (Sm.) Ag. in Yugoslavia. Bull. Inst. et Jard. Bot. Univ. Belgrade 18: 31–36 (1984).

– & Z. Blaženžić: *Lychnothamnus* (Rupr.) v. Leonh. (Characeae), a new genus in the flora of Yugoslavia. Acta Bot. Croat. 42: 95–101 (1983 a).

– – Fitocenoloska studija zajednica *Charetum fragilis* Corillion 1957 i Chareto-Nitellopsidetum obtusae J. Blaž. ass. nova kod Plavnice, na Skadarskom jezeru. Glasn. Republ. Zavoda Zastite Prirode – Prirodnjackog Muzeja Titograd 16: 7–13 (1983 b).

– – M. Cvijan & B. Stevanovic: Recherches écologiques des Charophytes dans le Parc National des Lacs de Plitvice. 1er Colloque international sur les Charophytes actuelles et fossiles, Montpellier 1989: Ms. 18 S. (1989).

– & M. Cvijan: *Nitellopsis* Hy (*Tolypellopsis* Mig.) –The new genus for the flora of Yugoslavia from the division of Charophyta. Glasn. Republ. Zavoda Zastite Prirode – Prirodnjacko Museja Titograd 13: 7–13 (1980).

Blindow, I.: Phosphorus Toxity in Chara. Aquatic Botany 32: 393–395 (1988).

– Interactions between submerged macrophytes and microalgae in shallow lakes. Diss. Lund. 111 pp. (1991).

Bold, H. C. & M. J. Wynne: Introduction to the algae, 2nd ed. Prentice-Hall Inc., Englewood Cliffs, N. J., pp. 720 (1985).

Borowitzka, M. A., A. W. D. Larkum & C. E. Nockolds: A scanning electron microscope study of the structure and organisation of the calcium carbonate deposits of algae. Phycologia 13: 195–203 (1974).

Braun, A.: Übersicht der Schweizerischen Characeen. Neue Denkschr. Allg. Schweiz. Ges. gesammte Naturwiss. 10: 3–23 (1849).

– Über die Richtungsverhältnisse der Saftströmungen in den Zellen der Charen. Verh. Königl. Preuß. Akad. Wiss. Berlin 1852: 229–268; 1853: 45–76.

– Über die Characeenflora der Mark Brandenburg. Verh. Bot. Verein. Prov. Brandenburg 18: XLII–XLIV (1876 b).

– Fragmente einer Monographie der Characeen. Nach den hinterlassenen Manuskripten A. Brauns herausgegeben von Dr. Otto Nordstedt. Abh. K. Akad. Wiss. Berlin, Phys. Klasse (1882/83).

Brown, R. M. jr. & H. C. Bold: Phycological studies V. Comparative studies of the algal genera *Tetracystis* and *Chlorococcum*. University of Texas Publication No. 6417, Austin, Texas. pp. 213 (1964).

Buljan, M.: Quelques investigations physiologiques sur la nutrition de la *Chara*. Acta Bot. Inst. Bot. Univ. Zagrebensis 12–13: 239–264 (1949).

Bullock-Webster, G. R.: The Characeae of Fanad. East Donegal. Irish Naturalist 26: 1–5 (1917).

Carlé, R. & W. Frey: Die Vegetation des Mahārlū-Beckens bei Šīrāz (Iran) unter besonderer Berücksichtigung der Vegetation im Bereich der Süß- und Salzwasserquellen am Seeufer. Beih. Tübinger Atlas Vorderer Orient, herausg. von H. Blume, Reihe A, Nr. 2: 1–57 (1977).

Casper, S. J.: Charophyta. In: Urania Pflanzenreich. Viren – Bakterien – Algen – Pilze. Urania-Verlag, Leipzig–Jena–Berlin. pp. 344–348 (1991).

Caspers, H. & L. Karbe: Vorschläge für eine saprobiologische Typisierung der Gewässer. Int. Revue ges. Hydrobiol. 52: 145–162 (1967).

Cedercreutz, C.: Die Characeen Finnlands. Mem. Soc. Fauna Flora Fenn. 8: 241–254 (1933).

Chadefaud, M.: Le sous-embranchement des Charophycées. In M. Chadefaud & L. Emberger (éds.): Traité de Botanique Systématique I. Les végétaux non vasculaires: 410–419. Masson, Paris (1960).

– L'évolution de la structure cladomienne chez les Charales et les Céramiales. Revue Algologique n. s. 14: 253–273 (1979).

Christensen, T.: Algae. A taxonomic survey. Fasc. 2. AiO Print Ltd., Odense. pp. 217–472 (1994).

Chu, S. P.: The influence of the mineral composition of the medium on the growth of planktonic algae. J. Ecol. 30: 284–325 (1942).

Comelles, M.: El gènere *Tolypella* a Espanya. Collectanea Bot. 13: 777–781 (1982).

– Noves Citations de Caròfits a Espanya. Bull. Inst. Catalan. Hist. Nat. 51 (Sec. Bot. 5): 35–39 (1984).

– Hallazgo de dos poblaciones sexuales de *Chara canescens* Desv. et Lois., en Espana. Anales Jard. Bot. Madrid 42: 285–291 (1986 a).

– *Tolypella salina* Corillion, Caroficea nueva para Espana. Anales Jardin Bot. Madrid 42: 294–298 (1986 b).

Corillion, R.: *Nitella hyalina* (DC) Ag. – Notes sur sa biologie et sa distribution géographique. Bull. Soc. Mayenne-Sci. 1946: 73–87 (1946).

– Les associations des Charophycées de l'Ouest et du Nord-Ouest de la France. C. R. Acad. Sci. Paris 228: 596–598 (1949).

– *Nitella batrachosperma* A. Br. Bull. Soc. Sci. Bretagne 25: 99–109 (1950a).

– L'association à Chara sp. pl. et *Tolypella glomerata* v. Leonh. (Chareto-Tolypelletum glomeratae R. Corill.) des eaux alcaline-saumâtres de la baie d'Audiéren (Finistère). C. R. Acad. Sci. Paris 230: 123–124 (1950 b).

– Les associations végétales des étangs du Bas-Maine armoricain. Bull. Soc. Mayenne Sci. 1949: 1–7 (1950 c).
– *Lamprothamnium papulosum* J. Groves. Bull. Soc. Scientifique Bretagne 28: 33–41 (1953a).
– *Chara baltica* Fries, Charophycée nouvelle pour le Nord-Ouest de la France. Bull. Soc. Sci. Bretagne 28: 42–44 (1953 b).
– Les Charophycées de France et d'Europe Occidentale. Imprimerie Bretonne, Rennes: pp. 499 (1957).
– *Tolypella salina*, sp. nov., Charophycée nouvelle des Marais de Croix-de-Vie (Vendée). Rev. Algol., n. s. 5: 198–207 (1960).
– Les stations à *Tolypella hispanica* Nordstedt (Charophycée du territoire francais). Revue Algologique n. s. 6: 33–57 (1961 a).
– Les végétations précoces de Charophycées d'Espagne méridionale et du Maroc occidental. Rev. Gén. Bot. 68: 317–331 (1961 b).
– Nouvelle contribution à l'étude des Charophycées de la péninsule ibérique et du Maroc occidental. Bull. Soc. Sci. Bret. 37: 65–80 (1962).
– Observations tératologiques sur *Chara globularis* Thuill. (Charophycées). Bull. Soc. Mayenne Sci. 1965: 54–68 (1967).
– Flora des Charophytes (Characées) du Massiv Armoricain. In: H. d'Abbayes (éd.): Flore et Végétation du Massiv Armoricain 4: 11–214, Jouvé Paris (1975).
– Les Characées de la Palud de Tréguinnec (Finisteere) et leur Végétation. Evolution récente et état actuel (1985). Bull. Soc. Et sci. Anjou 12: 71–91 (1986).
– & M. Guerlesquin: Contribution à l'étude des végétations d'Italie péninsulaire (étage méditerranéen). Bull. Soc. Sci. Bretagne 38: 193–211 (1963).
– – Sur une revision récente de la systématique chez les Charophycées. Bull. Soc. Mayenne Sci. 1964: 57–78 (1964).
– – Régressions floristiques dans le Bas-Maine: Les cas des algues Characées. Bull. Mayenne Sci. 82/83/84: 69–83 (1982–84).
– – Nouvelles observations sur *Chara fragifera* Durieu (Charophycées). Interprétation taxonomique. Bull. Soc. Mayenne Sci. 1966: 49–57 (1968).
Cornu, M.: Sur quelques Characées de la Sologne. Bull. Soc. Bot. France 17: 302–304 (1870).
Dąmbska, I.: Zbiorowiska Ramienic Polski – Communities of Characeae in the areal of Poland. Pozn. Tow. Przyj. Nauk Wydz. Mat.-Przyr. Prace Komitat Biol. 31: 132–207 (1966 a).
– La végétation des «*Lobelia* lacs» en Pologne. Verh. Int. Verein. Limnol. 16: 1609–1613 (1966 b).
Deason, T. R. & H. C. Bold: Phycological studies I. Exploratory studies of Texas soil algae. University of Texas Publication No. 6022, Austin, Texas. pp. 72 (1960).
Dębski, B.: Beobachtungen über Kernteilung bei *Chara fragilis*. Jb. Wiss. Bot. 30: 227–248 (1897).
Delay, C.: Observations cytologiques sur les Characées. 1. L'évolution du noyau pendant la spermiogénèse de *Chara vulgaris*. Rev. cytol. biol. vég. 11: 315–332 (1949).
– Observations cytologiques sur les Characées. 2. L'évolution du noyau de l'oosphère et la fécondation. Rev. cytol. et biol. vég. 13: 93–116 (1952).
Doll, R.: Die Vegetation des Langhäger Sees (Kreis Neustrelitz). Gleditschia 7: 259–271 (1979).
– Der Große Gollinsee im Kreis Templin. Feddes Rep. 91: 127–140 (1980).
– Die Pflanzengesellschaften der stehenden Gewässer im Norden der DDR. Teil 1. Die Gesellschaften des offenen Wassers (Characeen-Gesellschaften). Feddes Rep. 100: 281–324 (1989).

Drew, K. M.: The «leaf» of *Nitella opaca* Ag. and adventitious branch development from it. Ann. Bot. 11: 321–348 (1926).

Ernst, A.: Die Nachkommenschaft aus amphimiktisch und apogam entstandenen Sporen von *Chara crinita*. Z. Indukt. Abstammungs-Vererbungslehre 25: 185–197 (1921).

Ettl, H.: Grundriß der allgemeinen Algologie. VEB G. Fischer, Jena, pp. 549 (1980).

– & D. G. Müller, K. Neumann, H. A. v. Stosch & W. Weber: Vegetative Fortpflanzung, Parthenogenese und Apogamie bei den Algen. In: Ruhland, W. (Hrsg.): Handbuch der Pflanzenphysiologie 18: 597–776 (1967).

Feldmann, G.: Les Charophycées d'Afrique du Nord. Bull. Soc. Hist. Nat. Afr. Nord, 37: 64–118 (1946).

Filarszky, F.: Die Verbreitung der *Chara crinita* Wallr. beiderlei Geschlechts in Ungarn. Mathem. Naturwiss. Berichte aus Ungarn, 33: 105–132 (1926).

Filarszky, N.: Monographia Characearum enumeratione formarum in Hungaria adhuc observatorum. Mag. Tud. Akad. Mat. Term. Ert. 52: 459–469 (1953).

Foissner, I.: The Relationships of Echinate Inclusions and Coated Vesicles on Wound Healing in *Nitella flexilis* (Characeae). Protoplasma 142: 164–175 (1988).

Forsberg, G.: Some remarks on Wood's revision of Characeae. Taxon 12: 141–144 (1963).

– Phosphorus, a maximum factor in the growth of Characeae. Nature 201: 517–518 (1964).

– Environmental conditions of Swedish Charophytes. Symb. Bot. Upsal. 18: 1–65 (1965a).

– Sterile germination of Oospores of *Chara* and seeds of *Najas marina*. Physiol. Plant. 18: 128–136 (1965 b).

– Nutritional studies of *Chara* in axenic cultures. Physiol. Plant. 18: 275–290 (1965c).

Frame, P. W. & T. Sawa: Comparative anatomy of the Charophyta II. The axial nodal complex-an approach to the taxonomy of *Lamprothamnion*. J. Phycol. 11: 202–205 (1975).

Franceschi, V. R. & W. J. Lucas: Structure and Possible Functions of Charasomes; Complex Plasmolemma-Cell Wall Elaborations Present in Some Characean Species. Protoplasma 104: 253–271 (1980).

Franke, T.: Pflanzengesellschaften der Fränkischen Teichlandschaften. Ber. Naturf. Ges. Bamberg 51, II: 1–192 (1987).

Fritsch, F. E.: The Structure and Reproduction of the Algae 1: 791 pp. University Press, Cambridge (1965).

Ganterer, U.: Die bisher bekannten österreichischen Charen vom morphologischen Standpunkt bearbeitet. Diss. Wien, 24 pp. (1847).

Geissler, U.: Some changes in the flora and vegetation of algae in freshwater environments. Helgoländer Meeresunters. 42: 637–643 (1988).

Giesenhagen, K.: Untersuchungen über die Characeen. Flora 82: 381–433 (1896); 83: 160–202 (1897); 85: 19–64 (1898).

Gillet, C.: Recherches expérimentales sur la morphogénèse de *Chara vulgaris*. Lejeunia, Rev. Bot. 20: 5–14 (1956).

– Les Charophycées de l'Ardenne et des régions voisines. Bull. Soc. Roy. Bot. Belg. 92: 197–228 (1960).

Goebel, K.: Zur Organographie der Characeae. Flora N. F. 10: 344–387 (1918).

Goetz, G.: Über die Entwickelung der Eiknospe bei den Characeen. Bot. Zeit. 57: 1–13 (1899).

Gołdyn, R.: Zbiorowiska roslinnosci zanurzonej jeziora Kuznickiego na Pojezierzu Wielkopolskim. Bad. Fizjograf. Polska Zachodnia 23, Ser. B: 165–192 (1983).

Golubić, S.: Der Vrana-See auf der Insel Cres – ein *Chara*-See. Verh. Internat. Verein. Limnol. 14: 846–849 (1961).

Gonçalves da Cunha, A.: Liste des Characées du Portugal. Arqu. Univers. Lisboa 15: 2–18 (1934).

– Quelques espèces nouvelles de Characées du Portugal. Bull. Soc. Port. Sci. Nat. 12: 41–55 (1935).

– Quelques observations sur la distribution des Characées au Portugal. Broteria 11: 56–61 (1942).

– Additions à la flore Charologique du Portugal IV. Bol. Soc. Broteria 25: 25–30 (1951).

Graham, L. E.: Origin of Land Plants. Wiley, New York, Chichester, Brisbane, Toronto, Singapore. pp. 287 (1993).

Grambast, M. C.: Phylogeny of the Charophyta. Taxon 23: 463–481 (1974).

Grant, M. C.: Order Charales. In Margulis, L., J. O. Corliss, M. Melkonian & D. J. Chapman (eds.): Handbook of Protoctista. Jones & Bartlett, Boston, 641–648 (1989).

– & V. W. Proctor: *Chara vulgaris* and *C. contraria*: Patterns of reproductive isolation for two cosmopolitan species complexes. Evolution, 26: 267–281 (1972).

– & T. Sawa: Charophyceae. Introduction and bibliography. In: Rosowski, J. R. & B. C. Parker: Selected Papers in Phycology II. Phycological Society of America, Lawrence, Kansas. pp. 754–759 (1982).

Groves, H. & J. Groves: Notes on British Characeae, 1895–1898. J. Bot. 36: 409–413 (1898).

Groves, J.: A new *Nitella*. J. Bot. 53: 41–43 (1915).

– & G. R. Bullock-Webster: The British Charophyta. I. Nitelleae, pp. 141 (1920). II. Chareae, pp. 129 (1924). Roy. Society London. pp. 287, 1993.

Guerlesquin, M.: Recherches caryotypiques et cytotaxinomiques chez les Charophyées d'Europe occidentale et l'Afrique du Nord. Trav. Lab. Biol. Végét. Phytogéogr., Faculté libre d'Angers. Jouvé, Paris. pp. 260 (1964).

– *Nitella clavatoides* nouvelle espéce du genre Nitella (Characées), de Bolivie. Cryptogamie, Algol. II, 4: 303–308 (1981).

– Nombres chromosomiques et ploidie chez les Charophytes. Cryptogamie, Algologie 5: 115–126 (1984).

– Recherches récentes sur les Charophycées: morphogénèse et reproduction sexuée. Bull. Soc. Bot. France 134: 17–30 (1987).

– & M. N. Noor: La méiose et sa place dans le cycle des Charophytes: Thèses en présence et incertitudes. Cryptogamie, Algologie 3: 323–328 (1982).

– & V. Podlejski: Characées et Végétaux submergés et flottants associés dans quelques milieux Camarguais. Naturalia Monspeliensia sér. Bot. 36: 1–20 (1980).

– & J.-R. Wattez: Flore et groupements végétaux Cayeux Onival (Somme); phanérogames et cryptogames. Documents phytosociologiques N. S. 4: 397–421 (1979).

Haas, J. N.: First identification key for charophyte oospores from central Europe. Eur. J. Phycol. 29: 227–235 (1994).

Hamm, A.: Chemisch-biologische Gewässeruntersuchungen an Kleinseen und Baggerseen im Großraum von München im Hinblick auf die Bade- und Erholungsfunktion. Münchener Beiträge zur Abwasser-, Fischerei- und Flußbiologie 26: 75–109 (1975).

Hansen, J. B. & Langangen, A.: The Charophytes of Greenland. Cryptogamie, Algol. 16: 1–23 (1995).

Hansen, U.-P.: Demonstrationsversuche an Algenzellen zur Signalleitung in der Nervenfaser. Math.-Physik. Semesterberichte N. F. 16: 150–169 (1969).

Hasslow, O. J.: Sveriges Characeer. Bot. Notiser 1931: 63–136 (1931).

Hayama, T., T. Shimmen & M. Tazawa: Participation of Ca^{++} in cessation of cytological streaming induced by membrane excitation in Characeae internodal cells. Protoplasma 99: 305–321 (1979).

Heumann, H.-G.: Effects of Heavy Metals on Growth and Ultrastructure of *Chara vulgaris*. Protoplasma 136: 37–48 (1987).

Hiekel, W.: Die Auslaugungsseen in Südwestthüringen. Arch. Naturschutz Landschaftsforsch. 12: 299–313 (1972).

Hoek, C. van den: Algen, Einführung in die Phykologie. G. Thieme, Stuttgart. 481 pp. (1978).

– M. Jahns & D. G. Mann: Algen. 3. Aufl. Thieme, Stuttgart (1993).

Holtz, L.: Die Characeen der Regierungsbezirke Stettin und Köslin. Mitt. Naturwiss. Ver. Neuvorpommern-Rügen 31: 101–187 (1899).

– Characeen. In: Kryptogamenflora der Mark Brandenburg 4: Borntraeger, Leipzig, pp. 136 (1903).

Horn av Rantzien, H.: Morphological terminology relating to female Charophyte gametangia and fructifications. Bot. Notiser 109: 212–259 (1956).

– Recent charophyte fructifications and their relations to fossile charophyte gyrogonites. Ark. Bot. 4, Nr. 7: 165–332 (1958).

Hutchinson, G. E.: A Treatise on Limnology. Volume III, J. Wiley & Sons (1975).

Hy, F.: Les Characées de France. Soc. Bot. France, mém. 28: 1–47 (1913).

– Les Characées de France. Note additionelle. Bull. Soc. Bot. France 61: 235–241 (1914).

Imahori, K.: Iconograph of the Characeae. In: Wood, D. R. & K. Imahori: A revision of the Characeae 2. Cramer, Weinheim (1964).

– & K. Iwasa: Pure culture and chemical regulation of the growth of Charophytes. Phycologia 4: 127–134 (1965).

Irvine, D. E. G. & D. M. John (eds.): Systematics of the Green Algae. Systematics Association Special Volume, 27: 29–72 (1984).

Iwasaki, N.: Entwicklungsgeschichtliche Untersuchungen an den Characeen. I. *Nitella inokasiraensis*. Bot. Mag. Tokyo 74: 211–219 (1961).

– Entwicklungsgeschichtliche Untersuchungen an den Characeen. II. *Chara benthumii*. Bot. Mag. Tokyo 75: 1–9 (1962).

Jacomet, St.: Botanische Mikroreste aus den Sedimenten des neolithischen Siedlungsplatzes AKAD-Seehofstraße am untersten Zürichsee. Züricher Studien zur Archäologie. pp. 1–94 und Tabellen-Beilage. Juris-Verlag, Zürich (1985).

John, D. M., W. S. T. Champ & J. A. Moore: The changing status of Characeae in four marl lakes in the Irish Midlands. J. Life Sci. Roy. Dublin Soc. 4: 47–71 (1982).

– & J. A. Moore: A SEM study of the oospore of some *Nitella* Species (Charales, Charophyta) with description of wall ornamentation and an assessment of its taxonomic importance. Phycologia 26: 334–355 (1987).

– J. A. Moore & D. R. Green: Preliminary observations on the Structure and Ornamentation of the Sporangial Wall in *Chara* (Charales, Chlorophyta). Br. phycol. J. 25: 1–24 (1990).

Kamitsubo, E.: Cytoplasmic streaming in Characean cells: role of subcortical fibrils. Can. J. Bot. 58: 205–236 (1980).

Kamiya, N.: Physical and Chemical Basis of Cytoplasmic Streaming. Ann. Rev. Plant Physiol. 32: 205–236 (1981).

– & K. Kuroda: Velocity distribution of the protoplasmic streaming in *Nitella* cells. Bot. Magaz. Tokyo 69: 544–554 (1956).

192 · Literaturverzeichnis

– Cell operation in *Nitella*. Proceed. Japan Acad. 33: 149–152, 201–205, 403–406 (1957); 34: 435–438 (1958).

Karczmarz, K.: Strefowosc rozmieszczenia ramienic w glebokich jeziorach kreasowych na Pojezierzu Leczkinsko-Włodawskim. Ann. Univ. Marie Curie Slodowska. Lublin C, 35: 43–52 (1980).

Karling, J. S.: Nuclear and cell division in *Nitella* and *Chara*. Bull. Torrey Bot. Club 53: 319–375 (1926).

Kasaki, H.: The Charophyta from the lakes of Japan. J. Hattori Bot. Lab. 27: 217–315 (1964).

Kashimura, T.: The influence of some ecological factors on the growth of *Nitella flexilis*. J. Hattori Bot. Labor. 26: 111–123 (1960).

Kawamura, G. & M. Tazawa: Rapid light-induced potential change in *Chara* cells stained with neutral red in the absence of internal Mg-ATP. Plant Cell Physiol. 21: 547–549 (1980).

Keunecke, P.: Untersuchungen über die Eignung eines Meßoszillators für vergleichende Widerstandsmessungen an der Süßwasseralge *Nitella flexilis* bei Bestrahlung und Beleuchtung. Diss. Kiel, Ms. 68 S. (1971).

Khan, M. & Y. S. R. K. Sarma: Cytogeography and Cytosystematics of Charophyta. In: Irvine, D. E. G. & D. M. John (eds.): Systematics of the Green Algae. Systematics Association Special volume No 27, pp. 303–330, London and Orlando (1984).

Kleiven, S.: An analysis of alleopatic effects of *Chara* on phytoplancton development. Diss. Uppsala, pp. 313 (1991).

Kohler, A.: Veränderungen in der Vegetation süddeutscher Fließgewässer seit Anfang der 70er Jahre. In: A. Kohler & H. Rahmann (Herausg.): Gefährdung und Schutz von Gewässern. Hohenheimer Arbeiten. Stuttgart, pp. 143–146 (1988).

– & B. C. Labus: Eutrophication processes and pollution of freshwater ecosystems including waste heat. In: Ruhland, W. (ed.): Encyclopedia of Plant Physiology N. S. 12: 413–464, Springer, Berlin–Heidelberg–New York (1983).

Kornaś, J., E. Pancer & B. Brzyski: Studies on Sea-bottom vegetation in the Bay of Gdánsk off Rewa. Fragm. Florist. Geobot. 6: 3–92 (1960).

Kostić, L.: Prinos poznavanju Haraceja Ohridskog jezera i okoline. Acta Botanica Croatica 11: 64–84 (1936).

Krausch, H.-D.: Die Pflanzengesellschaften des Stechlinsee-Gebietes I. Die Gesellschaften des offenen Wassers. Limnologica (Berlin) 2: 145–203 (1964).

Krause, W.: Zur Characeenvegetation der Oberrheinebene. Arch. Hydrobiol./Suppl. 35: 202–253 (1969).

– Die makrophytische Wasservegetation der südlichen Oberrheinaue-Äschenregion. Arch. Hydrobiol./Suppl. 37: 387–465 (1971).

– Die Wasservegetation im Taubergießengebiet vor Inbetriebnahme des Rheinseitenkanals mit Ausblicken auf die künftige Entwicklung. In: Das Taubergießengebiet. Hrsg. Landesstelle für Naturschutz und Landschaftspflege Baden-Württemberg 7: 306–324 (1975).

– Zur Gesellschaftsbildung der Characeen in der Oberrheinaue. Phytocoenologia 7: 305–317 (1980).

– Characeen-Standorte in Portugal mit besonderer Rücksicht auf den Einfluß des Menschen. Tuexenia N. S. 3: 289–296 (1983).

– Über die Standortsansprüche und das Ausbreitungsvermögen der Stern-Armleuchteralge (*Nitellopsis obtusa* Desvaux) J. Groves. Carolinea 42: 31–42 (1985).

– Die Bart-Armleuchteralge *Lychnothamnus barbatus* im Klopeiner See, Kärnten. Carinthia II, 176/96: 337–354 (1986 a).

– Zur Bestimmungsmöglichkeit subfossiler Characeen-Oosporen an Beispielen aus Schweizer Seen. Vjschr. Naturforsch. Ges. Zürich 131 (4): 295–313 (1986 b).

– Zum Neufund der *Chara kokeilii* A. Br. im Skutarisee. Carinthia II, 180/100: 705–713 (1990).

– Observations on *Chara kokeilii* A. Br. (Charales). Crypt. Bot. 3: 353–356 (1993).

– Die taxonomische Zuordnung von *Lamprothamnium hansenii* und *Nitella spanioclema* Groves et Bullock-Webster. Nova Hedwigia 54(1–2): 127–136 (1992).

– & King, J. J.: The ecological status of Lough Corrib, Ireland, as indicated by physiographic factors, water chemistry and macrophytic flora. Vegetatio 110: 149–161 (1994).

– & H. Krause: Exsikkate Europäischer Characeen. 1–6 (1979–1986).

– & A. Grüttner: Über einen Fund der *Chara tenuispina* im Bodenseegebiet mit Blick auf die Gesamtverbreitung der Pflanze. Carolinea 48: 31–36 (1990).

– & G. Lang: Klasse Charetea fragilis. In. E. Oberdorfer (ed.): Süddeutsche Pflanzengesellschaften. Pflanzensoziologie 10. Teil I: 78–88. VEB G. Fischer Jena, 2. Aufl. (1977).

Kroepelin, St. & I. Soulié-Märsche: Charophyte Remains from Wadi Howar as Evidence for Deep Mid-Holocene Freshwater Lakes in the Eastern Sahara of Northwest Sudan. Quaternary Research 36, 2: 210–223 (1991).

Kuczewski, O.: Morphologische und biologische Untersuchungen an *Chara delicatula* f. *bulbillifera* A. Braun. Beih. Bot. Cbl. 20: 25–75 (1906).

Lang, G.: Die submersen Makrophyten des Bodensees – 1978 im Vergleich zu 1867. Ber. Internat. Gewässerschutzkomm. Bodensee 26: 64 pp. (1981).

Langangen, A.: The Charophytes of Iceland. Astarte 5: 27–31 (1972).

– Ecology and distribution of Norwegian Charophytes. Norw. J. Bot. 21: 31–52 (1974).

– *Chara canescens* reported from Spitsbergen. Phycologia 18: 436–437 (1979).

– Some morphological and ecological observations on *Chara canescens* (Charophyte). Cryptogamie, Algol. 14(4): 215–220 (1993 a).

– *Tolypella canadensis*, a Charophyte new to the European flora. Cryptogamie, Algol. 14: 221–231 (1993 b).

– *Tolypella normaniana* Norstedt, a little known Charophyte from Northern Norway. Cryptogamie, Algol. 15(3): 221–236 (1994).

– *Chara fibrosa* Ag. ex Bruz., a Charophyte new to the European flora. Cryptogamie, Algol. (1997, im Druck).

– & Blindow, I.: Kransalgen *Tolypella canadensis* Sawa i Skandinavia. Polarflokken 19(2): 131–137 (1995).

Lauterborn, R.: Die sapropelische Lebewelt. Verh. Naturhist.-Med. Ver. Heidelberg N. F. 13: 395–481 (1916).

Lenhart, B. & C. Steinberg: Limnochemische und limnobiologische Auswirkungen der Versauerung von kalkarmen Oberflächengewässern. – Eine Literaturstudie. Informationsberichte Bayer. Landesanstalt für Wasserwirtschaft München 4 (84): 210 pp. (1984).

Lindner, A.: Soziologisch-ökologische Untersuchungen an der submersen Vegetation in der Boddenkette südlich des Darß und des Zingst (südliche Ostsee). Limnologica 11: 229–305 (1978).

Littlefield, L. & C. Forsberg: Absorption and translocation of Phosphorus-32 by *Chara globularis* Thuill. Physiologia Plantarum 18: 291–296 (1965).

Ljungquist, J. E.: Mästermyr. Diss. Uppsala. Karlstad Nya Wermlands Tidningen. 57 pp. (1914).

Lucas, W. J. & D. Sanders: Ion transport in *Chara* cells. Methods in Enzymology 174: 443–479 (1989).

Luther, H.: *Chara connivens* in the Baltic Sea area. Ann. Bot. Fenn. 16: 141–150 (1979).

Maier, E. X.: De kranswieren van Nederland. Wetensch. Mededel. Koninkl. Ned. Natuurhist. Veren. 93: 1–44 (1972).

Maristo, L.: Die Seentypen Finnlands auf floristischer und vegetationsphysiognomischer Grundlage. Ann. Bot. Vanamo 15: 1–313 (1941).

Margulis, L., J. O. Corliss, M. Melkonian & D. J. Chapman (eds.): Handbook of Protoctista. Jones & Bartlett, Boston, pp. 641–648 (1989).

Mattox, K. R. & K. D. Stewart: Classification of the Green Algae: A Concept Based on Comparative Cytology. In: Irvine D. E. G. & D. M. John (eds.): Systematics of the Green Algae. Systematics Association Special Volume 27: 29–72 (1984).

Melkonian, M.: Structural and evolutionary aspects of the flagellar apparatus in Green Algae and landplants. Taxon 31: 255–265 (1982).

Melzer, A.: Makrophytische Wasserpflanzen als Indikatoren des Gewässerzustandes oberbayerischer Seen (Osterseen und Eggstätt-Hemhofer Seen). Dissertationes Botanicae 34: 195 pp. (1976).

– Veränderungen der Makrophytenvegetation des Starnberger Sees und ihre indikatorische Bedeutung. Limnologica 13: 449–458 (1981).

– Die Verbreitung makrophytischer Wasserpflanzen im Laacher See. Mitt. Pollichia 74: 157–173 (1987).

– R. Harlacher, K. Held, R. Sirch & E. Vogt: Die Makrophytenvegetation des Chiemsees. Informationsber. Bayer. Landesamt Wasserwirtschaft 4 (86) 210 pp. (1986).

– R. Harlacher & E. Vogt: Verbreitung und Ökologie makrophytischer Wasserpflanzen in 50 bayerischen Seen. Ber. Akad. Naturschutz Landschaftspfl. Laufen, Salzach, Beih. 6: 4–171 (1987).

– & G. Hünerfeld: Die Makrophytenvegetation des Tegern-, Schlier- und Riegsees. Informationsberichte Bayer. Landesamt Wasserwirtschaft 2 (90): 190 pp. (1990).

– A. Markl & J. Markl: Die submerse Makrophytenvegetation des Königsees in ihrer quantitativen Verbreitung. Ber. Bayer. Bot. Ges. 5: 99–107 (1981).

– & E. Rothmeyer: Die Auswirkung der Versauerung der beiden Arberseen im Bayerischen Wald auf die Makrophytenvegetation. Ber. Bayer. Bot. Ges. 54: 9–18 (1983).

Mendes, E. J.: Notas criptogamicas III. Carofitas I. Portugaliae Acta Biologica 2: 432–435 (1948).

– Notas criptogamicas VIII. Carofitas 4. *Nitellopsis* Hy, um genero novo para a flora de Portugal. Rev. Fac. Cienc. Lisboa Sér. C 1: 337–340 (1951).

Migula, W.: Die Characeen. In: Rabenhorst, L. (ed.): Kryptogamenflora von Deutschland, Österreich und der Schweiz. Kummer, Leipzig 765 pp. (1897).

– Charophyta – (Charales). – In: A. Pascher, Hrsg.: Süßwasser-Flora Deutschlands, Österreichs und der Schweiz 11. G. Fischer, Jena, pp. 206–250 (1925).

Moestrup, Ø.: The fine structure of mature spermatozoids of *Chara corallina*, with special reference to microtubules and scales. Planta 93: 295–308 (1970).

Moesz, G.: A Kiskunság és a Jaszság szikes területeinek növenyzete. Acta Geobot. Hung. 3: 100–115 (1940).

Moore, J. A.: Charophytes of Great Britain and Ireland. Bot. Soc. British Isles. BSBI Handbook 5: 140 pp. (1986).

– Charophytes – A phycological first and other matters. Brit. Phycol. Soc. Newsletter 23: (1987).

– & D. M. Green: Provisional Atlas of the Characeae of the British Isles. Bot. Departement British Mus. (Natural Hist.): 121 pp. (1983).

Moutschen, J.: Données sur les systèmes nucléaires de *Chara vulgaris* au cours de la morphogénèse et dans leurs relations avec les phénomènes d'amplification action génique. Rev. Cyt. Biol. Végét. 40: 125–149 (1977).

Neville, A. C. & S. Levi: Helicoidal orientation of cellulose microfibrils in *Nitella opaca* internode cells. Planta 162: 370–384 (1984).

Nötzold, Th.: Charophytenreste aus dem Neophyticum Mitteleuropas. Abh. Staatl. Mus. Mineral. Geol. Dresden 23: 1–265 (1975).

Nordstedt, C. F. O.: Über einige Characeen aus Spanien. Lunds Univ. Arsskr. 25: 17–22 (1889).

Oberdorfer, E.: Pflanzensoziologische Exkursionsflora für Süddeutschland und die angrenzenden Gebiete. Eugen Ulmer. 987 pp. (1970).

Oehlkers, F: Beitrag zur Kenntnis der Kernteilung bei den Characeen. Ber. Dt. Bot. Ges. 34: 223–227 (1916).

Okazaki, M. & M. Tokita: Calcification of *Chara braunii* (Charophyta) caused by alcaline band formation coupled with photosynthessis. Jap. J. Phycol. 36: 193–201 (1988).

Olsen, S.: Danish Charophyta. Kgl. Dansk. Videnskab. Selsk. Biol. Skrifter III, Nr. 1: 240 pp. (1944).

Oltmanns, F.: Morphologie und Biologie der Algen. Band 1, 2. Aufl., 437–459 (1922).

Ophel, I. L.: Notes on the genera *Lychnothamnus* and *Lamprothamnium* (Characeae). Transact. Roy. Soc. S. Australia 71: 318–323 (1947).

Pickett-Heaps, J. D.: Ultrastructure and differentation in *Chara* spec. I. Vegetative cells. Austral. J. Biol. Sci. 20: 539–551 (1967 a).

– II. Mitosis. Austr. J. Biol. Sci. 20: 883–894 (1967 b).

– III. Formation of the antheridium. Austral. J. Biol. Sci. 21: 255–274 (1968).

– Green algae – structure, reproduction and evolution in selected genera. Sinauer Ass., Sunderland, 606 pp. (1975).

Pietsch, W.: Zur Soziologie, Ökologie und Bioindikation der *Eleocharis multicaulis*-Bestände der Lausitz. Gleditschia, 6: 209–263 (1978).

Pringsheim, N.: Ueber die Vorkeime und die nacktfüssigen Zweige der Charen. Jb. Wiss. Bot. 3: 294–324 (1863).

Proctor, V. W.: Storage and germination of *Chara* oospores. J. Phycol. 3: 90–92 (1967).

– Taxonomy of *Chara braunii*: an experimental approach. J. Phycol. 6: 317–321 (1970).

– Taxonomic significance of monoecism and dioecism in the genus *Chara*. Phycologia 10: 299–307 (1971 a).

– *Chara globularis* Thuillier (= *C. fragilis* Desvaux). Breeding patterns within a cosmopolitan complex. Limnology and Oceanography 16: 422–436 (1971 b).

– The nature of Charophyte species. Phycologia 14: 97–113 (1975).

– Genetics of Charophyta. In: Lewin, R. A. (ed.): The genetics of Algae. Botanical Monographs 12: 210–218 (1976).

– Historical biogeography of *Chara* (Charophyta): an appraisal of the Braun-Wood-classification plus a falsifiable alternative. J. Phycol. 16: 218–233 (1980).

Prósper, E. R.: Las Carofitas de Espana. Imprenta Artistica Espanola Madrid 204 pp. (1910).

Reinke, J.: Algenflora der westlichen Ostsee deutschen Anteils. Ber. Kommiss. wiss. Erforsch. dtsch. Meere, Kiel, 6, 1–105, Berlin 1889.

Richmond, P. A. & J. P. Métraux: Cell expansion patterns and directionality of wall mechnical properties in *Nitella*. Plant Physiol. 65: 211–217 (1980).

Richter, J.: Ueber Reactionen der Characeen auf äußere Einflüsse. Flora 78: 399–423 (1894).

Round, F. E.: The taxonomy of Chlorophyta. II. Brit. Phycol. J. 6: 235–264 (1971).
– The systematics of the Chlorophyta: An historical review leading to some modern concepts (Taxonomy of the Chlorophyta III). In: Irvine, D. E. G. & K. D. Stewart (Eds.): Systematics of the Green Algae. Systematica Association Special Volume, 27: 1–27. London and Orlando (1984).
Roweck, H.: Zur Vegetation einiger Stillgewässer im Südschwarzwald. Arch. Hydrobiol. Suppl. 66, 4: 455–494 (1986).
– M. Sauer & B. Betz: Flora und Vegetation dystropher Teiche im Pfälzerwald. Pollichia-Buch Nr. 15: 215 pp. (1988).
Sachs, J. von: Die Characeen. In: Sachs, J. von: Lehrbuch der Botanik, 4. Aufl., 295–306 (1874).
Salonen, J.: Über das Vorkommen der Hydrophyten in den *Stratiotes*-Seen in Kittilä, Finnisch Lappland. Arch. Soc. Vanamo 10: 146–152 (1956).
Sauer, F.: Die Makrophytenvegetation ostholsteinischer Seen und Teiche. Arch. Hydrobiol. Erg. Bd. 6: 431–592 (1937).
Sawa, T.: Two new species of *Tolypella* (Characeae) from North America. J. Phycol. 9: 472–482 (1973).
– & P. W. Frame: Comparative anatomy of Charophyta I. Oogonia and oospore of *Tolypella* with special reference of the sterile oogonial cell. Bull. Torrey Bot. Club 101: 136–144 (1974).
Schaefer, O.: Étude phytosociologique de la végétation pionnière des étangs de la Bresse comtoise (Jura). Diplome d'études approfondies, Université de Nancy I. 71 pp. (1984).
Schmidt, D.: Pflanzensoziologische und ökologische Untersuchungen an den Gewässern um Güstrow. Natur und Naturschutz in Mecklenburg 17: 1–130 (1981).
Schoen, R. & Kohler, A.: Gewässerversauerung in kleinen Fließgewässern des Nordschwarzwaldes während der Schneeschmelze 1982. Gewässerversauerung in der BRD 1/84: 58–65 (1984).
Schröter, K., A. Läuchli & A. Sievers: Mikroanalytische Identifikation von Bariumsulfat-Kristallen in den Statolithen der Rhizoide on *Chara fragilis* Desv. Planta 122: 213–225 (1975).
Schussnig, B.: Grundriß der Protophytologie. G. Fischer, Jena, 310 pp. (1954).
Sievers, A.: Zum Wirkungsmechanismus der Statolithen in der pflanzlichen Zelle. Naturwissenschaften 54: 252–253 (1967).
– & E. Schnepf: Morphogenesis and polarity of tubular cells with tip growth. In: Kiermayer, O. (ed.): Cell Biology Monographs 8, Cytomorphogenesis in plants. Springer, Wien. pp. 265–299 (1981).
Shen, E. Y. F.: Amitosis in Chara. Cytology (Tokyo) 32: 481–488 (1967).
– Cultivation of *Chara* in defined medium. In: Parker, B. C. & R. M. Brown (eds.): Contribution to Phycology. Allen Press, Lawrence, Kansas, pp. 153–162 (1971).
Silva, P. C.: Names of classes and families of living algae. Regnum vegetabile, 103 pp. 156 (1980).
Sluiter, C. P.: Beiträge zur Kenntnis von *Chara contraria* A. Br. und *Chara dissoluta* A. Br., Bot. Z. 1910, H. VII/I: 125–167. (1910).
Sonder, C.: Die Characeen der Provinz Schleswig-Holstein und Lauenburg nebst eingeschlossenen fremden Gebietsteilen. Diss. Kiel, 65 pp. (1890).
Soulié-Märsche, I.: Étude comparée de gyrogonites de Charophytes actuelles et fossiles et phylogénie des genres actuels. Thèse d'État, 237 pp. Imprim. des Tilleuls, Millau, France (1989).
Stanković, S.: The Balkan Lake Ohrid and ist living world. Monographiae Biologicae 9, Den Haag, Junk (1960).

Stefureac, T. & V. Teculescu: Contributii la Cunoasterea Characeelor din R. P. R. Stud. cercet. Biol. Ser. Biol. veg. 13: 175–201 (1961).
– Contributii la Cunoasterea Characeelor din Romania. Stud. cercet. Biol. Ser. Biol. veg. 19: 441–448 (1967).
Stein, J. R. (ed.): Handbook of Phycological Methods. Cambridge University Press, London. pp. 448 (1973).
Strasburger, E.: Einiges über Characeen und Amitose. In: Linsbauer, K. (Red.):Wiesner-Festschrift, Wien pp. 24–47 (1908).
Stroede, W.: Über die Beziehungen der Characeen zu den chemischen Faktoren der Wohngewässer und des Schlammes. Arch. Hydrobiol. 25: 192–229 (1933).
Succow, M. & A. Reinhold: Das Vegetationsgefüge eines jungpleistozänen Klarwassersees und seine Belastbarkeit. Limnologica 11: 335–377 (1978).
Szépfalusi, J.: Chemische Untersuchung der Sodateiche im südlichen Teil der Großen Ungarischen Tiefebene. Abh. Natrongewässer-Symposium Tihany-Szeged-Szarvas 1969. Sitzber. Österr. Akad. Wiss., math.-nat. Abt. I, 179: 205–223 (1971).
Szmeja, J.: Zasoby gatunków wskaznikowych jezior lobeliowych w poludnio-wej czesci Pojezierza Kaszubskiege. Fragm. Florist. Geobot. 25: 123–134 (1979).
Tazawa, M.: Weitere Untersuchungen zur Osmoregulation der *Nitella*-Zelle. Protoplasma 53: 227–258 (1961).
Tazawa, M., T. Shimmen & T. Mimura: Membrane control in the Characeae. Annu. Rev. Plant Physiol. 38: 95–117 (1987).
Tindall, D. R. T., T. Sawa & A. T. Hotchkiss: *Nitellopsis bulbillifera* in North America. J. Phycol. 1: 147–150 (1965).
Tortić-Njegovan, M.: *Chara gymnophylla* i neke druge haraceja Jugoslavije. Acta Bot. Inst. Bot. Univ. Zagreb. 14/15: 145–163 (1956).
Treitz, P.: Die Binnengewässer zwischen Donau und Theiss und ihre Verwertung. Hidrol. Közl. 1931: 112–120 (1931).
Tüxen, R.: Die Lüneburger Heide. In: Kelle, A. (Hrsg.): Neuzeitliche Biologie B, 9–56, Hannover (1968).
– Sigmeten und Geosigmeten, ihre Ordnung und ihre Bedeutung für Wissenschaft, Naturschutz und Planung. In: Schmithüsen, J. (Hrsg.): Biogeographica 16: 79–92. Junk, Den Haag (1979).
Vaarama, A.: On the ecology and fennoscandian area of *Chara strigosa* A. Br. Vegetatio 5/6: 177–184 (1954).
Vahle, H. C.: Armleuchteralgen (Characeae) in Niedersachsen und Bremen. Informationsd. Natursch. Niedersachsen 5: 87–130 (1990 a).
– Grundlagen zum Schutz der Vegetation oligotropher Stillgewässer in Nordwestdeutschland. Natursch. Landschaftspfl. Niedersachsen 22: 1–157 (1990 b).
Van Raam, J. C. & E. X. Maier: Nederlandse Kranswieren 1. Sterkranswier *Nitellopsis obtusa* (Desv.) J. Groves. Gorteria 15: 107–118 (1989).
– – Nederlandse Kranswieren 2. Boomkranswier – Groot boomkranswier *Tolypella prolifera* (Ziz ex A. Braun) Leonhardi. Gorteria 16: 39–47 (1990).
– – Nederlandse Kranswieren. 3. Vertakt Boomglanswier *Tolypella intricata* (Trentepohl ex Roth) Leonhardi. Gorteria 18: 33–39 (1992).
Venkataraman, G. S.: The cultivation of algae. Indian Council of Agricultural Research, New Delhi. pp. 319 (1969).
Vöge, M.: Tauchuntersuchungen der submersen Vegetation in skandinavischen Seen unter Berücksichtigung der Isoetiden. Limnologica 19: 89–107 (1988).
Vouk, V.: Zur Biologie der Charophyten. Verh. Internat. Verein. Limnol. 4: 634–639 (1929).

Weinert, E.: Salztektonik, Solquellen und Salzpflanzenareale im Mansfelder Seen-Gebiet. Hercynia N. F. 26: 216–226 (1989).

Winter, U. & G. O. Kirst: Partial Turgor Pressure Regulation in *Chara canescens* and ist Implications for a Generalized Hypothesis of Salinity Response in Charophytes. Bot. Acta 104: 37–46 (1991).

– H. Kuhbier & G. O. Kirst: Characeen-Gesellschaften im mesohalinen Kuhgrabensee und benachbarten Gewässern. Abh. Naturwiss. Ver. Bremen 40: 381–394 (1987).

Witt, A.: Beiträge zur Kenntnis von *Chara ceratophylla* Wallroth und *Chara crinata* Wallroth. Diss. Univ. Zürich, 43 pp. (1906).

Wium-Andersen, S., U. Anthoni, C. Christophersen & G. Houen: Allelopathic effects on phytoplankton by substances isolated from aquatic macrophytes (Charales). Oikos 39: 187–190 (1982).

Wood, R. D.: Stability and zonation of Characeae. Ecology 31: 632–647 (1950):

– An analysis of ecological factors in the occurrence of Characeae of the Woods Hole Region, Massachusetts. Ecology 33: 104–109 (1952).

– New combination and taxa in the revision of Characeae. Taxon 11: 7–25 (1962).

– Monograph of the Characeae. In: R. D. Wood & K. Imahori: A revision of the Characeae 1 : 904 pp. J. Cramer, Weinheim (1965).

– & K. Imahori: A revision of the Characeae 1: 904 pp., J. Cramer, Weinheim (1965).

Zaneveld, J. S.: The Charophyta of Malaysia and adjacent countries. Blumea 4: 1–223 (1940).

Register

Die Seitenzahl mit der Hauptbeschreibung der jeweiligen Art ist fettgedruckt. Synonyme sind nicht kursiv geschrieben.

Alisma plantago-aquatica 83

Baldellia ranunculoides 140
Batrachospermum ectocarpum 81
Bolboschoenus maritimus 67

Callitriche platycarpa 148
Carex rostrata 91
Ceratophyllum demersum 51, 156
Chaetosphaeridium Klebahn 9
Chara Linné 18, 20, 23, 24, 28, 31, 32, 33, 35, 37, 38, 39, 41, 42, 49, 51, 54, 55, 57, 61, **62**, 180
    aculeolata Kützing in Reichenbach 50, 79
    alopecuroides Delile ex Braun 134
    aspera Detharding ex Willldenow 28, 30, 40, 42, 43, 50, 56, 57, 63, 67, 71, 75, 85, 86, 91, 93, **95**, 98, 99, 100, 102, 104, 123, 126, 163, 176, 181, 182, 183, 185
        ssp. desmacantha H. & J. Groves 95
        var. curta (Nolte ex Kützing) Braun ex Leonhardi 64, 95, 100
        var. subinermis Groves 95
    baltica Bruzelius 30, 39, 42, 45, 50, 56, 63, 67, 71, **75**, 98, 100
        f. condensata 77
        f. elongata 77
        f. major 77
    barbata Meyen 132
    baueri A. Braun 59, 64, **119**
        f. muelleri (A. Braun) R. D. Wood 119
        var. crassa A. Braun 119
    braunii Gmelin 22, 47, 49, 50, 56, 59, 64, **117**, 119, 140, 146, 158, 181
    canescens Desvaux et Loiseleur in Loiseleur-Deslongchamps 42, 43, 47, 50, 56, 62, **64**, 71, 75, 92, 98, 100, 106, 165, 181
        f. hirsuta (T. F. Allen) R. D. Wood 67
        f. humilis 67
        f. laxa 67
        f. rarispina Migula 67
        f. robustior 67
    ceratophylla Wallroth 68
    conimbrigensis Gonçalves da Cunha 106, 110

    connivens Salzmann ex A. Braun 45, 48, 50, 63, **91**
        f. laxa 92
        f. major 92
    contraria A. Braun ex Kützing 21, 22, 39, 50, 52, 54, 63, 81, **83**, 86, 91, 102, 104, 106, 113, 123, 126, 150, 152, 181, 182, 183, 185
        f. macroteles 85
        f. microteles 85
        var. hispidula A. Braun 85
    coronata Ziz ex Bischoff 117
    crassicaulis Schleicher 119, **121**
        f. paragymnophylla Migula 121
    crinita Wallroth 64
    delicatula Agardh 30, 43, 50, 54, 63, 86, **89**, 102, 104, 123, 140, 148, 150, 158
        var. annulata Lange 45, 91
        var. bulbillifera A. Braun 30, 91
        var. verrucosa Itzingson 91
    denudata A. Braun 64, 85, **113**, 123
        f. africana 113
        f. helvetica Migula 113
        f. socotrensioides Wood 113
        var. ohridana Kostić 59, 113
    desmacantha (H. & J. Groves) J. Groves et Bullock-Webster 28, 64, 86, 91, 95, **100**
    dissoluta A. Braun ex Leonhardi 85, 113
        var. ohridana Kostić 123
    equisetina Kützing 47
    fibrosa Agardh ex Bruzelius **185**
    filiformis Hertzsch 50, 63, 81, 86, 98, 123
    foetida A. Braun 19, 81
    fragifera Durieu de Maisonneuve 30, 31, 40, 47, 50, 63, **93**, 98, 140, 142, 158, 162, 181
    fragilis Desvaux in Loiseleur-Deslongchamps 44, 50, 54, 87
    galioides De Candolle 45, 50, 63, 77, 95, 98
    globularis Thuillier 21, 24, 26, 41, 44, 52, 56, 57, 59, 63, 67, 73, **87**, 89, 91, 92, 93, 111, 126, 158, 176, 181, 182, 183, 185
        f. barbata Ganterer 89
        var. aspera (Detharding ex Willdenow) R. D. Wood 95
            f. curta (Nolte ex Kützing) R. D. Wood 95, 100

200 · Register

f. galioides (De Candolle)
R. D. Wood 98
f. strigosa (A. Braun)
R. D. Wood 59, 102
var. globularis f. connivens
(Salzmann ex A. Braun)
R. D. Wood 91
var. globularis f. fragifera (Durieu) R. D. Wood 93
var. kokeilii (A. Braun)
R. D. Wood 111
var. tenuispina (A. Braun)
R. D. Wood 104
var. virgata f. virgata (Kützing)
R. D. Wood 89
gymnophylla A. Braun 32, 45, 48, 59,
64, **106**, 115
f. condensata Nordstedt 110
f. sphagnoides 110
f. subnudifolia Migula 110
f. subsegregata Nordstedt 110
var. condensata 68
hispida Linné 32, 37, 42, 46, 48, 49, 50,
57, 59, 63, **71**, 75, 81, 86, 91, 102,
104, 126, 150, 152, 181, 182, 183,
185
f. equisetina Kützing 71
f. macracantha Sonder 71
f. micracantha Sonder 71, 126
var. baltica (Bruzelius) Wood 75
var. baltica f. fastigiata (Wallman)
Wood 73
var. hispida f. polyacantha
(A. Braun) Wood 77
var. major Wood 71
f. intermedia (A. Braun)
R. D. Wood 79
f. rudis (A. Braun)
R. D. Wood 126
horrida Wahlstedt 31, 42, 50, 63, 71,
73
imperfecta A. Braun in Durieu de
Maisonneuve 64, **115**
intermedia A. Braun 42, 49, 63, **79**
f. aculeolata 81
f. papillata 81
f. pumilior 81
jubata A. Braun 86
kokeilii A. Braun 51, 64, **111**
f. aculeolata Filarszky 111
f. gymnophylla Kostic 111
major Vaillant 71
muscosa J. Groves et Bullock-Webster
85, **123**
nolteana A. Braun 77
ohridana Kostić 113, **123**
pedunculata Kützing 77
pelosiana Avetta 185
polyacantha A. Braun in Braun, Ra-
benhost & Stizenberger 50, 63, **77**,
102

rohlenae Vilhelm 106, 110
rudis A. Braun in Leonhardi 50, 119,
126
scoparia Bauer ex Reichenbach 119,
185
squamosa Desfontaines 106
strigosa A. Braun 22, 27, 59, 64, 86,
102, 106, 182, 183, 185
f. jurensis Hy 102
f. longispina 102
succincta Braun 136
tenuispina A. Braun 64, 71, 98, **104**,
111
f. brachyphylla 106
f. longifolia 106
f. major 106
f. nitida 106
f. subgymnophylla 106
tomentosa Linné 24, 27, 39, 42, 43, 44,
49, 50, 52, 59, 62, **68**, 73, 85, 91,
104, 126, 131, 181, 182, 183, 185
f. brachyphylla 68
f. elongata 68
f. inermis Migula 68
f. macroteles A. Braun 68
f. tenuis 68
f. condensata 71
var. disjuncta (Nordstedt)
R. D. Wood 68
vulgaris Linné 21, 22, 32, 37, 43, 44,
46, 47, 48, 49, 50, 52, 56, 57, 59, 63,
73, **81**, 85, 86, 89, 92, 93, 104, 106,
107, 109, 110, 117, 119, 181, 182,
183
f. atrorubens (Lowe)
H. & J. Groves 83
f. crispa (Wallman) R. D. Wood
83
f. decipiens Migula 83
f. longibracteata Kützing 83
f. paragymnophylla Migula 83
f. pistianensis Vilhelm 83
f. rabenhorstii (A. Braun in Rabenhorst) R. D. Wood 83
f. sturrockii (H. & J. Groves)
R. D. Wood 83
f. subhispida Migula 83
f. subinermis Migula 83
f. vulgaris Wood 83
var. gymnophylla f. gymnophylla R. D. Wood 106
var. imperfecta (A. Braun in
Durieu de Maisonneuve)
R. D. Wood 115
var. kirghisorum f. filiformis
R. D. Wood 86
var. vulgaris f. contraria
(A. Braun) Wood 83
var. vulgaris f. crassicaulis
(Schleicher ex A. Braun)
R. D. Wood 121

var. vulgaris f. muscosa (J. Groves et Bullock-Webster) R. D. Wood 123
var. vulgaris f. vulgaris (L.) Wood 81
Charopsis 28, 29, 55
  braunii Kützing 117
Chlorokybus Geitler 9
Cladophora crispata 176
Coleochaete De Brébisson 9

Dicranella palustris 176

Elatine alsinastrum 119
Eleocharis palustris 92
Elodea canadensis 43, 93, 148, 176
Enteromorpha intestinalis 77
Furcellaria fastigiosa 170

Isoetes 91, 140, 148, 150
  lacustris 43

Juncus acutus 77
Juncus articulatus 83
Juncus bulbosus var. fluitans 43
Klebsormidium Silva 9

Lamprothamnium J. Groves 18, 28, 29, 35, 49, 55, 61, **134**
  aragonese Prósper 134
  carissoi Gonçalves da Cunha 134
  hansenii Sonder 59, 134, 136
  papulosum (Wallroth) J. Groves 42, 45, 50, 56, 100, **134**, 165, 181
  pouzolzii Gray 134
  succinctum (A. Braun in Ascherson) Wood 136
  toletanum Prósper 134
Lobelia 91, 140, 150
  dortmanna 43
Lychnothamnus (Ruprecht) Leonhardi em. A. Braun 18, 28, 29, 35, 55, 61, **131**, 180
  barbatus (Meyen) Leonhardi 48, 52, 56, **132**, 181, 183, 185
    f. spinosa (Amici) R. D. Wood 132
Lythrum salicaria 83

Maedlieriella 58
Medicago 58
Myriophyllum 121
  spicatum 93

Najas marina 111
Najas minor 111
Nitella Agardh 18, 22, 23, 29, 31, 32, 33, 35, 36, 37, 38, 41, 47, 51, 53, 57, 59, 61, **136**
  batrachosperma (Reichenbach) A. Braun 49, 50, 91, 111, 119, 137, 146, 148, **158**, 184, 185
  brachytela A. Braun 138
  capillaris (Krocker) J. Groves et Bullock-Webster 37, 44, 49, 50, 93, 137, **142**, 148, 162
    f. capituliger 142
    f. dissoluta 142
    f. elongata 142
    f. laxa 142
  dixonii H. et J. Groves 137, **156**
  flexilis (Linné) Agardh 21, 22, 33, 34, 43, 44, 46, 49, 50, 52, 56, 98, 137, 140, 142, **146**, 162, 176, 184
    var. flexilis f. opacoides R. D. Wood 148
    f. subcapitata A. Braun 146
  gracilis (Smith) Agardh 23, 49, 50, 51, 56, 93, 111, 138, 140, 144, 154, 156, **160**, 184, 185
    f. montelayana Hy 160
    var. confervacea Brébisson 158
  hyalina (De Candolle) Agardh 44, 45, 49, 51, 52, 56, 126, 137, **140**, 184, 185
    f. maxima A. Braun 140
  mucronata (A. Braun) Miquel 37, 49, 50, 52, 137, 138, **154**, 160, 184, 185
    f. brevifurcata Migula 154
    f. haplophylla Hasslow 176
    f. heteromorpha 154
    ssp. bonaerensis var. dixonii (H. & J. Groves) Wood 156
    ssp. mucronata var. mucronata sensu R. D. Wood 154
  opaca (Bruzelius) Agardh 22, 44, 49, 50, 91, 137, 142, **148**, 152, 158, 176, 184
    f. conglobata Migula 148
  ornithopoda Braun in Leonhardi 137, **152**, 160
    f. laxa A. Braun 154
    f. moniliformis Migula 154
  spanioclema Groves et Bullock-Webster 33, 59, **162**
  syncarpa (Thuillier) Chevallier 37, 50, 51, 111, 126, 137, 140, 142, 144, 158, 184
    f. capituligera 144
    f. longifolia 144
    var. capitata (Nees) Kützing 142
  tenuissima (Desvaux) Kützing 37, 49, 50, 137, 146, **150**, 184, 185
    f. elongata Migula 150
    ssp. ornithopoda (A. Braun in Leonhardi) R. D. Wood 152
      f. dixonii R. D. Wood 156
    ssp. tenuissima var. tenuissima f. tenuissima sensu R. D. Wood 150
  translucens (Persoon) Agardh 43, 49, 50, 91, 93, 128, 136, **138**, 140, 142, 144, 148, 158, 162
    var. confervoides Thuillier 138
  wahlbergiana Wallmann 154

Nitellopsis Hy 18, 29, 35, 40, 55, 61, 111,
128, 180
   obtusa (Desvaux in Loiseleur-Deslongchamps) J. Groves 22, 30, 40,
   43, 44, 50, 54, 56, 67, 86, 111, 113,
   128, 180, 181, 185
      var. ulvoides (Bretonin in Bruni)
      Migula 128
Nuphar lutea 111
Nymphaea alba 111
Nymphaea lotus var. thermalis 162

Perimneste 58
Phragmites 106
Pilularia pilulifera 91
Pinus maritima 47
Polygonum amphibium 148
Potamogeton berchtoldii 176
Potamogeton coloratus 81
Potamogeton filiformis 104
Potamogeton gramineus 102
Potamogeton lucens 111, 176
Potamogeton natans 148
Potamogeton pectinatus 67, 75, 77, 98, 156
Potamogeton perfoliatus 111
Potamogeton polygonifolius 89, 140

Ranunculus aquatilis s. lat. 148
Ranunculus peltatus 176
Ruppia maritima 71
Ruppia rostellata 170

Sphagnum 48, 106
   cuspidatum 48
Stichococcus Nägeli 9
Stratiotes 104, 142
   aloides 176

Tolypella (A. Braun) A. Braun 18, 23, 29,
35, 37, 39, 44, 49, 51, 52, 54, 57, 62, 162
   canadensis Sawa
   176
      f. glomdalensis Langangen 176
      f. hasslowii Langangen 176
   glomerata (Desvaux in Loiseleur-Deslongchamps) Leonhardi 23, 37, 42,
   44, 45, 56, 77, 98, 100, 150, 152,
   163, 165, 184
   hispanica Nordstedt 45, 50, 77, 98,
   100, 104, 162, 163
   intricata (Trentepohl ex Roth) Leonhardi 50, 52, 56, 163, 171, 174, 176
      var. intricata f. intricata sensu
      R. D. Wood 171
      var. intricata f. prolifera (Ziz ex
      Braun) R. D. Wood 174
   nidifica (O. Müller) A. Braun 49, 50,
   98, 100, 163, 168
      ssp. normaniana Corillion 170
      ssp. occidentalis Corillion 170
      var. glomerata (Desvaux in Loi-
      seleur) R. D. Wood 165
      var. nidifica f. nidifica sensu
      R. D. Wood 168
      var. occidentalis Corillion 49
   normaniana Nordstedt 176, 179
   prolifera (Ziz ex A. Braun) Leonhardi
   45, 46, 50, 111, 163, 174
   salina Corillion 163, 165, 176
Tolypellopsis stelligera (Braun in Reichenbach) Migula 128
Trapa 158
   natans 111, 148

Zannichellia 77
Zostera 77

If you have any concerns about our products,
you can contact us on
ProductSafety@springernature.com

In case Publisher is established outside the EU,
the EU authorized representative is:
**Springer Nature Customer Service Center GmbH
Europaplatz 3, 69115 Heidelberg, Germany**

Printed by Libri Plureos GmbH
in Hamburg, Germany